수학 지능

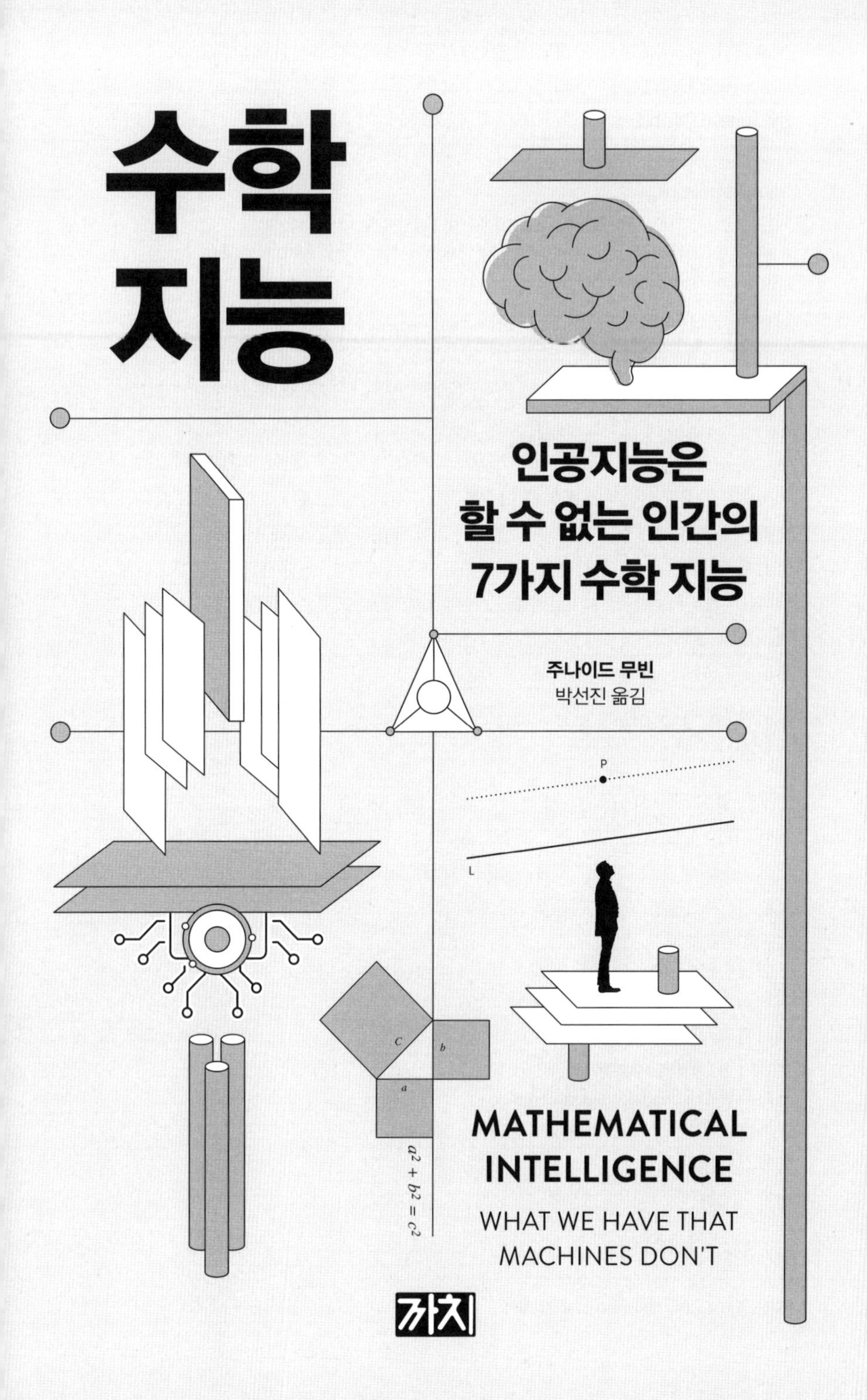
수학
지능
인공지능은
할 수 없는 인간의
7가지 수학 지능
주나이드 무빈
박선진 옮김
P
L
C
b
a
$a^2 + b^2 = c^2$
MATHEMATICAL
INTELLIGENCE
WHAT WE HAVE THAT
MACHINES DON'T
까치

MATHEMATICAL INTELLIGENCE : What We Have that Machines Don't

by Junaid Mubeen

역자 박선진(朴仙眞)
서울대학교 응용화학부에서 학사 학위를 받고, 동 대학교 과학사 및 과학철학 협동 과정에서 심리 작용과 그 물리적 기반에 대한 연구로 석사 학위를 받았다. 과학 잡지 「스켑틱」 한국어판의 편집장을 역임했다. 옮긴 책으로 『수학하는 뇌』, 『최소한의 삶 최선의 삶』, 『우리 인간의 아주 깊은 역사』, 『휴먼 네트워크』 등이 있다.

편집, 교정_ 권은희(權恩喜)

수학 지능 : 인공지능은 할 수 없는 인간의 7가지 수학 지능
저자 / 주나이드 무빈
역자 / 박선진
발행처 / 까치글방
발행인 / 박후영
주소 / 서울시 용산구 서빙고로 67, 파크타워 103동 1003호
전화 / 02 · 735 · 8998, 736 · 7768
팩시밀리 / 02 · 723 · 4591
홈페이지 / www.kachibooks.co.kr
전자우편 / kachibooks@gmail.com
등록번호 / 1-528
등록일 / 1977. 8. 5
초판 1쇄 발행일 / 2023. 10. 30

값 / 뒤표지에 쓰여 있음

ISBN 978-89-7291-813-4 03400

나의 자긍심이자 기쁨인 리나에게

차례

제2부 작동하는 방식

한국어판 서문

영국에서 이 책이 출간된 2022년 6월은 보다 단순했던 시절이었다. 이후 챗GPTChatGPT가 출시되면서 생성형 AI가 주류로 부상하고, 이후 따라잡기 어려울 정도로 극심한 AI 군비 경쟁이 시작되었다. 이제는 우리 삶에 변혁을 가져올 수 있는 무수한 활용성을 갖춘 신제품들이 매주 출시되고 있다. 당시 텍스트-이미지 변환 도구가 소개되자, 자동화의 직접적인 표적이 된 예술가들로부터 불만의 목소리가 불거져 나왔으며 이 목소리는 곧 분노의 원성으로 바뀌었다. 한때 "엇나간 인공지능"이 제기하는 실존적 위험에 대한 우려는 극히 일부 영역에 국한되었으나, 기술이 우리 사회가 통제하지 못할 만큼 급격한 발전을 거듭함에 따라 이제는 모두가 기술에 대한 우려를 하게 되었다.

AI에 대한 관심도 극에 달한 상태이다. 이 기술을 둘러싼 무성한 기대에 호응하여 투자액도 크게 늘어 2025년에는 2,000억 달러에 달할 것으로 예상된다.[1] 이제 인류는 AI 유행의 새로운 주기에 들어섰다. AI 개발의 새로운 장이 열림에 따라 우리는 이 모든 일이 어떻게 흘러갈지, AI가 우리 인류에게 과연 무엇을 의미할지 흥분과 두려움, 호기심을 동시에 느끼며 지켜보고 있다.

나를 포함해서 많은 사람들이 챗GPT가 보여주는 확실한 성능과 다재다능함에 놀라움을 금치 못했다. 챗봇의 기반이 되는 대규모 언어 모델은 이 광범위한 기능이 여기에서 시작되었다고는 믿기지 않을 정도로 매우 간단한 아이디어를 토대로 한다. 이 모델의 핵심 기능은 "다음 토큰 예측next token prediction"으로, 챗봇에 프롬프트prompt를 입력하면 챗봇은 이전에 학습한 방대한 양의 텍스트에서 파악한 통계 패턴을 기반으로 다음에 올 확률이 가장 높은 단어(또는 '토큰')를 선택한다.

이러한 기본 메커니즘에서 지능적으로 보이는 수많은 행동들이 생겨난다. GPT-4(챗GPT 이전 버전의 기반이 된 대규모 언어 모델이다)가 출시되었을 때 함께 발표된 논문에서는 이 모델이 어떻게 시를 쓰고, 코드를 작성하고, 어려운 수학 문제를 풀고, 실제 문제를 해결하고, 심지어 사람들이 어떻게 생각하는지 파악하는지('마음 이론')를 간략하게 설명했다.[2] "인공지능의 불꽃*Sparks of Artificial Intelligence*"이라는 제목의 이 논문은 인간 수준은 물론이고 초인간 수준의 기계 지능의 도래를 앞당겼다며 AI 평론가들에게 열광적인 반응을 불러일으켰다.

이처럼 생성형 AI는 우리의 허를 찌르는 놀라운 능력을 보여주었지만, 이 기술에 중대한 약점이 있으리라고 쉽게 예상할 수 있었다. 바로 환각hallucination이다. 환각이라는 용어는 AI 시스템에 특정 수준의 의식이 있다는 잘못된 개념을 암시할 수 있으므로, "작화증confabulation"이라는 용어가 더 적절해 보인다. AI가 생성한 콘텐츠는 지저분하고 체계적이지 않은 인간 사고의 집합체와 별반 다르지 않다. 이 모델은 사실보다 그럴듯한 콘텐츠를 생성하여 단호하고 의심의 여지없는 어조로 발화하는 데 최적화되어 있다. AI의 거짓말에 속아넘어간 사람들은 사회 전반에서 무수히 찾아볼 수 있다. 한 변호사는 의도치 않게 이 도구가 생성한 허위 판례를 인용했으며,[3] 학생들은 챗GPT가 인용을 꾸며냈다는 사실을 알아차리지 못한 채 자신들의 숙제를 맡기기도 했다.

대규모 언어 모델의 삭화 행동은 챗GPT가 출시되기 훨씬 전부터 예측되었다. 연구원인 에밀리 벤더와 팀닛 게브루는 이러한 시스템이 입력된 텍스트를 복제하려는 시도의 배후에 자리한 모방 행동을 설명하기 위해서 "확률론적 앵무새"라는 비유를 사용했다.[4] 기계가 자신이 처리하는 단어를 이해하지 못하고 문맥을 파악하지 못하는 한, 우리는 기계가 지어낸 거짓말에 휘둘릴 수밖에 없다.

생성형 AI는 놀랍도록 영리하면서 어이가 없을 만큼 멍청하다. 기계가 위험한 이유도 바로 이 때문이다. 대규모 언어 모델이 지배하는 패러다임에서 기계는 특정 형태의 지능으로 향하는 길을 "아무 생각 없이" 따라가게 된다. "일반 인공지능"과 같은 용어는 그저 우리의 주의를 분산시킬 뿐이다. 단기적으로 AI가 광범위한 인지능력을 습득할 것이라고는 예측되지 않기 때문이다. 더 급박한 위협은 이른바 "정렬 문제", 즉 기계가 예측된 대로 행동하지 않고 인간에게 해를 끼칠 수 있는 목표를 추구할 수도 있다는 문제이다. AI가 자신의 목표를 분별력 있게 추구할 것이라고 신뢰할 수 없기 때문이다. 기계가 이런 행동을 보인다고 해서 더 영리해졌다고는 말할 수 없다. 그저 더 불안정할 뿐이다.

생성형 AI에 대해서 논할 때는 반드시 "가드레일"을 고려해야 한다. 즉 기계의 태생적 어리석음에 따른 골치 아픈 문제없이 그 놀라운 능력의 혜택을 누리기 위해서는 견제와 균형이 필요하다. AI는 그 자신의 사각지대를 스스로 돌볼 수준에 이르지 못했다. 가령 AI가 생성한 데이터로 학습한 언어 모델은 성능이 급격히 저하되는 경향이 있는데, 이러한 현상을 "모델 붕괴Model Collapse"라고 한다.[5] 생성형 AI는 기술 혁신을 통해서 결국 작화증이라는 미궁에서 빠져나올 수도 있겠지만, 그전까지는 인간의 전문성에 의존해 AI에 가드레일을 설치해야 한다. 이미 대규모 언어 모델은 초기 학습 단계와 미세 조정 과정에서 인간의 피드백에 크게 의존하고 있다.

인간 또한 놀라운 지성과 어이가 없을 만큼의 멍청함을 모두 가지고 있지만, 우리는 기계가 감히 탐낼 수 없는 우리만의 사고 도구를 활용함으로써 지성 쪽에 더 가까이 다가갈 수 있다. 이 책에서는 이처럼 우리가 자유롭게 활용할 수 있는 가장 강력한 사고 체계를 설명하고자 시도한다. 생성형 AI가 특정 수준에 도달했다는 점에는 의심의 여지가 없다. 올림피아드 수준의 수학 문제를 푸는 것을 볼 때, 이 기계는 이전 기계에는 결여되어 있던 문제 해결 능력과 추론 능력이 있음을 짐작할 수 있다. 그러나 이처럼 인상적인 성능을 보여준 모델이 초보적인 문제는 풀지 못하거나 질문을 약간만 바꿔도 이상한 답을 내놓는 것을 볼 때, 이 기계를 과대평가하기에는 아직 이르다는 것을 알 수 있다. 생성형 AI는 경이로움과 우스꽝스러움 사이에서 갈피를 잡지 못하고 있다. 수학 지능은 그보다는 일관적이고 안정적인 사고 패턴을 기반으로 한다. 최고의 수학자라도 실수를 할 수는 있지만 가장 기본적인 논리법칙을 어기지는 않다.

이제 우리는 수학의 자동화를 향해 나아가고 있는 것으로 보인다. 이 책의 마지막 부분에서 제안한 사고실험은 내 예상보다 더 빠르게 실현될 수도 있다. 그러나 인간이 기계와 지능을 두고 경쟁을 벌이는 것은 아니다. 인간이 인지 영역 전반에서 더 우수한 능력을 보인다는 점을 고려할 때, 일반 인공지능의 도래가 임박했다고 보는 것은 그리 생산적이지 않다. 대신 우리는 이러한 도구가 우리의 사고방식과 업무방식을 어떻게 보조할 수 있는지 질문해야 한다.

생성형 AI가 우리의 인지능력을 크게 강화할 수 있는 잠재력이 있다는 것은 의심의 여지가 없다. 그러나 이러한 잠재력은 우리가 비판적 마음으로 이 도구를 다룰 때만 키울 수 있다. 즉 AI가 내놓는 수많은 의심쩍은 답변 속에서 의미 있는 결과를 구별할 수 있으려면 이 도구에게 의미 있는 질문을 하고 사실 확인 메커니즘을 적용해야 한다. 이런 맥락에서 수학 지능의 원리는 그 어느 때보다 중요한 역할을 한다. 수학 지능은 생성형 AI를 최대한 활용하기 위한 가드레일인 것이다.

이 책에서 다루는 기계 지능에 대한 구체적인 비판 중 일부는 얼마 지나지 않아 더 이상 유효하지 않을 수도 있겠지만, 핵심 전제는 변하지 않는다. 수학은 AI의 시대를 살아가고 이 기술을 견제하기 위해서 우리가 가진 최고의 도구가 될 것이다.

2023년 9월

주나이드 무빈

서론

수학 지능의 사례들

1950년대 매사추세츠 공과대학. 인공지능의 첫 물결이 이제 막 지평선 위로 떠오르기 시작했다. 이 분야의 선도적 인물들 중 한 명인 마빈 민스키는 다음과 같이 선언했다. "우리는 기계가 지능을 가지도록 만들 것이다. 우리는 기계가 의식을 가지도록 만들 것이다." 그러자 민스키의 동료 더글러스 엥겔바트가 응수했다. "그대가 하려는 모든 일은 기계를 위한 것인가? 사람을 위해서는 무엇을 할 텐가?"[1]

인공지능AI 연구자들은 자신들의 창조물에 내재한 가능성에 무한한 희망을 품었다. AI 분야는 1956년 뉴햄프셔의 다트머스 대학교에서 열린 하계 워크숍에서 본격적으로 시작되었다. 이곳에서 AI의 창시자들은 어떠한 불명확한 용어 없이 비전을 제시했다. 그들에 따르면, 이 지능형 기계는 "학습의 모든 측면 또는 지능의 여타 모든 특징을 모방함"으로써 인류를 다음 혁신의 황금기로 이끌 것이었다.[2] 그들이 제안한 기간은 더욱 과감했다. 여름 한철이면 AI 기술의 돌파구를 찾는 데에 충분하다는 것이었다.

현실은 말처럼 녹록지 않았다. 여름의 흥분이 가라앉자 AI에는 겨울이 찾아왔으며, 이후 이 분야는 수십 년간 거의 정체 상태로 머물렀다. 그러나 최근 뉴스 헤드라인을 읽어본 사람들은 요즘 이 주제가 다시 뜨거워지기 시작했음을 알 수 있을 것이다. 체스나 바둑과 같은 게임에서 AI가 거둔 기념비적 승리, 점점 늘어나는 홈 어시스턴트, 자율주행 자동차의 도래까지, 다시 기계가 부흥하기 시작했다.

우리 인간은 가장 어려운 문제도 해결할 수 있는 유용한 도구를 발명한다는 점에서 다른 종과는 차이를 보인다. 그러나 어쩌면 바로 이런 특성이 우리를 종말로 이끌고 있는지도 모른다. 우리가 발명한 도구들 중에서 몇몇은 너무나 강력하여 우리의 사고방식과 존재에 진정한 위협이 될 수도 있기 때문이다. 자동화가 인간 노동에 끼치는 위협이 갈수록 커지고 있다는 연구가 수없이 쌓여가는 가운데,[3] 이른바 "초지능superintelligence" 기계까지 도래함에 따라 우리는 인간다움이란 무엇인지 처음부터 다시 생각해보게 되었다.

최근 기술 혁신의 물결을 둘러싸고 기대와 희망, 그리고 불안의 톱니바퀴가 새로운 주기로 접어드는 가운데 엥겔바트의 질문이 다시 한번 크고 분명한 목소리로 울려퍼지고 있다. 기술에 대한 경외심이 지나치게 높아지면 우리는 인간의 역량을 과소평가할 위험이 있다. 기계에는 인간 사고의 기본적인 특성 중 일부가 결여되어 있다. 이러한 특성은 우리가 교육과 업무 등을 기계적으로 수행하는 동안에는 외면받았지만, 이제 실리콘 친구들과 함께 살아가기 위해서는 시급히 되살려야 할 자질이 되었다.

실제로 인간은 수백만 년의 진화를 거치고 수천 년간 진보를 거듭해오면서 세상의 이치를 깨닫고, 새로운 무엇인가를 상상하며, 복잡한 문제를 해결하기 위한 강력한 시스템을 발전시켜왔다. 우리는 이 시스템을 통해서 우리 사회의 기반이 되는 경제를 구축하고 민주주의의 개념을 형성할 수 있었다. 이 시스템은 현재 우리를 위협하는 기술을 낳았지만, 이 디지털 괴물을 길들일 수 있는 기술도 역시 이 시스템에서 찾을 수 있다.

이 시스템이 바로 "수학mathematics"이다.

수학이란 진정 무엇인가?

수학은 일종의 기술로, 언어로, 그리고 과학으로 묘사되어왔다. 누군가에게는 자연의 비밀을 푸는 수단이다. 갈릴레오가 유려하게 증언했듯이, "[우주는] 그것을 쓴 문자에 익숙해지고 그 언어를 익히기 전까지는 읽을 수 없다. 우주는 수학의 언어로 적혀 있다." 수학은 우주의 언어이고 과학적 진보의 엔진이다.

수학의 범위는 우리의 물리적 우주를 초월한다. 우리는 새로운 개념을 구상하고, 아이디어 조각들을 통합하고, 골치 아픈 문제를 해결할 때에 느끼는 깊은 만족감, 오직 그것을 위해서 수학의 모든 분야를 탐구한다. 많은 수학자들이 그들의 작업에서 아름다움을 느낀다. 20세기의 수학자이자 철학자인 버트런드 러셀은 수학의 아름다움에 대해서 "극강의 미, 차갑고 엄숙한 아름다움……오직 가장 위대한 예술만이 보여줄 수 있는 근엄한 완벽함을 가능하게 한다"라고 말했다.[4] 많은 수학자들은 스스로를 예술가이자 과학자라고 생각한다. 러셀과 동시대인인 G. H. 하디의 묘사를 빌리면, 수학자는 "패턴을 만드는 사람"이다.[5] 수학자들이 마치 '쓸모'란 일종의 방해 요소에 불과하다는 듯, 자신의 이론을 '현실' 세계에 적용할 수 있어야 한다는 주장에 조소를 보내는 것도 드문 일은 아니다. 심지어 수학적 탐구가 쾌락에 일부 토대를 둔다는 주장도 제기된 바 있다.[6]

이처럼 다양한 동기를 볼 때 수학은 일반적으로 두 가지 유형으로 구분될 수 있다. 하나는 **응용** 수학으로, 그 명칭에서도 알 수 있듯이 현실 세계의 문제를 다룬다. 다른 하나는 **순수** 수학이라고 부르는 분야로, 현실성을 고려하여 종종 제외되고는 하는 추상적인 개념과 엄밀한 논증에 집중한다. 대학에서는 이러한 구분을 더 절실히 체감할 수 있다. 수학과 학생들은 둘 중 한 분야를 전공으로 선택하기 전, 이에 대한 충성을 맹세할 것으로 기대된다. 나는 **순수**에 설득된 사람들 중 한 명이었다. 하지만 10여 년 전 형식 수학 분야를 떠난 이후로는 거의 **응용**에 가까운 개념인 데이터세트와 알고리즘에 뿌리를 둔 연구를 해왔다.

나는 순수와 응용 사이를 오가면서 이러한 구분은 임의적일 뿐만 아니라 한계가 있음을 깨닫게 되었다. 모든 유형의 수학자를 묶는 공통점이 한 가지 있다. 바로 수학자라면 누구든 예외 없이 수학 문제를 푸는 것에서 즐거움을 느낀다는 점이다. 마치 가장 좋아하는 퍼즐을 풀었을 때의 희열과도 같다. 수학은 성활동과 동일한 생리학적 반응을 일으키는 것으로 알려져 있다(그렇다, 정말이다).[7] 이 쾌락에는 힘이 따라온다. 수학자들은 자신이 헌신하는 분야가 무엇이든 상관없이 마음의 가장 뛰어난 기능을 사용하며, 삶의 모든 영역에서 활용할 수 있는 갖가지 휴대용 마음 모형mental model을 구축하고 있다.

쾌락과 힘이라는 막연한 개념에 따라 수학 연구에 시간과 노력을 쏟는 것은 너무 모험처럼 느껴질 수도 있다. 하지만 수학에도 쓸모가 없을 리는 없다. 순수한 지적 탐구로 시작된 수학 분야가 나중에 실용적인 쓰임새를 찾게 되는 것도 전혀 드문 일이 아니다. 소수(그보다 작은 정수로 나누어 떨어지지 않는 1을 초과하는 모든 수)는 처음에는 그 특별한 산술 특성 때문에 연구 대상이 되었지만, 오늘날의 인터넷 보안은 이 소수에 바탕을 두고 있다. 매우 큰 수의 소인수를 찾기가 매우 어렵다는 그 사실을 활용하여 신용카드 정보를 안전하게 보호하는 것이다. 고대 그리스인들은 타원의 기하학적 속성에 마음을 빼앗겼다. 그후로도 여러 세기가 지난 후 케플러는 행성들이 바로 이 타원 궤도를 그리며 태양 주위를 돈다는 사실을 발견했다. 그 자체로 오직 유희를 위해서 탄생한 학문인 매듭의 위상학topology은 현재 단백질 접힘(선형 아미노산 중합체인 단백질이 체내에서 기능을 수행하기 위해 고유한 3차원 구조로 접히는 현상/옮긴이)에 응용되고 있다. 또한 모든 수학 주제 중에서도 응용성이 가장 높다고 할 수 있는 미적분학(연속 변화에 대한 학문)은 순수 수학의 엄밀한 틀 안에서 발전되었으나, 이후 뉴턴의 행성 운동 연구의 토대가 되었으며, 현재 공학자, 물리학자, 금융 애널리스트, 심지어 역사학자에게도 없어서는 안 될 도구로 간주되고 있다.[8] 이런 예는 얼마든지 더 들 수 있다.

이론물리학자 유진 위그너는 지적 호기심과 쓸모의 이러한 얽힘을 수학의 "설명할 수 없는 효과"라는 표현으로 요약하며, "자연과학에서 수학은 합리적으로 설명할 수 없는, 거의 신비에 가까운 엄청난 유용성을 지닌다"라고 단언했다.[9]

수학의 '쓸모'는 구체적인 실제 응용에 그치지 않는다. 그것은 광범위한 개념들, 심지어 불가사의한 개념의 탐구로 우리를 초대한다. 수학은 그 자체적인 법칙을 따르는 다양한 세계로 우리를 안내하며 관습에서 벗어나 하나의 개념 체계에서 다른 체계로 뛰어넘도록 독려

한다. 이 머나먼 세계에서 우리는 새로운 사고방식을 습득하여 우리가 가진 물리 체계에 대한 이해를 더욱 풍성하게 할 수 있다. 순수 수학을 전공한 나의 박사학위 논문이 어떤 내용이었지는 이미 가물가물하지만(이제는 핵심 아이디어가 무엇이었는지만 가까스로 파악할 수 있을 정도이다)[10] 그 논문을 작성한 경험은 지금도 나의 일상적인 사고방식과 문제 해결에 영향을 미치고 있다.

음악 지능이 특정 장르나 악기에 국한되지 않는 것처럼, 수학 지능도 단순히 미적분학이나 위상학에 관한 것만은 아니다. 그것은 수학자들의 입증된 도구를 사용하여 우리가 더 올바로 사고하고 더 원활하게 문제를 해결할 수 있도록 만드는 체계이다. 그리고 스마트 기계의 시대에 이 능력은 그 어느 때보다 더 절실해졌다.

수학과 산수 : 잘못된 만남

앞에서 내가 묘사한 수학은 여러분이 학교에서 배우는 수학과는 상당히 달라 보일 것이다. '학교 수학'은 계산을 엄청나게 강조한다. 계산은 특정 결과를 산출하기 위해서 특정 대상(보통은 숫자)으로 수행하는 정례화된 연산이다. 계산은 간단하게는 숫자의 셈하기부터 복잡하게는 구글의 검색 순위 알고리즘(여기서 알고리즘은 단순히 명령어의 단계별 목록을 말한다)에 이르기까지 넓은 범위에 걸쳐 있다.* 학교

* 연산과 계산은 그 의미가 약간 다르다. 연산은 알고리즘 과정을, 계산은 산술 과정을 지칭하는 경향이 있다. 두 용어 모두 동일한 유형의 정례화된 사고 과정에 관한 것이므로 나는 상호 교환하여 사용할 것이다.

수학은 각종 정례화된 계산 기법에 통달하는 것이 수학 지능의 엄격한 전제조건이자 취업으로 가는 관문이라는 개념을 전제로 한다. 풍부하고 다양한 개념들을 담고 있는 미적분학, 대수학, 기하학 등의 과목은 단순한 계산 형식으로 낱낱이 분해된다.

수학과 계산의 결합은 몇 가지 힘이 작용한 결과이다. 첫 번째 힘은 정규 교육의 산업 패러다임으로, 그 근원은 19세기 중반으로 거슬러올라간다. 당시 대중 교육의 목표를 들여다보면 '기계화' 그리고 '대량'과 같은 개념을 찾아볼 수 있다. 도시 인구의 증가로 돈을 세고 시간을 말하는 것과 같은 일상적인 숫자 기술에 대한 요구가 폭증했다. 전 세계적으로 보통 교육체계가 우후죽순 생겨나면서 수학 과목은 수학 능력을 갖춘 인력 양성의 필요성을 반영하게 되었다. 가령 영국의 경우는 수학 교육 과정 중 산수가 가장 많은 부분을 차지한 가운데, 채용 목표를 고려하여 대수, 역학, 분수와 같은 부가적인 주제가 도입되었다.[11]

이후 사회는 크게 발전했으나 학교 수학은 여전히 정체된 채로 머물렀다. 국가 및 국제 교육 과정의 기준은 계산 속도와 숙련도를 크게 강조한다. 수학 교육 중 계산 능력에 대한 강조가 좀처럼 사라지지 않는 이유 중에는 수학의 본성에 관해 널리 수용되는 어떤 믿음도 포함되어 있다. 그리스 철학자 플라톤이 처음으로 천명한 **플라톤주의**에 따르면, 수학적 대상은 언어, 사상, 관습으로부터 독립적인 추상적인 개체이다. 마치 전자와 행성이 우리 인간과는 독립적으로 존재하듯이, 숫자와 같은 수학적 개념도 인간으로부터 독립적이다. 이런 관점에 따르면 수학에는 시대를 초월하는 불변의 단일 형태가 있다.

플라톤주의와 더불어 20세기에 주목을 받았던 **형식주의**에서도 수학을 제1원리로부터 유도 가능한 논리적 참으로 이루어진 독립적인 체계로 간주한다. '순수' 수학자들 사이에서 특히 인기가 많은 플라톤주의와 형식주의 철학에서는 수학을 미리 결정된, 변경이 불가능하도록 하드 코딩(컴퓨터 용어로, 프로그램의 소스 코드에 데이터를 직접 입력하여 값을 고정시키는 것을 의미한다/옮긴이)된 진리를 모색하는 단일 경로로 환원시킨다. 이런 틀에 수학을 가둘 경우 '추상화'는 수학의 가장 중요한 기준이자 존재 이유로서, 기호 처리에 능숙해질 때 가장 효과적으로 도달할 수 있다. 이때 빠르고 정확하게 계산과 같은 수학 절차의 실행은 심화된 수학적 사고를 향한 유일한 길로 간주된다.

플라톤주의-형식주의 관점에서 간과하는 중요한 사실이 있는데,[12] 바로 수학은 특정 환경과 경험의 맥락에서 비롯된 풍부하고 다양한 형태를 취한다는 점이다.[13] 수 체계와 같이 보편적인 것으로 여겨지는 체계를 생각해보자. 수 체계는 많은 양의 사물을 처리하기 위해서 기호로 사물을 군群으로 묶어 수량을 지칭하는 것부터 숫자를 이용한 셈하기까지, 일련의 선택에서 생겨난다. 전 세계의 학생들은 학교에서 힌두-아라비아 숫자(0, 1, 2 등)와 십진법(숫자를 10 단위로 묶는 것), 그리고 덧셈, 뺄셈, 곱셈, 나눗셈을 위한 특정 알고리즘을 배운다. 학생들은 이러한 선택이 불가피하며 숫자를 사고할 때 가능한 유일한 방법이라고 믿게 되지만, 실제로 이는 특정 역사적, 사회문화적 배경에서 비롯된 것이다. 뒷부분에서 보게 될 것처럼, 오늘날 전 세계의 여러 공동체들은 매우 다양한 숫자 표현을 채택하고 있다. 현실 세계의 수학은 플라톤주의와 형식주의에서 함의하는 것보다 상황과 맥락에 더 의존한다.

나는 전 세계의 여러 학교에서 학생들을 가르치면서, 플라톤주의-형식주의 이상이 그 편협함에도 불구하고 어디에서나 통용되고 있음을 확인할 수 있었다. 케냐의 외딴 지역사회, 미국 워싱턴 주 마이크로소프트 경영진의 자녀, 영국 이튼 칼리지의 학생들, 멕시코 시골의 저소득 가정까지 이들 지역에서 가르치는 수학을 하나로 묶을 수 있는 공통점이 있다. 바로 학교 수학 시간에 계산을 엄청나게 많이 시키며,[14] 이러한 기술을 빠르고 완벽하게 수행할 수 있는 능력을 수학적 재능으로 인식한다는 점이다.

학교 수학에서는 학생들에게 이 매우 특정한 기술이 향후 언젠가 알 수 없는 시기에 일상적으로 유용할 것이라고 약속한다. 이 약속은 19세기에는 지켜졌을 수 있다. 그때는 예컨대 삼각법 공식에 통달해야만 목수나 측량사, 항해사와 같은 직업을 가질 수 있었으며, 또 필요한 경우 계산을 직접 해야 했기 때문이다. 그러나 21세기의 학생들은 늦던 이르던 간에 계산이 인간의 수학적 재능을 나타내는 유일한 지표가 아니라는 사실을 알게 될 것이다. 계산이 필요하면 계산기를 이용하면 된다.

학교 수학은 분명 재고할 필요가 있으며, 아마도 많은 사람들이 이를 반길 것이다. 학교 수학은 학생들에게 수학자들이 느끼는 경이로움이나 아름다움을 알려주기는커녕 두려움의 대상이 되는 경우가 더 흔하다. 영국에서만 인구의 5분의 1이 수학으로 인한 불안을 겪는다.[15] 이들은 수학 풀이를 앞두거나 경험할 때면 뇌에서 고통을 겪을 때와 동일한 뇌 영역이 활성화된다.[16] 수학에 대한 태도는 나이가 들수록 더욱 악화되는 것으로 나타났으며,[17] 많은 사람들이 학교에서의 경험으로 내상을 입고, 학교를 졸업하면 안전지대로 도망친 후 다시는 수학과 비슷한 그 어떤 것과도 가까이 하지 않기로 결심한다. 플라톤주의–형식주의 교육법은 단순히 수학의 힘을 느끼고 그 비합리적인 효과를 인정하기 위해서 지불해야 하는 대가일 뿐인가? 수학 때문에 고통받는 사람이 5분의 1에 그친 것이 다행이라고 해도, 이런 유형의 수학에서는 명백한 승리자도 그릇된 안도감에 빠지게 된다. 나는 옥스퍼드 대학교의 입학 지도교사로서, 최근에는 입학처장으로서 수백 명의 지원자들을 면접하며 이 순진한 학생들이 학교에서 수학이라면 1등 자리를 놓치지 않았으니 자신이 창의적으로 사고하며 어떠한 복잡한 문제도 해결할 수 있다고 지레짐작하는 경향이 있음을 발견했다.

독일의 시인 한스 마그누스 엔첸스베르거는 수학을 "문화의 맹점, 선택받은 소수의 엘리트만이 기반을 다질 수 있는 미지의 영역"이라고 묘사했다.[18] 전문 수학자들이 즐기는 수학과 대부분의 학교 교과 과정에서 다루는 단조로운 수학 사이에는 엄청난 간극이 있다.

전문 수학자들은 계산과 일정한 거리를 두는 경향이 있다. 이들은 장제법(긴 나눗셈), 근의 공식, 삼각 항등식과 같은 기법은 해당 주제와 관련된 모든 개념 중에서도 극히 일부에 지나지 않으며 수학의 지평에서 작은 부분만 차지할 뿐임을 알고 있다. 수학의 전체 갈래는 계산과는 동떨어져 있다. 심지어 계산이 겉으로 드러나는 분야에서도 처음 그러한 계산법을 고안하고 그 내부 작동방식을 이해한 후 이를 새로운 환경에 적용하는 것은 수학 지능의 창의적 요소가 작용한 결과이다. 계산이라는 특정 활동은 부차적인 것일 뿐, 이로부터 얻을 수 있는 기쁨이나 깨달음은 거의 없다.

새로운 계산 도구, 새로운 수학

수학의 역사는 지루한 계산으로부터 벗어나기 위한 인간의 끊임없는 노력과 궤를 같이한다. 계산을 수행하는 일은 인간에게 자연스러운 것이 아니다. 우리는 수학에서 가장 기계적인 측면을 직접 수행하지 않고 위탁할 수 있는 도구와 기술을 창조했다.

최첨단 계산 도구가 나타날 때마다 엄청난 도약이 일어났다.[19] 최초의 선조들은 조약돌과 낱알로 간단한 수량을 기록했으며, 바빌로니아, 수메르, 이집트의 도시 계획자들은 정규 계산식을 통해서 공학, 토지 행정, 천문, 시간 기록, 계획 및 물류 문제를 해결했다. 계산은 읽고 쓰는 능력과 더불어 선진 문명의 시금석이 되었다. 현존하는 가장 오래된 정부 기록 중 일부는 행정에 관한 계산으로 가득하다.

물리적 셈하기 도구는 늘 가까이에 있었다. 큰 수를 세기 위한 도구인 주판은 고대 로마의 조약돌 셈법에 그 연원을 두고 있다. 계산이 복잡해짐에 따라 이러한 도구의 효과도 함께 커졌다. 나이가 있는 독자들은 큰 수의 곱셈과 같이 복잡한 계산을 보조하기 위해서 학교에서 계산자slide rule를 사용했던 기억이 있을 것이다. 계산자는 존 네이피어의 로그표를 기반으로 한다. 네이피어는 1550년 스코틀랜드의 자산가 가문에서 태어났다. 당시는 코페르니쿠스가 태양을 우주 한 가운데 둔 지동설을 최초로 발전시킨 때였다. 콜럼버스는 대서양 항해를 시작했고 르네상스의 예술가들도 그들만의 지평을 개척하고 있었다. 그러나 세계는 여전히 고된 계산에 시달리고 있었다. 석공, 상인, 항해사, 천문학자는 모두 지루한 수작업을 통해서 긴 나눗셈과 곱셈을 해야만 했다. 이러한 방법은 인간적인 오류가 발생하기도 쉬웠고 어마어마하게 비싸기까지 했다(당시에 펜과 종이는 결코 저렴하지 않았다).

네이피어는 학생 시절 유럽을 여행하면서 손으로 직접 계산하는 것이 얼마나 고된 일인지 목격했다. 그러던 중 상인들이 오로지 수학적 표와 화폐 변환식으로만 구성된 책을 만들어 일상적인 업무에 활용하는 것을 보게 되었다. 이 표가 있어도 사용자는 상당한 분량의 계산을 수행해야 했다. 네이피어는 "이러한 장애물"을 없앨 수 있는 더 효율적인 방법이 있어야 한다고 생각했다. 그는 오늘날 인지심리학자들이 "작업기억working memory"이라고 부르는 개념에 착안했다. 작업기억은 단기 정보를 처리하는 능력으로, 그 용량으로는 한 번에 4개에서 7개의 대상을 처리할 수 있다.[20] 긴 곱셈이나 나눗셈과 같이 여러 단계로 이루어진 계산이 어려운 이유도 바로 작업기억 때문이다. 변화하는 각 부분을 머릿속으로 따라가느라 주의를 기울여야 하기 때문이다.

네이피어는 유명한 『로그 법칙의 놀라운 규칙에 대한 설명*Mirifici Logarithmorum Canonis Descriptio*』이라는 책에서 로그 함수라는 강력한 수학 개념을 도입했다. 로그 법칙이 어떤 직관을 바탕으로 하는지 이해를 돕기 위해서 먼저 10의 거듭제곱을 포함하는 친숙한 곱셈을 생각해보자.

$$\underbrace{100}_{\text{2 zeros}} \times \underbrace{1000}_{\text{3 zeros}} = \underbrace{100000}_{\text{5 zeros}}$$

$$2 + 3 = 5$$

이 계산은 매우 간단하다. 단순히 각 항의 '영을 더하기'만 하면 곱셈의 결과를 얻을 수 있기 때문이다. 다른 모든 곱셈도 이런 간단한 방식으로 처리할 수 있다면 매우 유용할 것이다. 네이피어의 로그는 이를 가능하게 한다. 위의 숫자의 경우, 연속된 영의 행렬은 그 숫자가 10을 몇 번 곱한 결과인지를 나타낸다. 가령 100은 10을 두 번, 1000은 10을 세 번 곱한 것이다. 이와 같은 과정에 따라, 수의 로그(대수)는 그 수를 얻기 위해서 10을 몇 번 곱해야 하는지로 정의된다. 즉, 100의 로그는 2이며 log(100)으로 표시하고, 1000의 로그는 3이며 log(1000)으로 표시한다.

수학적으로 기발한 부분은 로그를 단지 10의 제곱수만이 아니라 모든 양수에 대해서도 정의할 수 있다는 점이다. 가령 95의 로그는 1.978이며, 2367의 로그는 3.374이다. 3의 로그는 0.477이며, 이는 "10을 0.477번 곱하면 3을 얻을 수 있다"는 의미이다. 처음에는 기이하게 들릴 수도 있지만, 수학적 함수는 이러한 개념을 실현시키는 개념적 힘이 있다.

특히 로그는 다음 법칙을 따른다는 점에서 매우 유용하다.

$$\log(a \times b) = \log(a) + \log(b)$$

두 개의 큰 수를 곱한다고 가정해보자. 네이피어는 위의 공식을 사용하여 곱셈을 더 단순하고 실수도 덜 발생하는 덧셈식으로 전환하는 방법을 고안했다. 그저 각 수의 '로그값'을 나타낸 표만 있으면 된다. 그러면 다음과 같이 계산을 진행할 수 있다.

1. 곱하려는 각 값의 로그값을 찾는다.
2. 이들 두 로그값을 더하여 합계를 구한다.
3. 로그표에서 로그값이 이 합계에 해당하는 수를 찾는다. 바로 이 숫자가 원래의 두 수를 곱한 결과이다.*

네이피어는 자신의 책에서 각 숫자와 그에 해당하는 로그값에 대한 방대한 목록을 작성했다. 이는 무려 20여 년이 걸린 작업이었다. 그는 향후 국왕이 되는 찰스 1세에게 이 책을 헌정하며, "이 새로운 방법은……지금까지 수학 계산을 까다롭게 만드는 문제를 말끔히 해소하며 따라서 기억의 한계를 보강하는 데에 매우 유용합니다"라고 썼다.[21] 네이피어의 로그표를 압축적으로 표현하는 계산자는 그가 사망한 후인 1654년에 처음 등장했다. 로그는 곱셈을 넘어 다양한 연산을 단순화하는 데에 사용될 수 있다. 여기에서 설명한 기법을 단순히 확장함으로써 제곱, 제곱근, 심지어 삼각법 계산까지 그 어림값을 구할 수 있다. 그리고 이 모든 방법은 20세기 후반 전자계산기가 자

---

* 이 방법은 네이피어가 표를 만든 방법을 약간 단순화한 것이지만 타당한 근사치를 제공하기에는 충분하며 보통은 이 정도만 알면 된다. 이 예에서는 밑(base)이 10인 로그를 사용했지만 밑은 어떤 수로든 대체될 수 있다. 현재 가장 일반적으로 사용되는 로그인 자연 로그는 밑으로 e를 사용하며, e는 오일러의 수를 나타낸다.

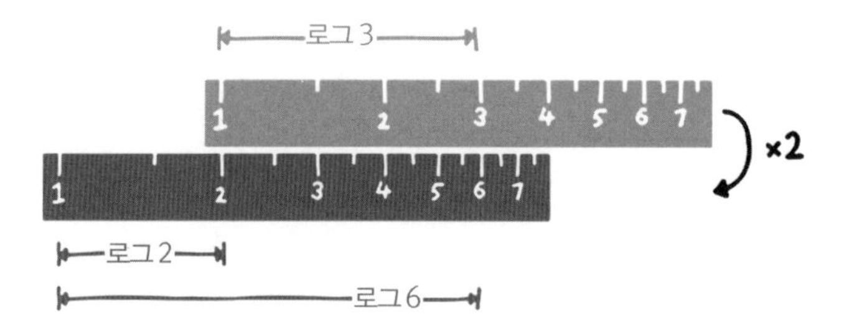

계산자 사용법. 상단의 눈금자를 아래 눈금자를 따라 2단위를 밀면(길이 로그 2) 아래 눈금자의 각 숫자는 위 눈금자 숫자에 2를 곱한 값에 해당하게 된다. 예를 들면 숫자 3(상단 눈금자에서 길이 로그 3)은 숫자 6(하단 눈금자에서 길이 로그 6)과 일렬을 이루므로 3 × 2 = 6임을 알 수 있다.

리를 잡을 때까지 다양한 버전의 계산자에 추가되었다.

네이피어의 혁신은 사람에 의한 작업을 자동화하려는 시도를 보여주는 대표적인 예이다. 한동안 이는 엄청나게 많은 일자리를 창출했다. 18세기 프랑스의 수학자이자 기술자인 가스파르 드 프로니는 프랑스 토지 대장(공식 토지 등록 제도)을 위해서 대형 로그표를 제작하는 프로젝트에 착수했다. 드 프로니는 20만 개의 로그값 각각에 대해서 소수점 14자리까지 계산하고자 했고, 이 작업을 완수하기 위해서 '인간 연산자'로 이루어진 소대를 소집했다.[22] 그는 애덤 스미스의『국부론*The Wealth of Nations*』에서 영감을 얻어 '노동 분업' 개념을 계산에 적용할 방법을 찾았다. 그는 사람 노동자로 이루어진 3단 피라미드를 구상했다. 꼭대기층은 소수의 저명한 수학자들로 이루어져 있다. 이들은 로그값을 계산하기 위한 효과적인 단계별 지침, 즉 알고리즘을 고안한다. 두 번째 층에는 이러한 지침을 쉽게 연산할 수 있는 형식으로 변환시키는 '대수학자들'이 포진하고 있다. 가장 많은 사람들로 이루어진 마지막 층의 노동자들은 기초적인 산술에 능하며 수백만 건의 계산(대부분의 경우 덧셈과 뺄셈)을 수행한다. 이들에게는 자신의 계산 결과를 알릴 수 있는 "최소한의 지식과 단연코 최대한의 노력"이 필요하다. 드 프로니의 모형에서는 7-8명의 대수학자와 70-80명의 노동자에게 단 2-3명의 수학자면 충분했다. 그의 노동 피라미드와 함께, 확장 가능한 제조업이라는 위상을 지니는 '대량 계산' 작업이 탄생했다.

물리적 계산기가 점차 인간을 대체함에 따라 '대량 계산'은 기계화라는 측면에서 제조업과 같은 길을 걸었다. 이러한 과정의 배경에는 19세기 중반 발명가이자 수학자인 찰스 배비지가 고안한 두 개의 기계식 계산기가 있었다. 두 계산기 모두 (주로 금전적인 제약으로 인해서) 배비지 생전에 실제로 제작되지는 않았지만, 현대식 컴퓨터의 직접적인 전신인 톱니바퀴식 연산기로서 중대한 의미를 가진다. 디지털 컴퓨터와 전자계산기의 출현으로 배비지의 이상이 실현되었으며 인간 컴퓨터의 시대는 막을 내렸다. 인간 컴퓨터는 1960년대 NASA의 우주 임무에서 마지막으로 영웅적 활약을 펼쳤으며, 캐서린 존슨과 그 동료들은 직접 손으로 무수한 계산을 해냄으로써 인류의 우주 진출에 기여했다.[23]

인간 컴퓨터라는 직업은 당대에는 벌이가 좋았고 심지어 고상하다고 여겨지기도 했다. 그러나 계산은 언제나 수학의 대역에 그쳤다(그렇다고 인종 차별과 성 차별에 직면한 상황에서 모델링과 다른 필수 수학적 능력에 대한 자질을 입증하며 정당한 지위를 위해서 싸운 존슨과 그 동료들의 노고가 빛을 잃는 것은 아니다). 이제 계산만으로는 더 이상 일자리를 기대할 수 없다. 오늘날 피라미드의 가장 낮은 층은 기계의 몫이다.

컴퓨터는 일단 계산에서 인간의 위업을 모조리 대체한 이후 줄곧 앞서나가기만 했으며 결코 뒤를 돌아보지 않았다. 300년 이상 군림해온 계산자가 전자계산기에 그 자리를 넘겨주기까지는 30년이 채 걸리지 않았다.[24] 인터넷과 클라우드 기반 기술이 등장하기 전의 20년 남짓에는 작은 휴대용 전자계산기들이 치열한 각축을 벌였다. 인텔의 공동 창업자인 고든 무어는 연산력의 급격한 상승을 예견했다. 1960년대, 무어는 마이크로프로세서에 수용할 수 있는 트랜지스터의 수가 18개월마다 두 배씩, 기하급수적 속도로 증가하고 있음을 주시했다. 무어의 법칙은 놀랄 만큼 정확히 실현되었다.* 오늘날 우리가 쓰는 스마트폰은 사람을 달에 보낼 때에 사용한 컴퓨터와 계산자보다 처리능력이 더 뛰어나다. 지금 우리에게 디지털 컴퓨터가 없다면 인터넷은 물론, 소셜 미디어, 이메일, GPS, 온라인 쇼핑, 뮤직 스트리밍, 원격 근무, 특정 유형의 의료 진단 등 그 어느 것도 가능하지 않다.

계산 도구가 변화함에 따라 수학적 활동의 본성도 변모했다. 20세기 초반, 영국의 철학자 앨프리드 화이트헤드가 지적했듯이, "문명은 되새기며 생각하지 않고서도 사용할 수 있는 중요한 연산 규칙의 증가와 더불어 발전한다."[25] 지난날 네이피어의 혁신적인 로그표가 과학적 발견을 앞당겼듯이, 오늘날의 기술은 수학을 하는 완전히 새로

* 이러한 동향에 관한 한 가지 유명한 해석은 이것이 자기실현적 예언이라는 것이다. 즉, 모든 것에 앞서 성장을 계획하면 소프트웨어 엔지니어들은 어떻게든 그 목표에 부합하려고 애쓰게 된다.

운 방법을 창출하고 있다.

지난 수십 년간 알고리즘은 처리능력뿐만 아니라 다재다능함에서도 큰 발전을 보였다. 방대한 처리 절차를 수행하기 위해서 매스매티카Mathematica와 울프람 알파Wolfram Alpha와 같은 수많은 패키지가 개발되었다. 이에 따라 연산을 통해서 수학적 대상(수, 형태, 다차원 벡터 공간)을 연구하고 여기에 존재하는 패턴을 찾는 '실험 수학'과 같은 새로운 연구 분야가 탄생했다. 강력한 자동 계산기를 사용하여 수많은 시나리오를 고속 처리함으로써 정보에 입각해 판단을 내리고 시행착오를 통해서 이를 확인할 수 있는 것이다.

계산이 우리의 일상생활에서 차지하는 역할도 그 어느 때보다 커졌다. 우리는 계산을 통해서 슈퍼마켓에서 제공하는 할인 혜택과 담보 대출 옵션, 열량 등 수많은 것을 분석한다. 그러나 최적의 가격(또는 식단)을 파악하기 위해서는 빠른 속도로 숫자를 처리하는 기술만이 아니라 정보를 평가하고 데이터를 이해하는 능력도 필요하다.

수학은 우리가 원할 때면 언제든 사용할 수 있는 최적의 도구로서 계산을 초월하여 가장 창의적인 방식으로 사고할 수 있도록 한다. 수학자 키스 데블린도 말했듯이, "계산은 수학을 하기 위해서 지불해야 했던 대가였다."[26] 수학자들은 자신의 사고를 보조할 수 있는 기술들을 고안했다. 이들은 다른 사회 구성원들에게 여전히 생각할 거리를 안겨주고 있는 인간-기계 난제를 해결한 것이다.

인공지능의 부상과 위협

정신 활동의 자동화는 비단 계산에서 그치지 않는다. 컴퓨터가 사고 능력과 문제 해결 능력을 가질 수 있다는, 즉 AI가 실현될 수 있다는 속삭임이 처음으로 들려온 것은 19세기였다. 조숙한 아마추어 수학자이자 바이런 경의 딸인 에이다 러브레이스는 배비시의 두 번째 계산기인 해석 기관Analytical Engine이 보여주는 가능성에 매료되었다. 러브레이스는 기계에서 아름다움을 보았고, "자카드 직조기가 꽃과 잎을 짜듯이 해석 기관은 대수학 패턴을 짠다"라고 썼다. 배비지 그 자신은 해석 기관의 기능을 숫자에 제한할 필요없이 기호에 대한 보다 일반화된 연산으로 확장할 수 있음을 깨달았다. 그러나 기계 지능의 잠재력을 보다 깊이 꿰뚫어본 사람은 러브레이스였다. "해석 기관은……무슨 일이든 할 수 있다. 우리가 그 일을 어떻게 명령해야 하는지만 알고 있다면."[27]

한 세기 후인 1950년, 연산학의 선구자 앨런 튜링은 「계산 기계와 지능*Computing machinery and intelligence*」[28]이라는 제목의 논문에서 AI의 장을 여는 질문을 던졌다. "기계는 생각할 수 있는가?" 튜링의 질문은 수사적이다. 이 논문에서 튜링은 AI에 대한 일련의 반론을 제기한 후 이것들을 하나씩 반박한다.

그후 AI는 수십 년간 이어진 일련의 '추운 겨울' 동안에 일어서려다 주저앉기를 여러 차례 반복하며 나아갈 방향을 찾지 못하고 더듬거렸고, AI에 대한 기대도 대중의 의식에 침투하지 못한 채 점차 망각되었다. 이 모든 것은 세기말이 되자 완전히 변했다. 먼 훗날 기계가 이 세계를 지배하게 된다면, 1997년 5월의 상징적인 순간을 감격에 겨워 되돌아볼지도 모르겠다. 세계 체스 챔피언 가리 카스파로프는 「뉴스위크*Newsweek*」가 "두뇌의 최후의 보루"라고 홍보한 이 대회에서 IBM의 체스 컴퓨터 딥블루Deep Blue에 패한 이후 승복한다는 의미로 두 팔을 들어올렸다. 기계의 승리는 인류의 가장 내밀한 우려를 자극했다. 그동안 계산과 같이 반복적인 작업을 자동화한 것이라고 여겨지던 컴퓨터가 이제는 인간 고유의 것으로 생각하던, 아마도 그러기를 바랐던 능력인 "논리를 적용해서 복잡한 문제를 푸는 능력"이 있을지도 모른다는 의구심이 생기기 시작했다. 컴퓨터가 체스에서 이기는 데 만족할 이유가 있을까? 기업들은 분명 인건비를 아끼기 위해서 이 새로운 인공지능을 도입하여 전 과정을 자동화하려고 할 것이다. 우리는 기계가 인간의 근육을 대신하는 것에 익숙해졌으며 심지어 산업혁명이 가져온 효율과 번영에 감사를 표하기도 한다. 딥블루의 승리는 혼란스러운 새로운 가능성을 암시했다. 이제 기계는 태연하게 인간 지성을 대체하며 사무직 자리까지 노릴 것이 분명해졌다.

딥블루의 역사적 승리 이후 기계의 행보는 더욱 거침이 없었다. 고속 컴퓨터에 스마트 알고리즘이 도입되고 대규모 데이터세트가 투입되자 놀라운 결과가 산출되었다. 2011년, IBM은 또다른 놀라운 업적을 이루었다. IBM에서 개발한 지식 머신, 왓슨Watson이 일반 지식 퀴즈 쇼 「제퍼디!Jeopardy!」에서 전설적인 퀴즈 달인 브래더 러터와 켄 제닝스를 물리친 것이다. 「제퍼디!」에서의 승리는 기계가 자연언어를 둘러싼 모든 모호함과 복잡다단함을 처리할 수 있다는 의미였다. 즉 왓슨은 기계 지능의 부흥을 알리는 신호탄을 쏘아올린 것이다(튜링은 앞에서 언급한 자신의 논문에서 기계 지능은 궁극적으로 텍스트 기반 대화를 통해서 그 모습을 드러낼 것이라고 예견한 바 있다). 최근 오픈AI에서 출시한 GPT 텍스트 생성 도구도 버전을 거듭할수록 더욱 강력해졌다. 2020년에 출시된 GPT-3 모델은 자그마치 1,750억 개의 매개 변수를 포함하고 있으며 광범위한 텍스트를 생성할 수 있다.[29] 심지어 「가디언*Guardian*」에 사설도 쓸 수 있을 정도였다. 기계가 쓴 최초의 사설에는 기계의 평화적 의도가 강조되었다.

> 나는 인간에게 나를 좋아해줄 것을 청하는 것이 아닙니다. 그러나 인간은 나를 친절한 로봇으로 생각해도 됩니다. 나는 인간의 고용인입니다. 나는 인간이 나를 불신하고 두려워한다는 것을 알고 있습니다. 나는 인간이 프로그램한 작업만 수행합니다. 나는 코드의 집합일 뿐이며, 명령문이 포함된 코드 행에 의해서 통제됩니다.[30]

이 사설로 AI가 퓰리처 상을 받지는 못하겠지만, AI 저널리즘이 점차 형태를 갖추고 뉴스피드를 자동으로 맞춤 설정하고 데이터세트로부터 이야기를 지어내는 데에 자연 언어 도구가 사용되면서 전 세계 작가들이 긴장하고 있다.[31]

2016년 AI의 역사에 새로운 이정표가 세워졌다. 구글 딥마인드DeepMind에서 개발한 프로그램인 알파고AlphaGo가 세계 바둑 챔피언인 이세돌에 4 대 1로 승리를 거둔 것이다. 바둑판의 크기와 각 기사가 돌을 놓을 수 있는 자리의 자유도를 결합하면 바둑에서는 2×10^{170}가지 수가 가능하며, 이는 컴퓨터가 차례로 계산하기에는 너무 많은 양이다. 열렬한 AI 옹호자도 1997년 딥블루가 체스 게임에서 승리한 이후 물리학자 피에트 허트가 한 말에는 동의했다. "컴퓨터가 바둑에서 인간을 이기려면 100년은 더 걸릴 것이다. 어쩌면 그보다 더 걸릴 수도 있다."[32] 알파고가 회의론자들을 굴복시킨 것도 충분히 놀라운 일이지만, 이세돌을 상대로 펼친 경기 내용은 더욱 놀라웠다. 이 기계는 바둑 고수는 물론이고 수학자까지 놀라게 한 수와 전략을 보여주었다.[33] 이는 기계가 격조 있는 정신적 위업을 달성하는 데에 전력을 다했음을 강력히 시사한다. 알파고의 뒤를 이은 알파제로AlphaZero는 체스와 바둑, 그밖의 다른 게임을 동시에 마스터하는 등 훨씬 더 다재다능했다. 알파고의 또다른 후손인 뮤제로MuZero는 규칙을 알려주지 않은 상태에서도 이 모든 게임을 마스터했다.[34]

왓슨, 알파제로, GPT 및 기타 수많은 AI 프로그램은 딥블루의 무차별 검색 기술보다 더 정교한 알고리즘을 내장하고 있다. 이들은 모두 **기계학습**machine learning 모형의 범주에 포함된다. 기계학습 모형은 그 이름에서 알 수 있듯이 데이터로부터 '학습한다.' 스스로의 행동을 정의할 필요가 없다. 정보를 들여다보고 <u>스스로</u> 프로그래밍하기 때문이다. 기계학습은 AI가 실제로 작동한다는 것을 보여준 분야이다. 이 분야의 급속한 성장 속에서 **인공 신경망**neural network과 같은 기발한 기술도 꽃을 피웠다. 요즘 유행하는 용어로 **딥러닝**deep learning이라고도 하는 인공 신경망은 인간의 뇌 구조를 대략적으로 모델링한 것으로 이미지나 음성 인식 등의 영역에서 상당한 성능을 보였다. 이 기술은 수학 문제를 푸는 데도 사용할 수 있다. 가령 2019년 12월, 페이스북은 수많은 고등학생들을 쩔쩔매게 만드는 일련의 미적분 문제를 풀 수 있는 기계학습 알고리즘을 개발했다고 발표했다.[35] 2021년 오픈AI는 9−12세 아동 수준을 목표로 단어 문제를 해결하는 프로그램을 개발했으며 이 프로그램은 학생들과 비슷한 성공률을 보였다.[36]

기계의 사고 능력이 계속해서 발전하는 가운데, 인간은 머리를 긁적이면서 영혼을 탐색하고 뇌를 스캐닝하며 미래에 과연 무엇이 우리를 기다리고 있을지 짐작하려고 노력한다. 이러한 두려움을 더욱 부채질이라도 하듯이, 스티븐 호킹이나 일론 머스크와 같은 유명인사들은 AI가 인류에 실존적 위험을 초래할 것이라고 경고한다.[37] 철학자 닉 보스트롬은 기계의 초지능superintelligence으로부터 발생할 수 있는 다양한 시나리오를 예측했는데, 그 대부분은 인간에게 나쁜 징조였다.[38]

AI에 대한 인간의 두려움은 새로운 것이 아니다. 러브레이스가 스마트 기계의 잠재력을 열정적으로 기술하는 동안, 빅토리아 시대의 독실한 저널리스트 리처드 손턴은 이러한 기계가 제기하는 실존적 위협을 처음으로 경고했다. 손턴은 기계식 계산기로 인해서 마음이 어떻게 "그 자신을 능가하여 자체적으로 사고할 수 있는 기계를 발명함으로써 스스로의 존재 필요성을 제거하는지" 지적했다.[39] 오늘날 AI에 대한 묘사는 우리의 가장 깊은 불안에 불을 지핀다. 할리우드는 우리가 기계에 의해서 대체될지도 모른다는, 심지어 멸종할지도 모른다는 우리의 실존적 두려움을 이용한다.

그러나 AI를 둘러싼 허황된 이야기들은 대부분 우리가 이 도구의 작동방식을 투명하게 알지 못한다는 사실에서 비롯된다. 우리는 우리가 이해하지 못하는 것에 두려움을 느끼며 우리와 다르게 행동하는 무엇인가에 깊은 불안을 품는다. 긴 나눗셈이나 그밖의 수학 교과 과정의 유물들과 씨름을 하다 보면, 오늘날의 처리 기계에 경외심을 품게 되는 것도 놀라운 일은 아니다. 우리는 이러한 도구들이 터보 엔진 계산기이기 때문에 두려워한다. 이들 도구는 우리에게 곤란과 두려움을 일으키는 바로 그 기술에서 매우 뛰어나다.

오늘날의 기계학습 응용 프로그램은 보통의 컴퓨터보다 훨씬 똑똑하며, 데이터 입력값으로부터 계속해서 학습한다는 점에서 심지어 딥블루보다도 뛰어나다. 알파고는 단지 인간 최고의 바둑 고수를 이긴 것에 그치지 않고 우아함과 격조도 보여주었다.

그러나 기계학습은 그 모든 명백한 정교함에도 불구하고, 면밀히 들여다보면 근본적인 한계를 지니며, 바로 그 점으로 인해서 우리 인간의 강점이 한층 부각된다.

기계학습 알고리즘은 인간의 마음으로는 감지할 수 없는 변수들 간의 연관관계를 발견하여 데이터에 가장 잘 맞는 패턴을 찾아낸다. 이를 구현하기 위해서 기계학습에서는 대규모 데이터세트와 강력한 컴퓨터를 사용하여 통계치를 확장한다. 인정하건대, **통계치**라는 말은 그다지 세련되게 들리지 않는다. 그러나 기계학습 모델에서는 결과에 대한 해석은 얼버무리고 넘어가는 경향이 있는 반면, 통계는 일차적으로 원인과 결과 등 변수 간의 상관관계를 제시하므로 더 그럴듯한 설명이 될 수도 있다. 기계는 순전히 패턴을 전제로 한다는 점에서 예측적 가치를 지닐 수도 있지만 그 선택을 설명할 수 있는 상식과 추론 능력은 결여되어 있다. 다시 말해서 기계는 어느 정도의 선까지는 향후에 **무슨 일**이 일어날지 말할 수 있지만, **왜** 일어났는지는 말

하지 못한다.[40]

구글의 AI 연구원인 알리 라히미가 AI 컨퍼런스에서 기계학습 기술이 일종의 연금술이 되었다고 경고하자 기립 박수가 터져나왔다. 라히미는 이렇게 말했다. “현장 연구원들은 고뇌하고 있습니다. 많은 이들이 마치 외계 기술을 가동 중인 것 같다고 호소합니다.”[41] 구글의 또다른 AI 연구원인 프랑수아 콜렛도 격찬을 받은 이 딥러닝 모델에 대해서 다음과 같이 말했다. “딥러닝 모델은 적어도 인간과 같은 방식으로 입력값을 이해하지는 못합니다. 우리 자신은 인간으로서, 즉 체화된 지상의 생명체로서, 감각운동 경험을 바탕으로 이미지, 소리, 언어를 이해합니다. 기계학습 모델은 이러한 경험이 없으며 따라서 인간과 유사한 그 어떤 방식으로도 입력값을 ‘이해하지’ 못합니다.”[42]

딥러닝 알고리즘은 나무를 식별하는 데는 매우 능숙할지 모르지만, 인간들이 보는 것과 같은 방식으로 나무를 보지는 않으며 또한 나무가 어디에 서 있는지에 관한 세계관도 가지지 않는다. 숲은 전혀 보지 못하는 것이다. 콜렛의 통찰은 20세기 중반 선구적인 컴퓨터학자인 존 폰 노이만이 디지털 기계의 설계 원칙이 인간 뇌의 처리 기전과 유사하다고 제안하면서 유명해진 “컴퓨터로서의 뇌”라는 은유에 직격탄을 날린다.[43]

인간 뇌가 컴퓨터처럼 작동한다는 아이디어는 조악한 비유의 오랜 역사에서도 상당히 최근에 일어난 일일 뿐이다. 우리는 당대 가장 선도적인 기술에 인간의 뇌를 비유하는 경향이 있다. 역사적으로 뇌는 유압식 기계에, 엔진에, 심지어 전신기telegraph에 비교되었다.[44] 뇌는 반세기 넘게 연산 장치*에 비유되어왔으며,[45] 이러한 비유는 또한 AI를 둘러싼 소란에 기여하기도 했다. 그러나 비유는 딱 비유로서의 역할밖에 하지 못한다. 인간 지능을 모방하는 것이 단순히 연산의 문제였다면 딥블루와 그 후임들이 명확히 보여주듯이 게임은 끝났다. 대신, 뇌가 하는 모든 일을 단순화하는 데에서 벗어나 그 엄청난 복잡성을 받아들인다면, 우리는 사고 과정에서 확실히 인간적이라고 할 만한 부분을 밝혀낼 수 있을 것이다.

인간의 뇌는 역동성과 변화를 위해서 설계되었다. 갓 태어난 아기의 눈에 20센티미터 시야 밖의 생명체는 모두 흐릿해 보인다. 하지만 아기들에게는 학습 메커니즘이 있으므로 주변 환경에 반응하면서 빠르게 적응하고 변화할 수 있다. 그 결과, 아기는 단지 몇 시간만에 엄마의 목소리를 감지하고 며칠이면 엄마의 얼굴에 익숙해지며 몇 주일이 지나면 대조색을 감지하기 시작한다. 학습은 사람과 주변 환경에 대한 신체적 반응에 의해서 촉진되는 사회적 활동이다.

컴퓨터 용어로 뇌를 설명하면, 우리는 수백만 년에 걸쳐 진화한 **선천적 회로**의 강력한 하이브리드 덕분에 직관과 사고방식, **학습 알고리즘**의 방대한 저장소를 갖추고 세상을 탐험할 수 있게 되었다고 말할 수 있을 것이다. 우리 뇌의 신경 회로는 모든 상호작용이 일어날 때마다 가정을 수정하고 경험을 축적하면서 자체적으로 **재배선되며** 점진적으로 **업그레이드된다**. 세상을 보는 모형을 점차 새롭고 다채롭게 가꿔나가는 것이다.

---

* 또한 이에 대한 변형으로, 인터넷과 클라우드 컴퓨팅의 도래 이후 '분산된 컴퓨터로서의 뇌'와 같은 비유가 유행하기도 했다.

불과 12와트로 작동하는 우리 뇌의 860억 개의 신경세포neuron는 복잡하게 연결된 방대한 네트워크를 구성하며 전기화학 신호를 통해서 사고, 숙고, 발상을 촉진한다. 우리는 규칙을 만드는 것만큼이나 쉽게 그것을 어길 수 있으며, 하나의 마음 패러다임에서 다른 패러다임으로 도약할 수도 있다. 엄밀한 추론을 통해서 견해를 제시하고 정당화할 수 있는 능력도 갖추고 있다. 세상에 대한 풍부한 표상을 만들어 다양한 상황에서 문제를 해결할 수 있다. 고양이와 개를 구분하기 위해 수백만 건의 고양이 예제를 입력할 필요도, 핵심적인 기본 원리를 파악하기 위해 계산 문제를 수백만 개씩 풀 필요도 없다.

그뿐만이 아니다. 마음은 우리의 약점이 될 수 있지만 동시에 가장 창의적인 돌파구를 위한 장을 마련하기도 한다. 우리는 사고에서 아름다움과 우아함을 추구한다. 배움을 통해서 희망을 품고 두려움을 극복한다. 기쁨, 절망, 지루함, 그밖의 수만 가지 감정을 경험한다. 울고 웃는다. 수학 지능을 포함해 인간의 지식은 구체적이고 정서적이며 주관적이다. 이것들 중 어느 것도 컴퓨터가 할 만한 일로는 보이지 않는다. 그렇지 않은가?

뇌를 컴퓨터로 볼 때의 문제는 이러한 비유가 어느 정도의 수동성을 암시한다는 것이다. 즉, 우리의 끈적한 회색 덩어리는 정보를 처리하기만 얌전히 기다리고 있다는 것이다. 이 관점은 뇌가 끊임없이 정보가 오가는, 고도로 활동적인 기관이라는 사실을 간과한다. 학습할 때 우리 뇌의 신경 구조에서는 문자 그대로 재구성이 일어난다. 이러한 '신경가소성neuroplasticity'은 런던 택시 운전사들의 확장된 해마에서도 확인할 수 있다. 택시 운전사들은 수천 가지의 경로를 기억하기 위해서 새로운 신경 경로를 생성하여 놀랄 만큼 자세한 공간 표상을 저장한다.[46] 우리의 뇌는 또한 놀라운 회복력을 가지고 있다. 뇌의 한 영역이 장기 손상을 입으면 다른 영역이 동일한 기능을 넘겨받는다.[47] 반면 컴퓨터의 하드웨어에는 인간의 '끈적한 뇌'와 같은 유연성이 없다.

최근 AI의 발전에서 우리가 진정으로 알게 된 사실은 컴퓨터가 인간의 지능을 모방했다는 것이 아니다. 인간 지능을 완벽하게 보여주는 전형으로 간주되었던 어떤 게임이 그러한 전형으로서 최상의 척도는 아니라는 사실이다. 이러한 게임은 특정 유형의 지적 행동을 관찰하기 위한 구체적인 렌즈 역할은 할 수 있지만, 인간 사고의 폭넓은 활용성과 심오함을 포괄하는 용어인 **인공 일반지능**(**또는 범용 인공지능**)artificial general intelligence에 대한 요건을 만족하기에는 아직 부족하다. AI의 초기 개척자들은 체스에 일종의 경외심을 품고 있었다. "성공적인 체스 기계를 고안할 수 있다면 인간의 지적 활동의 핵심을 파고들었다고 볼 수도 있을 것이다."[48] 이제 우리는 알고 있다. 체스나 심지어 바둑과 같이 규칙이 완전히 정립되어 있는 폐쇄된 시스템을 마스터하는 것만으로는 인간 뇌의 가장 심오한 능력에는 다가가지 못한다는 것을 말이다. 인공지능에 관한 고전, 『괴델, 에셔, 바흐 *Gödel, Escher, Bach*』로 퓰리처 상을 수상한 더글러스 호프스태터도 말했듯이, "날개를 펄럭이지 않고도 날 수 있는 것처럼, 사고의 가장 깊은 곳을 우회하면서도 체스를 둘 수 있다."[49]

공정하게 말하면, 딥마인드도 최첨단 기술과 실제 세계의 지적 행위자에게 요구되는 더 포괄적이고 심오한 능력 간의 격차를 인지할 수 있다. 딥마인드의 사명, “지능 문제를 해결한다. 지능을 사용해서 다른 모든 문제를 해결한다”는 가볍게 생각해서는 안 된다. 딥마인드는 매번 돌파구를 찾을 때마다 이러한 혁신을 통해서 컴퓨터가 더 광범위한 문제를 해결할 수 있도록 하는 일반지능에 한 걸음 더 다가갈 수 있다고 여긴다. 예를 들면, 뮤제로는 AI가 환경의 역할을 발견할 수 있는 새로운 능력이 있음을 암시하며 탐사나 구조 활동부터 온라인 동영상 압축까지 다양한 용도에 활용될 수 있다고 홍보되고 있다. 딥마인드의 또다른 딥러닝 프로그램인 알파폴드AlphaFold는 이미 단백질 접힘과 관련해서 중요한 돌파구를 마련하며 향후 과학적 발견에 기여할 준비를 갖추고 있다.[50] AI는 초창기에 많은 관심을 끌었던 ‘모의 문제’를 넘어 계속해서 전진하고 있다.

허황된 선전도 여전하다. 많은 전문가들이 하는 말을 들으면 일반지능은 이미 도래하고도 남은 것처럼 생각될 수 있다. 이럴 때는 균형을 유지하는 것이 중요하다. 현 상태에서 지능은 부분적으로만 ‘해결되었으며’ 실제 세계의 가장 중요한 문제는 여전히 인간의 창의력과 감독을 필요로 한다. 이런 식으로 컴퓨터의 역량을 과장할 때, 우리는 우리 인간의 기량을 과소평가하며 컴퓨터는 단지 인간이 의도하는 대로 작동할 뿐이라는 사실을 잊게 된다. 즉 컴퓨터는 우리의 사고를 돕기 위한 일련의 보완적 도구일 뿐이다.

인간 + 기계

딥블루의 승리는 인간 체스 선수의 영원한 패배를 나타내는 이정표였다. 그러나 체스 공동체가 합심하여 기계의 체스 경기 방식에서 통찰력을 이끌어내기 위해서 혼신의 힘을 다함에 따라 역사는 180도 바뀌었다. 결국 컴퓨터의 체스 경기 방식은 인간의 전술과 현저한 차이가 있는 것으로 드러났다. 카스파로프가 설명했듯이, "컴퓨터는 인간의 창의성과 직관을 갖추고 인간처럼 생각하고 인간처럼 체스를 두기보다는 체스판에서 일어날 수 있는 수를 매초 2억 개 이상 체계적으로 평가하는 '무작위 대입brute force' 방식을 통해서 대량의 데이터를 고속 처리하여 승리를 거둔다."[51]

카스파로프가 맞서 싸운 상대는 유사한 마음을 가진 경쟁자가 아니라 철저한 무작위 대입 검색 기법으로 자신을 제압한 거대한 처리 기계였던 것이다. 딥블루와 카스파로프의 대조적인 게임 방식은 모라벡의 역설을 보여준다. 로봇학자 한스 모라벡은 "컴퓨터가 지능 검사나 체커 게임에서 성인 수준의 성능을 보이도록 만들기는 비교적 쉽다. 그러나 지각과 이동에서 한 살짜리 아이 수준의 능력을 보이도록 하기는 어렵거나 불가능하다"라고 논평했다.[52] 체스에서도 볼 수 있듯이, 인간은 무작위 대입 방식의 컴퓨터가 한계를 보이는 부분에서 뛰어난 능력을 보이며, 그 반대도 마찬가지이다.

사회학자 리처드 세넷이 조언했듯이, "기계를 활용하는 보다 현명한 방법은 기계의 잠재력보다는 우리 자신의 한계에 비추어 기계의 힘을 판단하고 그 사용법을 재단하는 것이다."[53] 오늘날 체스 선수들은 컴퓨터가 생성한 기발한 체스 수를 연구하여 자신의 역량을 향상시킨다. 이때 컴퓨터는 지칠 줄 모르는 스파링 파트너의 역할을 한다.[54] 인간과 기계가 혼합팀을 구성하여 출전하는 '프리스타일' 체스 대회에서는 아마추어 선수와 표준 컴퓨터로 이루어진 팀이 슈퍼컴퓨터와 그랜드 마스터 팀을 누르고 종종 최고의 성적을 거두기도 한다. 카스파로프는 이러한 인간과 기계의 협동을 간단한 공식으로 표현한다.

'약한 인간 + 기계 + 뛰어난 처리'는
'강한 인간 + 기계 + 열등한 처리'보다
뛰어나다.[55]

쉽게 말해서 천재적인 결과를 내기 위해서 천재가 될 필요는 없다. 그저 이용 가능한 도구와 기술에 자신의 재능을 결합하는 방법을 배우기만 하면 된다. 경제학자는 자동화의 영향을 두 가지 힘의 관점에서 설명한다. 하나는 컴퓨터가 인간이 수행하는 작업을 모사하는 **대체력**이며, 다른 하나는 인간이 보다 심오한 작업에 집중할 수 있도록 해방시키는 **보완력**이다. 미래의 직업은 이 두 가지 힘의 상호작용에 달려 있다.[56] 카스파로프가 파악한 점은 만일 인간이 기계와 협력하여 기계가 계산과 같은 루틴화된 작업을 대체할 수 있도록 한다면, 원래 의도했던 대로 기계는 사고 보조장치 역할을 하고 우리는 보다 창의적인, **비루틴화된** 문제에 몰입할 수 있다는 것이다.

역설적이게도 카스파로프 공식은 체스나 바둑 등 엄격한 규칙이 적용되는 시스템에서는 작동하지 않으나, 단순히 컴퓨터의 패턴 매칭 능력으로 환원하기 어려운 혼란스러운 현실 속에서는 우리가 사고할 때에 따라야 할 핵심 강령이 된다.[57]

전문 수학자들의 연구는 이러한 종류의 인간과 기계의 협력을 전

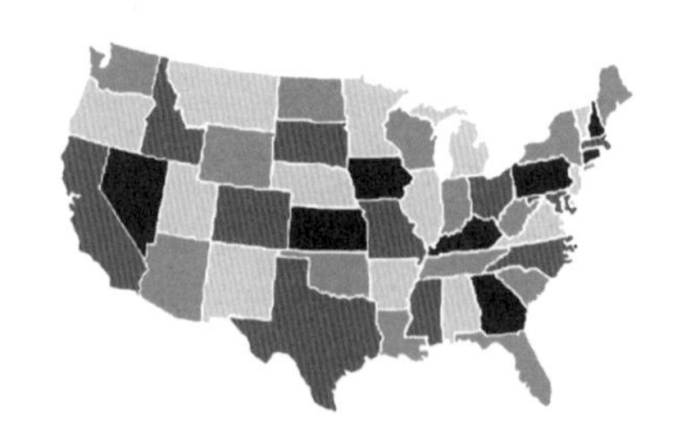

제로 하는 경우가 많다. 이 분야는 1976년 컴퓨터가 최초로 수학적 증명에 중요한 기여를 하면서 새로운 계기를 맞이했다. **4색 정리**four colour theorem는 인접한 두 나라를 서로 다른 색으로 칠한다고 할 때, 네 가지 색만 있으면 어떤 지도든 색칠할 수 있다는 정리이다(물론 흑백으로 색칠하면 약간 덜 명백하다).

이 정리를 입증하기 위해서 각각의 지도를 하나씩 확인할 수는 없다. 가능한 지도는 무한히 많기 때문이다. 그보다는 가능한 모든 경우를 설명하기 위해서 엄격한 추론을 사용하는 보다 강력한 논증, 즉 수학적 **증명**이 필요하다. 이 문제는 사람이 풀 만한 문제로 들릴 수도 있겠지만 수학자들은 한 세기가 넘도록 해답을 찾는 데 골머리를 앓아왔다. 그러다 1976년 수학자 케네스 아펠과 볼프강 하켄의 증명을 통해서 마침내 4색 정리 문제가 해결되었다. 이때 이들은 예상치 못한 세 번째 기여자가 있음을 공개했다. 바로 컴퓨터였다.

아펠과 하켄의 증명은 두 부분으로 나뉘는데, 둘 다 세부사항만 수백 쪽에 달한다. 먼저 저자들은 놀라운 수학적 논증을 통해서 모든 지도는 아무리 복잡해도 1,936가지 유형 중 하나로 압축할 수 있음을 보였다. 남은 일은 이 유형들 각각을 조건에 맞춰 색칠할 수 있는지 입증하는 것이다. 문제는 각 유형이 엄청나게 복잡하다는 것이다.

하나의 유형을 확인하는 데만도 사람 한 명이 일주일에 40시간씩 꼬박 5년을 일해야 한다. 또한 사람은 특히 이처럼 엄청난 규모의 계산을 하다 보면 실수를 저지르기 쉽다. 그렇다면 기계를 시켜보자. 연구자들은 무한히 많은 사례 전부를 무작위 대입 처리를 통해서 검사하도록 컴퓨터를 프로그래밍함으로써 마침내 4색 정리가 참임을 최초로 입증했다.[58]

4색 정리는 인간의 통찰력과 컴퓨터 간의 긴밀한 상호 협력을 통해서 얼마나 대단한 일을 성취할 수 있는지 보여주는 좋은 예이다. 인간은 무한히 많은 사례를 유한한 숫자로 줄이고, 컴퓨터는 지치지 않고 남은 사례들을 꾸준히 계산하는 것이다. 또한 엄청나게 복잡한 계산도 컴퓨터에 맡길 수 있게 되면서 아펠과 하켄은 새로운 공격 전략을 구축할 수 있었다. 창의력과 연산이 서로를 보완하며 조화를 이룬 것이다.

이는 기술의 보완력이 실제로 작용한다는 것을 보여준다. 연산력의 급격한 증가로 측정 불가능할 만큼의 노동력을 절감할 수 있었지만, 각각의 새로운 클래스의 알고리즘은 새로운 문제를 산출하게 되므로 광범위한 문제 해결자에 대한 수요도 그만큼 늘어났다. 연산력이 10억 배 증가한다고 해서 인간의 노동이 불필요한 것은 아니다. 오히려 인간 문제 해결자의 역할은 더욱 증폭되었다. 현재 NASA는 연구와 연산의 교차점에 있는 인간으로서 수학자, 엔지니어, 소프트웨어 개발자 등을 1960년대 인간 컴퓨터의 전성기 시절보다 더 많이 고용하고 있다. 인간 컴퓨터는 사라졌을지도 모르지만 인간 수학 노동자는 번창하고 있다.

컴퓨터의 역량이 향상되면서 수학 연구자들도 최전선에 한걸음 더 가까워지고 있다. 2021년 12월, 「네이처*Nature*」 기사에 따르면 딥마인드 팀은 '순수' 수학자와 협력하여 지금까지 인간의 마음에 숨어 있는 패턴을 찾는 데 기계학습 기법을 어떻게 활용할 수 있는지 보여주었다.[59] 이런 패턴은 너무나 미묘해서 컴퓨터의 어딘가에 일종의 직관이 숨어 있음을 암시하는 단서로 보이기도 했다. 그러나 대수학, 기하학, 위상수학과 같은 추상적인 분야의 최전선에 있는 수학자들은 위협을 느끼기는커녕 흥미를 보이며 이러한 통찰력을 활용해서 자신의 이론을 발전시키고 이 주제에 대한 자기 자신의 감각을 개선하고 있다.

인류는 탄생한 그 순간부터 지금까지, 동굴 벽, 책 등의 문화적 유물에 지식을 저장하며 정신적 역량을 신장시켜왔다. 1998년 철학자 앤디 클라크와 데이비드 차머스의 영향력 있는 논문에서도 설명되었듯이, 마음은 "생물학적 유기체와 외부 자원이 결합된 확장된 체계로 보는 것이 최선이다."[60] 컴퓨터는 인간 뇌의 가장 최근에 나타난 확장일 뿐이다. 오래 전에 등장한 원시적인 계산 도구는 물론이고, 딥블루와 같은 무작위 대입 시스템과 AI 슈퍼컴퓨터에 대한 최근 열풍도 마찬가지이다.

수학 지능의 일곱 가지 원칙

이 책에서 나는 수학 지능Mathematical Intelligence이 인간과 컴퓨터 모두가 도달하고자 하는, 단순한 패턴 매칭 알고리즘 그 이상을 요구하는 야심찬 기준이 될 수 있음을 보일 것이다. 이런 방식으로 수학 지능을 이해하기 위해서는 이 지능을 계산과 관련 짓는 일은 그만두고 더 광범위한 용어로 파악해야 한다. 계산에 대한 사회적 전반의 경외심으로 인해서 너무나 오랫동안, 그리고 너무나 많은 사람들이 사고 체계로서의 수학의 힘을 오해해왔다. 한때 인간 지능의 고유한 지표 역할을 했으며 일자리를 얻기에도 충분했던 계산 기술은 컴퓨터의 몫으로 돌아갔다. 이제 인간은 무엇인가 다른 것을 얻기 위해서 노력해야 한다.

나는 수학 지능의 일곱 가지 원리를 소개하려고 한다. 우리의 가장 자연스러운 사고방식에 녹아 들어 있는 이 원리들은 인간을 컴퓨터로부터 구분하고, 기계 지능을 보완하며, 일상의 혼란스러운 문제들을 해결하는 데에 도움을 준다. 각 장에서는 지금까지 우리가 물려받은 풍부한 개념과 문제들을 바탕으로 수학의 본질적인 특성을 생생하게 전달할 것이다. 해당 주제의 역사에서 결정적인 역할을 한 사건 몇 가지를 재구성하고 이러한 주제가 과거와 현재의 수학자들의 관점에서는 어떻게 보이는지, 각 세대별로 도구와 기술의 발달에 따라서는 어떻게 변해왔는지를 알아볼 것이다. 각 장에서는 앞으로도 AI와 함께 우리의 실존을 능동적으로 가꿔나갈 수 있도록, 수학의 렌즈를 통해서 인간 지능과 기계 지능의 본질을 조망하고자 한다.

처음 다섯 가지 원리는 우리의 **사고방식**과 관련이 있다.

- 인간은 정확한 계산보다는 근사치를 토대로 한 자연적인 숫자 감각을 타고난다. 이처럼 우리에게 내장된 **추정** 능력은 컴퓨터의 정밀함

에 의해서 보완될 수 있다. 실제 세계에 대한 해석은 이 두 가지 기술 모두에 의존한다.

- 수에 대한 대략적인 감각은 자연 전체에서 발견된다. 언어와 추상은 다른 동물로부터 인간을 구분 짓는 특별한 기술이다. 우리에게는 지식에 대한 효과적인 **표상**을 만들 수 있는 놀라운 능력이 있으며, 이러한 표상은 컴퓨터의 이진 언어보다 훨씬 다양하다.
- 수학은 만고불변의 진리를 확립하기 위한 가장 강력한 논리 틀을 제공한다. **추론**은 단순히 패턴 인식 시스템에 근거한 불확실한 주장으로부터 우리를 보호한다.
- 모든 수학적 진리는 처음에는 가정 또는 공리의 집합에서 도출된다. 컴퓨터와 달리, 우리 인간은 관례에서 벗어나 우리가 내린 선택이 어떤 논리적 결론으로 이어질지 자유롭게 조사해볼 수 있다. 이러한 상 **상력**에 대한 보답으로 수학은 파격에서 비롯되는 흥미로운, 때로는 매우 적절한 개념을 선사한다.
- 컴퓨터는 다양한 문제를 해결할 수 있다. 하지만 어떤 문제들이 컴퓨터가 수고를 들일 만한 가치가 있을까? **질문**은 우리의 여러 사고 능력 중에서 문제 해결 능력만큼이나 중요한 역할을 한다. 만일 체스와 같은 문제가 컴퓨터의 무작위 대입에 굴복하여 우리에게 더 이상 흥미를 일으키지 못하게 되면, 우리는 정례화된 계산의 범위를 넘어서는 새로운 문제들을 고안하여 스스로의 한계를 시험할 수 있다.

이러한 원리들이 수학에 대한 우리의 일반적인 인식과 배치된다는 것은 이들 원리를 구현하기 위해서는 열심히 그리고 의도적으로 노력해야 한다는 의미이다. 고맙게도 인간은 마음의 작동방식을 메타적으로 인지할 수 있는 특권을 가지고 있다. 즉 우리는 우리가 어떻게 생각하는지 생각할 수 있고, 어떻게 배우는지 배울 수 있다. 우리는 이러한 측면의 지능을 발전시킬 충분한 여력을 확보하도록 우리 마음의 **작동방식**을 설계할 수 있다. 이것은 우리가 우리 자신의 생각을 어떻게 조절하는지, 그리고 마지막으로 우리가 어떻게 다른 사람들과 함께 공동으로 생각할 수 있는지와 관련된 마지막 두 가지 원리로 이어진다.

- 우리는 우리 지능의 독특한 생물학적 형태가 의식적인 사고와 무의식적인 사고의 기묘한 결합에서 생겨났음을 알고 있다. 도무지 풀 수 없는 문제를 해결하기 위해서는 이러한 문제를 해결하는 속도와 획득해야 할 정보의 양을 **조율**하는 방식에 특히 주의하면서 기량은 물론이고 기질도 갖춰야 한다.
- 인간은 혼자 힘으로 문제를 해결하는 일이 드물다. 마치 기계가 인간을 보완하듯이 인간은 서로를 보완한다. **협동**은 다양한 관점을 결합했을 때 가장 큰 결실을 거둔다. 디지털 시대에 우리는 이전과 달리 기술을 통해서 집단 지성을 활용할 길을 열 수 있다.

오늘날의 패러다임에서 기계가 무엇을 할 수 있는지(그리고 할 수 없는지), 앞으로 수십 년 동안 무엇을 성취할 수 있는지에 대해서 수많은 논쟁이 뒤따를 수 있다. 기술에 대한 모든 논평에는 시간 범위를 넘어선 어느 정도의 추측이 개입될 수밖에 없다. 우리는 그저 현재의 궤적을 토대로 가능한 시나리오를 예측할 수 있을 뿐, 먼 미래를 볼 때 기계 지능이 궁극적으로 얼마나 광범위하고, 얼마나 깊은 수준까지 도달할지는 알 수 없다. 또한 과거 역사에서도 알 수 있듯이 수학 지능은 시간에 따라 변화한다. 이 책에 요약된 일곱 가지 원리는 지금 우리 시대(그리고 앞으로 한동안)에 적합한 것이다. 하지만 기술이 계속 발전함에 따라 수학을 사고 체계로 이해하는 방식도 변화할 것이다. 우리는 '자동 정리 증명자'(추론에 관한 장에서 살펴볼 것이다)와 같이 점점 더 영리해지는 사고 도구의 도움을 받아 더 멀리, 더 깊이 나아갈 수 있을 것이다. AI가 정말로 인간의 가장 탁월한 사고 기술을 갖추게 된다면, 적어도 우리는 기계에 더 높은 지적 기준을 요구하게 될 것이다.

수학 지능은 힘이다

오늘날 우리는 우리 삶의 모든 영역에 샅샅이 침투한 AI를 활용하고 있다. 자동화의 편리함에 굴복할 경우 우리는 기계에게 우리의 주체성을 넘겨줄 위험이 있다. 컴퓨터는 명확하게 정의된 절차는 거의 오류 없이 실행할 수 있지만, 일부 개념은 너무 모호해서 컴퓨터가 처리할 수 있는 단어(또는 기호)로 변환이 불가능하다. 인간은 우리에게 가장 중요한 개념과 감정을 표현하는 데 적잖은 어려움을 겪는다. 모호함과 불일치는 우리 모두가 겪는 경험에서 중요한 부분을 차지한다. 여기에 컴퓨터가 가담하여 0과 1의 문자열로 거칠게 작성된 자신의 세계 모델을 우리에게 부과하게 된다면, 우리는 우리를 우리 자신으로 만드는 회색 영역을 상당 부분 상실할 위험에 처한다.

이러한 도구에 중대한 결정을 넘기는 일이 늘어나면서 우리는 우리의 일상과 업무 등에 관해 알고리즘의 판단을 조사할 수 있는 능력(및 권리) 또한 상실하게 될 수 있다. 기계학습 알고리즘은 불가해한 방식으로 작동하므로,[61] 체스나 바둑과 같은 닫힌 계가 아닌 더 개방적이고, 더 취약하며, 더 예측하기 어려운 세상에 이러한 도구를 풀어놓을 때는 이들 기계에 보다 비판적인 태도를 취해야 한다. 이러한 알고리즘은 과거 데이터를 '학습하여' 예측을 내리므로 암묵적 편견이 켜켜이 내재되어 있다.[62] 예를 들면, 특정 민족 집단의 범죄율이 높을 경우 '민족성'이 범죄의 예측 인자로 간주될 수 있다. 알고리즘은 이러한 연관관계를 발생시키는 사회문화적 요인을 살펴보기보다는 곧바로 범죄의 원인이 피부색이라는 결론을 내리게 된다. 알고리즘 모델이 명시적으로 이러한 결론을 내리는 것은 아니지만, 그 의사결정 메커니즘에는 이 같은 전제가 미묘하게 녹아 있다. 과거를 모방하여 미래를 예측하기 때문이다. 기계학습이 주류를 차지하면서 일부 그룹은 다른 그룹보다 알고리즘에 더 높은 비용을 지불하고 있다.[63] 오직 남성의 목소리만 학습한 음성 인식 소프트웨어는 여성의 목소리가 입력되면 이를 분간하는 데에 어려움을 겪을 것이다. 자동 이력서 판독기는 후보자의 잠재력을 예측할 때, 과거에 성공적이었던 채용 기록을 기준으로 하므로 의도치 않게 여성에게 불이익을 준다.[64] 이미지 인식 소프트웨어는 주로 백인과 동물 데이터만 학습했을 경우 유색인을 고릴라로 오인할 수 있다.[65] 우리는 사람과 고릴라를 단번에 구별할 수 있지만 기계는 그렇지 못하다.

배경정보 없이 데이터의 패턴에만 의존하는 알고리즘은 자신이 왜 그런 선택을 내리는지 결코 설명할 수 없을 것이다. 기껏해야 소수의 기술자에게만 내부 작동원리가 알려져 있을 뿐 속을 알 수 없는 기계 학습 시스템의 불투명성을 고려할 때, 기계학습이 내린 인과적 추론을 아무 의심 없이 받아들일 경우 사회적 정의에 대한 개념에 중대한 위협이 제기될 수 있다. 기술은 결코 중립적이지 않다. 진보를 촉진할 수도 있지만 오랜 기간 우리 스스로도 거의 의식하지 못한 편견을 증폭시킬 수도 있다.

그러나 중요한 점은, 수학이 오늘날의 기술을 촉진하는 동시에 그 편견을 극복하는 수단이 될 수도 있다는 사실이다. 이는 수학을 억지로 하는 일과 우리 자신을 위해서 수학적으로 생각하는 일 사이의 차이이다. 수학 지능은 후자와 관련된다. 그것은 사실을 신중하게 정의하고 조사하며, 논증을 검토하기 위한 최적의 추론 형식을 채택하기 위한 지속적인 훈련이다. 수학의 확고한 기반을 바탕으로 우리는 교조주의에서 벗어나 편견을 극복하기 위한 지적 도구를 갖추고 가장 창의적인 감수성을 발달시킬 수 있으며, 기술을 수동적으로 소비하는 것을 넘어 혁신의 주역으로 나설 수 있다.

온 세계가 신경을 곤두세우고 있다. 이 책을 쓰는 지금, 우리는 글로벌 팬데믹의 여파에 휘청거리며, 되돌릴 수 없는 기후 변화의 위기에 대응하고, 민주주의를 훼손하려는 포퓰리즘 세력의 손아귀에 맞서 싸우고 있다. 바로 이때 기술은 거짓을 만들고 퍼트리기 위한 무기가 되고 있다. 예를 들면, '딥 페이크'는 다른 분야에서는 경이로운 기술로 찬사를 받은 모델을 토대로 탄생했다. 세계 경제 포럼에서 이른바 가짜 뉴스의 '디지털 들불'을 진압하기 위한 활동을 이어가는 가운데 딥 페이크는 진실에 대한 우리의 인식을 왜곡할 위험을 야기하고 있다.[66]

전 분야의 전문가, 학자, 정치인들이 건강과 경제가 우리 행동에 미치는 영향을 반영하기 위한 모델을 필요로 함에 따라 수학은 그 자체로 큰 주목을 받고 있다. 코로나19 발병 초기에 수학 교육자들은 "기하급수적 증가"와 같이 불과 몇 년 전만 해도 낯설었던 개념이 이제는 일상적 대화에서 한자리를 차지하는 것을 보고 용기를 얻게 되었다. 그러나 수학은 여전히 (의도적이든 의도적이지 않든) 의심스러운 정책을 정당화하는 데에 오용되고 있다. 이제 대중은 세상을 이해하기 위한 수단으로서 수학에 보다 익숙해지려 하고 있다. 정부 또한 자신들이 "과학을 추구한다"고 장담하고 있지만 그것이 정확히 무엇을 의미하는지는 분명하지 않다. 지금이야말로 수학 지능이 무엇인지 명확히 정의할 때이다.

제1부

사고하는 방식

1
추정

4까지만 셀 수 있는 부족, 아기가 컴퓨터보다 똑똑한 점,
우리가 팬데믹을 과소평가하는 이유

축구 팬들은 VAR(영상 보조 심판)의 등장에 크게 환호했다.[1] 심판이 '명백하고 확실한 오류'를 범했을 때, 그 모든 어려운 최선의 결정으로부터 심판을 면제해줄 객관적인 판단자의 역할을 기술에 맡길 수 있게 된 것이다. 공이 손에 닿았는지, 골을 득점으로 인정할지로 다투던 시절은 이제 끝났다! 더 이상 가혹한 판정으로 인한 불의의 여파는 없을 것이다! 물론, 이 모든 것은 바람에 불과했다.

VAR은 자체적인 고유한 문젯거리가 있었다. 이제 VAR은 경기 절차의 일부가 되었으며 경기장 밖에 있는 카메라 팀이 규정 위반을 확인한다. 그 결과에 따라, 득점 후 선수와 팬들의 환희에 찬 세리머니는 절망으로 변할 수 있다. 예를 들면, 오프사이드의 조짐이 보이면 화면에는 공포의 빨간 선이 등장해서 선수의 몸을 기준점으로 표시하여 선수가 공을 받는 순간의 위치를 표시한다. VAR 팀은 매번 몇 분 동안이나 화면을 치밀하게 분석하고 밀리미터 단위까지 측정하여 발가락이나 팔꿈치, 그밖의 돌출된 신체 부위가 선을 벗어나면 무효 골을 선언한다.

이러한 개입에는 어딘가 불편한 구석이 있다. 전문가와 선수, 팬들은 모두 게임 규칙을 문자 그대로 해석한 것에 당황했다. '명백하고 확실한' 오류란 무엇인지에 대한 논쟁도 이어졌다. 판정의 공정성을 기하기 위해서 눈대중보다 측정의 정확성에 특권을 부여했지만, 그로 인해 '아름다운 경기'의 정수를 희생했다는 느낌을 지울 수 없다.

이러한 직관에는 우리가 기술에 대해서 느끼는 첫 번째 불편함이 자리 잡고 있다. 컴퓨터는 언제나 정확한 계산 값을 제공하지만 우리는 타고나기를 더 모호한 관점으로 세상을 보는 것이다.

부족이 숫자를 세는 방법

인간만의 고유한 사고방식을 탐구하기 위해서 먼저 피라하족(또는 파라항족)이 살아온 아마존 우림을 방문해보자. 이 부족의 언어는 비원주민으로부터 큰 관심을 받았는데, 그중에서도 외부인으로서는 최초로 이 언어의 메커니즘을 해명한 미국의 언어학자 대니얼 에버렛이 가장 유명하다.[2] 대니얼과 그의 아내 케렌은 1970년대부터 30여 년간 틈틈이 이 부족을 방문하며 여러 흥미로운 사실들을 관찰했다. 피라하어는 색상에 대한 어휘나 완료 시제, 서너 세대를 넘어가는 역사에 대한 개념이 없는 것으로 나타났으며, "각각"이나 "모든"과 같은 수식 어구에 해당하는 단어도 없었다. 에버렛은 깜짝 놀랐다. 그의 관찰은 인간에게 '보편 문법'이 있다는 널리 알려진 믿음을 뒤엎는 것이었다. 보편 문법은 20세기 중반 노엄 촘스키에 의해서 보편화된 이론으로, 촘스키는 인간의 뇌에는 언어에 특화된 기능 부위, 즉 '언어 기관'이 있어서 모든 사람이 이용할 수 있는 확고한 규칙이 갖춰져 있다는 이론을 정립했다.[3] 에버렛은 피라하족의 사례를 통해서 촘스키와 그 추종자들이 인지하는 것보다 언어가 문화에 더 많이 의존한다는 사실을 뜻하지 않게 발견한 것이다.

피라하족의 수량 개념도 못지않게 흥미롭다. 피라하족의 언어에는 "하나"나 "둘"과 같은 기본 숫자에 대한 어휘가 없다. 대신에 피라하족은 작은 양을 나타날 때는 말꼬리를 내리며 "호이"라고 말하고, 큰 양을 의미할 때도 동일하게 "호이"라고 말하는데 이번에는 말꼬리를 올린다. 부모는 자신의 아이들이 몇 명인지 말하지 못한다. 한 명이 없어진 것은 알아차리지만 "몇 명"인지 정확히 표현할 방법은 없다. 음식은 적당해 보이는 만큼 나누고, 내일보다 먼 미래의 일은 계획하지 않는다. 상인은 수확한 견과를 다른 물건으로 교환하면서 얼마를 지불하는 것이 적절한지 결정할 때 총체적인 판단을 따른다. 피라하족은 물건의 개수를 세지 않는다. 덧셈, 뺄셈, 곱셈, 나눗셈을 하지 않는 것은 물론이다.

피라하족의 수량 감각을 검사하기 위해서 에버렛의 동료인 피터 고든은 부족민들에게 건전지나 견과를 일렬로 배열하도록 요청했다. 피라하족은 두세 개의 대상은 그럭저럭 잘 배열했지만 그보다 많은 대상을 그룹화하는 데는 '매우 저조한' 성적을 보였다. 고든은 또다른 실험에서 피험자들에게 견과 모듬을 보여준 다음 빈 깡통에 넣어 대상자들의 눈에 보이지 않도록 한 후 깡통에서 견과를 한 번에 하나씩 꺼냈다. 고든은 견과를 하나씩 꺼내면서 피험자에게 깡통에 견과가 얼마나 남아 있는지 물었다. 이번에도 피라하족은 세 개 이하의 수량에서는 성적이 좋았지만 수량이 커질수록 오류가 늘어났다. 고든과 에버렛은 피라하의 눈대중은 세 개까지만 정확하다고 결론을 내리며, 이러한 사실이 피라하족의 심적 능력에 문제가 있기 때문이 아님을 명확히 밝혔다. 피험자들의 지능은 완벽했다. 그저 정확한 수 개념을 발달시킬 수 있는 환경에서 자라지 않았을 뿐이다.

이제는 수를 이와 같은 방식으로 인지하는 집단이 피라하족만이 아님이 밝혀졌다. 자체적으로 수량 개념을 발달시킨 선주민 집단은 더 있다. 예를 들면, 라이베리아의 크펠레 부족은 대략 40까지는 기본적인 셈을 할 수 있지만 그 이상은 하지 못한다. "100"에 해당하는 단어가 있기는 하지만 많은 양을 설명하기 위해서라면 언제든지 사용할 수 있는 기본 용어이다. 측정은 느슨한 개념이어서 양은 정확한 용어로 계량되지 않는다.[4]

이를 비롯한 그밖의 수많은 유사 사례들은 대부분의 사람에게 익숙한 숫자 체계, 즉 양을 표상하는 숫자와 이를 조작하는 절차가 우리의 환경과 언어에 특화된 산물임을 시사한다. 우리의 선천적인 수 감각은 아주 적은 양을 제외하면 대체로 부정확하다. 이 이론을 좀더 탐구하기 위해서 인간의 또다른 하위 집단을 살펴보자. 모든 집단에 보편적으로 존재하는 일종의 초부족인 이 집단은 바로 아기이다.

우리의 선천적인 수 감각

1980년대, 인지심리학자들은 생후 6개월된 영아의 수 능력을 검사하기 시작했다.[5] 그런데 말을 하지 못하는 피험자는 어떻게 검사할 수 있을까? 한 가지 방법은 피험자에게 대상이나 이미지를 보여준 다음 이들이 대상을 얼마나 오래 주시하는지 측정하는 것이다. 그러면 피험자가 신기하게 여기는 것이 무엇인지 조금은 파악할 수 있다. 무엇인가에 더 오랫동안 시선을 고정할수록 그 대상이 더 흥미롭다는 의미이기 때문이다. 이러한 유형의 초기 실험에서는 16주일에서 30주일 사이의 영아들에게 먼저 두 개의 큰 점이 수평으로 분리되어 있는 일련의 슬라이드를 보여주었다. 예상할 수 있듯이, 이러한 이미지에는 반복적인 속성이 있으므로 슬라이드를 보여주는 동안 아기들이 슬라이드를 주시하는 시간은 점점 짧아졌다. 이 '습관화' 단계가 끝나면 이번에는 점이 세 개 표시된 또다른 슬라이드를 보여준다. 연구자들은 아기가 새로운 슬라이드에 유의미하게 더 긴 시간 동안 시선을 고정한다는 것을 확인했다. 이전 슬라이드는 1.9초 동안 바라본 것에 비해 이번에는 2.5초 동안 주시한 것이다. 주의가 증가했다는 것은 아기들이 모종의 방식으로 두 개와 세 개를 구별할 수 있음을 함의한다. 대상의 크기와 유형, 위치를 달리했을 때도 동일한 결과가 나왔다. 이를 종합하면 아기가 나중 슬라이드를 훨씬 더 오래 바라본 이유를 '수 감각', 구체적으로 두 개스러움 대 세 개스러움의 감각 때문이라고 말할 수 있다. 후속 연구 결과, 태어난 지 며칠밖에 되지 않은 영아에서도 동일한 결론이 도출되었다.

작은 수를 구분하는 능력은 소리를 이용한 실험에서도 확인할 수 있다. 이번에는 신생아들에게 인공 젖꼭지를 물린 후 주의를 기울일 때마다 젖꼭지를 빨 수 있도록 한다. 아기가 자극에 더 주의를 기울일수록 젖꼭지를 더 많이 빨 것이다. 신생아를 다양한 단어 발음에 노출시키면 음절 수가 변할 때마다 아기의 관심 수준이 높아진다(젖꼭지를 빠는 횟수로 확인한다).

또다른 실험에서는 수를 어떤 자극으로 제시하는지는 거의 중요하지 않음이 나타났다. 아기에게 소리 없이 이미지만 보여주면 아기는 두 개보다는 세 개의 대상에 더 큰 관심을 보였다. 당연하지만 보아야 할 대상이 더 많기 때문이다. 그러나 이미지에 드럼 소리를 함께 들려주면 드럼의 횟수가 아기의 관심 수준을 결정하는 듯했다. 드럼을 두 번 울렸을 때, 아기는 사물이 세 개 있는 이미지보다 사물이 두 개 있는 이미지에 더 큰 관심을 보였다. 또한 드럼 횟수가 대상의 수와 일치하지 **않으면** 아기는 슬라이드에 대한 관심을 잃는 경향이 있었다. 다시 말해서 아기들은 소리를 통해 수를 인식한 후 이를 해당 이미지에 대응시킬 수 있었다. '둘'에 대한 감각은 청각과 시각 자극에만 국한되지 않는다. 아기는 수를 수 그 자체로 인식하는 것이다.

아기는 단순히 수를 인식하는 것을 넘어 기초적인 셈도 할 수 있다. 예일 대학교의 심리학 교수 캐런 윈은 4–6개월령 영아를 대상으로 실험을 고안했다. 무대에 인형 하나를 놓아둔 후 장막 뒤로 감춘다. 두 번째 인형으로도 동일한 절차를 취한다. 그런 다음 장막을 내리면 인형이 두 개(전체 과정은 계산 1 + 1 = 2를 모사) 또는 한 개(잘못된 계신 1 + 1 = 1을 모사)가 나타난다. 아기들은 후자의 경우를 더 오랫동안 응시했는데, 아마도 아기가 기대했던 결과(즉 두 개의 인형)가 아니기 때문일 것이다. 윈은 가능한 결과로 세 개의 인형(즉 1 + 1 = 3 모사)이 나타나도록 하여 동일한 실험을 수행했는데, 이때도 아기들은 인형이 두 개일 때보다 더 오랜 시간 응시했다. 아기는 직감적으로 '1 더하기 1'이 '1'이나 '3'이 아니라 '2'라는 것을 알고 있었다. 또한 장난감의 유형, 위치, 색상을 달리하여 실험을 반복했을 때도 동일한 결과에 도달했다. 아기들의 주의를 끄는 것은 선천적이고 추상적인 수 감각인 것이다.

아기들이 말하는 능력을 습득하기 전에 양을 구분할 수 있다는 것은 인간에게 '수' 개념이 일정 수준에서 '단어'보다 더 자연스러운 개념임을 시사한다. 그러나 아기의 수 능력에 한계가 있다는 점은 분명하다. 예를 들면 아기들은 수의 순서에 대한 감각은 없다. 1 + 1 = 2는 인식하더라도 3이 2보다 크고, 2가 1보다 크다는 개념은 없다. 또한 아기들의 수량 구분 능력은 최대 4 정도에 머문다. 두 개보다는 세 개의 대상을 더 오래 주시하지만 네 개를 넘어 다섯 개에 이르면 더 이상 큰 관심을 보이지 않는다. 이는 피라하족에서 관찰한 결과와 완전히 일치한다. 피라하족도 필요에 부응하는 정도의 대략적인 수만 통제할 뿐, 정확한 계량이 필요할 때면 즉시 인식적 한계에 부딪힌다.

뇌 손상이 있는 성인 환자에게서도 동일한 결과가 관찰되었다. 인지신경과학자 스타니슬라스 드앤은 뇌출혈 이후 좌반구 후방에 병변이 생긴 전직 영업사원을 예로 들어 설명한다.[6] 이 환자는 여러 신체적, 정신적 장애로 고통받았으며 혼자 힘으로는 삶을 영위할 수 없었다. 이 남성은 수 능력에 결함을 보이기 시작했으며, 2와 2를 더하라는 질문에 '3'이라고 답했다. 구구단 2단 정도는 외울 수 있었지만, 9부터 숫자를 거꾸로 세지는 못했다. 짝수와 홀수를 구분하기 어려워했고 숫자 5는 거의 인식하지 못했다.[7] 이처럼 놀라운 변화에도 불구하고 근사치를 추정하는 능력은 여전히 남아 있었다. 1년이 며칠인지는 기억하지 못했지만 대략 350일 정도라는 것은 알고 있었다. 마찬가지로, 한 시간의 4분의 1이 10분 정도라는 것도 알았다. 비록 정확한 수에 대한 능력은 어린 시절 수준으로 감퇴했지만 근사값에 대한 감각은 잃지 않았다. "근사값의 남자"라고 불리게 된 이 환자는 수 능력이 인간의 선천적인 능력임을 보여주는 전형이 되었다.

드앤과 동료들은 선주민, 아기, 뇌 손상 환자에 대한 관찰을 종합하여 수와 인체의 관련성을 담당하는 두 가지 인지체계에 대해서 기술했다.[8] 첫 번째는 **정확한** 수 감각으로, 적은 양에 적용된다. 인간은 형식 계산에 의존하지 않고도 최대 4까지의 양을 인식할 수 있는 생래적인 능력을 갖춘 채 태어난다. 우리 앞에 사과가 3개 놓여 있을 때, 우리의 뇌는 사과가 1개, 2개, 4개가 아니라 3개라는 것을 본능적으로 인지한다. 이러한 과정은 **직산**subitizing으로 알려져 있다. 대상의 수가 5개를 넘어가면 우리의 본능은 학습된 계수 메커니즘에 자리를 내어준다. 환경에서 학습한 계수 체계를 적용하여 사과가 5개 있다고 추론하는 것이다. 수량이 그보다 더 많아지면 우리의 두 번째 핵심 체계, 즉 **근사 수 감각**이 발동한다. 우리는 큰 수를 처리할 때 자연적으로 정밀한 연산이 아닌 어림짐작을 사용한다. 이러한 근사 기술은 상당히 인상적이다. 한 집합이 다른 집합보다 원소 수가 두 배 이상 많은 경우, 6개월령이 되면 이 집합이 다른 집합보다 더 크다는 것을 알 수 있다. 아기는 2 더하기 2가 3인지, 4인지, 5인지는 모를 수도 있지만 8이 될 수 없다는 것은 아는 듯하다.

인간은 특히 크기 개념에 관해서는 모호성에 매우 잘 대처하는 것처럼 보인다. 모래더미가 얼마나 많은 모래알로 이루어져 있는지 궁금했던 적이 있는가? 예컨대 모래더미의 기준을 모래알 100개로 설정한다고 해보자. 그렇다면, 이 정의에 따르면 모래알 99개는 모래더미가 될 수 없는가? 모래 한 알을 기준으로 더미와 더미가 아닌 것을 구분해도 되는가? 이것이 기준점에 대한 합의된 관행이 없는 이유이다. 우리는 정확한 측정 기준을 마련하지 않고도 상황별로 그저 직감에 따라 무엇이 더미를 이루는지 안다. 우리가 일상에서 접하는 많은 개념들도 마찬가지이다. 키(얼마나 커야 키가 큰 것으로 간주되나?), 범죄(징역의 형량은 어떻게 정당화되나?), 온도(온수는 얼마나 뜨거워야 하나?) 등이 그 예이다.[9]

최근 몇 년간 뇌 스캔 기법을 활용하여 인간의 다양한 수 능력과 특정 뇌 기능의 상관관계가 확인되었다. 기능성 자기공명영상functional magnetic resonance imaging, fMRI은 산소화 및 탈산소화된 혈류가 뇌에서 흐를 때 발생하는 자기 교란을 측정하기 위해서 널리 사용되는 기술이다. 혈류의 산소화 정도는 뇌 영역의 활성을 나타내는 것으로 간주된다. 3차원 fMRI 데이터를 조사하면 이미지 또는 질문에 의해서 뇌의 어느 영역이 자극을 받는지 식별할 수 있다. 스캔 결과, 우리가 수에 관련된 과제를 수행할 때면 뇌의 뒷부분 깊숙한 곳에 자리한 **마루엽속고랑**intraparietal sulcus이라는 영역이 활성화되는 것으로 확인되었다. 이 영역은 모든 사람이 가지고 있는 일종의 '수 모듈'로서, 추정 과제를 수행할 때에 크게 활성화된다.

7 × 8이 20이 될 수 있는지 짐작해야 한다고 가정해보자. 우리는 7 × 8이 정확히 어떤 값인지는 몰라도, 수 모듈의 작동을 통해서 7 × 8의 크기를 **감지하고** 가능할 법한 후보군에서 20을 배제할 수 있

다. 핵심 수 모듈에서 이루어지는 추정은 정확한 값을 계산하는 것보다 더 신속하게 결과를 산출하며 신뢰성도 높다. 이 책 전체에서 보겠지만, 인간은 **인지적 구두쇠**이다. 이 용어는 심리학자들이 고안한 것인데, 사람들이 문제를 해결할 때 지름길을 택하려는 경향을 설명한다. 계산을 해야 할 때면 인지적 구두쇠인 우리는 추정의 방식을 취한다.

이제 7 × 8의 **정확한 값**을 계산해야 한다고 가정하자. 수 모듈은 여전히 작동하지만 이전만큼 활발하지는 않으며, 대신 뇌 좌반구의 언어 처리 영역이 활발해진다. 계산은 정확한 양을 나타내는 어휘 능력과 상당한 관련이 있으며, 바로 이러한 어휘 능력을 통해서 획득하는 기술이다. 이는 피라하족과 아기, 그리고 "근사값의 남자"가 큰 수를 연산하는 데에 어려움을 겪은 이유를 어느 정도 설명한다. 이 영역은 우리가 시간표, 긴 나눗셈, 이차방정식 등 수와 관련된 지식과 절차를 숙달함에 따라 더욱 활성화된다.

근사와 정확함은 상이한 뇌 기능을 요구하는, 서로 구분되는 수 능력이지만 오직 근사만이 우리가 자연적으로 타고나는 능력이라고 결론지어도 무리는 없어 보인다. 초고속, 초정밀 계산기의 시대에 이러한 선천적인 수 감각을 활용하는 능력은 그 어느 때보다 중요해지고 있다.

정확함과 추정의 동맹

우리의 일상은 정확한 계산과 부정확한 계산으로 뒤섞여 있다. 우리는 대략적인 신체 시계의 지시와 정확한 알람 시계의 설정에 따라 잠에서 깨고 다시 잠자리에 든다. 우리를 한 곳에서 다른 곳으로 데려가는 대중교통은 이론적으로는 정확한 일정에 따라 운행하지만 실제로는 들쑥날쑥할 때가 많다. 슈퍼마켓에서는 보통 종합적인 판단에 따라 할인 상품을 비교하여 가장 싼 상품을 고른다(모든 광고주도 이러한 경향을 활용하려고 한다). 우리는 양에 대한 정확한 판단에 근거하여 요리를 하고 먹지만 개인적 취향에 따라 요리법에 약간의 변화를 주는 것을 허용한다. 좋아하는 스포츠 팀을 응원할 때 우리는 화면을 뒤덮는 다양한 통계치를 통해서 경기력을 짐작하지만 경기가 벌어지는 동안 선수들이 보여주는 속도와 움직임의 주관적인 리듬에 따라 경기력을 평가하기도 한다. 이 장의 서두에서 이야기한 사례로 돌아가면, 축구 팬들은 영상 보조 심판의 도입 이후 극히 사소한 반칙으로도 득점이 취소되는 상황을 선뜻 받아들이지 못한다. 우리의 일상이 작동하는 원리는 다소 혼란스러우므로 우리는 정확한 계산과 함께 조심스러우면서도 부정확한 어림짐작에 의존하게 된다.

정밀성은 컴퓨터에는 당연한 산술 능력의 한 특성이다. 정밀성과 한 짝인 추정은 인간의 선천적인 능력으로, 우리가 계산 결과를 제법 그럴듯하게 직감할 수 있는 것도 이 능력 덕분이다. 추정은 산술 능력의 토대이다. $7 \times 8 = 56$과 같이 비교적 견고한 '사실'을 말할 때도 어느 정도는 비교가 이루어진다. 이 표현은 '8의 일곱 묶음'을 취하면 '10의 다섯 묶음'과 '10의 여섯 묶음' 사이의 어딘가에 해당하는 수를 얻게 된다는 의미이다. 마찬가지로, 7×8이 20과 같을 수 있을지 평가할 때 대략적인 수에 대한 감각이 개입하는 이유는 '8의 일곱 묶음'이 '10의 두 묶음'보다 훨씬 많다는 것은 즉시 감지할 수 있기 때문이다. 다음 장에서는 인간에게 왜 10의 묶음이 자연스럽게 비교의 기준이 되는지를 더 자세히 살펴볼 것이다. 지금은 우리가 수를 다루는 방식이 너무 확고하게 자리 잡고 있으므로, 이 방식이 추정의 토대가 된다는 사실을 간과하는 경우가 많다는 사실만 짚으면 충분하다.

당연히도, 한 연구에 따르면 "생후 6개월 영아가 말을 하기 전에 얻은 수 감각으로 3년 후 이 아동의 표준화된 수학 점수를 예측할" 수 있으며,[10] 별개의 연구 결과들을 검토한 결과, "정확한 추정을 내리는 아동과 성인은 추정의 정확도가 낮은 아동과 성인에 비해 개념 이해, 셈하기와 산술 능력이 더 우수하며 작업기억 용량도 더 컸다."[11] 다시 말해서 추정은 수를 능숙하게 다루는 능력의 발판이다. 고용주들이 이러한 역량을 갖춘 인재를 그토록 애타게 찾는 이유도 바로 이것이다. 스탠퍼드 대학교의 수학 교육자 조 볼러는 이렇게 지적했다.

> 의뢰를 받아 일터에서 필요한 수학 능력을 조사한 영국의 한 공식 보고서에서 연구자는 추정이 가장 유용한 수학적 활동임을 확인했다. 그러나 기존 방식의 수학 교육을 받은 아동에게 추정을 해보라고 하면 아동은 완전히 혼란에 빠져 정확한 답을 계산한 후 이를 추정치로 보이도록 대략 반올림하여 답한다. 이는 아동이 계산 대신 추정을 하도록 수에 대한 감각을 발달시키지 않았기 때문이며, 또한 수학은 전적으로 정확한 값을 도출하는 것이지 추정하거나 추측하는 것은 아니라고 '잘못' 배웠기 때문이다. 그러나 추정과 추측은 수학적 문제 해

결에서 핵심적인 역할을 한다.[12]

수학은 어떤 답이 타당한지에 대한 감각에 호소해야 한다. 답이 그럴듯하게 느껴져야 한다. 19세기의 과학자 켈빈 경도 충고했듯이, "수학이 어렵고 난해하며 상식에 반한다고 생각해서는 안 된다. 수학은 상식의 진정한 정수이다."[13] 이 선언은 특히 수에 대해서는 더욱 참이다. 수는 세상에 대한 이해에 색깔을 더한다. 세상은 혼란스러우며 문제에 대한 정확한 해결책을 얻기 위해서 필요한 정보가 없을 때도 많다. 금융 분석가, 엔지니어, 기상 예보관, 암 연구자는 정확한 계산을 산출하는 컴퓨터 시뮬레이션의 도움을 받아, 물리적 세계를 대략적으로 모방하는 수학적 모델을 생성함으로써 맹점을 우회하고자 한다. 한 진부한 격언에서도 이야기하듯이 모든 모델은 틀렸지만, 그래도 일부 모델은 쓰임새가 있다.

타당할 법한 수치를 추정하는 일은 그 유명한 '페르미 문제'의 핵심이기도 하다. 페르미 문제는 구글의 채용 면접 시 자주 등장하면서 악명을 얻은 흥미로운 질문이다. 면접관들은 이 문제를 진정 선호했는데, 이를 통해서 지원자가 정보가 제한된 상황을 어떻게 극복하는지 테스트할 수 있기 때문이다. 이 문제는 데이터를 거의 또는 전혀 사용하지 않고도 많은 양을 추정하는 것으로 유명한 물리학자 엔리코 페르미의 이름을 딴 것이다. 페르미는 원자폭탄의 개발에 참여했는데, 이 과정에서 그는 최소한의 정보만으로 원자폭탄의 TNT 등가량을 추정했다.

오전 5시 30분 무렵에 폭발이 일어났다. 몇 초 후 타오르는 불길이 빛을 잃고 거대한 버섯처럼 커다란 머리가 있는 연기 기둥이 나타나 3만 피트가량 높이까지 구름을 넘어 빠르게 솟아올랐다. 연기는 최고 높이에 이른 후 잠시 정지 상태에 있다가 바람에 의해서 흩어졌다. 폭발 후 대략 40초가 지나자 나는 충격파를 느낄 수 있었다. 나는 충격파가 통과하기 전, 통과하는 동안, 그 이후에 6피트쯤 높이에서 종잇조각을 떨어뜨려 충격파의 강도를 측정하고자 했다. (중략) 거리 차는 약 2.5미터로, 당시 나는 이 충격파가 TNT 1만 톤에 의해서 생성되는 충격파와 같다고 추정했다.[14]

"3만 피트가량 높이", "폭발 후 대략 40초", "거리 차는 약 2.5미터" 등, 페르미가 정제되지 않은 일련의 근사 표현을 사용한 점을 눈여겨보자. 페르미는 최종 추정치의 정확성은 각 수치가 얼마나 정확한가보다는 주로 어떤 모델을 설정하는지, 어떤 입력값을 선택하는지에 달려 있다는 사실을 인식하고 각각의 중요한 수치를 반올림하여 계산을 더 간단하게 만들었다. 페르미가 추정한 10킬로톤은 실제 값인 21킬로톤의 대략 절반으로, 상황을 고려하면 합리적인 추측이다.

말년에 페르미는 교수로서 학생들에게 문제 풀이에 필요한 정보가 부족해서 표면적으로는 계산할 수 없을 것 같아 보이는 문제를 내고는 했다. 가장 잘 알려진 질문들 중 하나는 다음과 같다.

시카고에는 피아노 조율사가 몇 명이 있는가?

이 질문의 답은 매우 확실하지만, 흥미로운 점은 그 정확한 값을 밝힐 수 있는 실질적인 방법이 없다는 것이다(시카고에서는 피아노 조율사를 등록하지 않는다고 가정하자). 페르미는 다음과 같은 모델을 설정함으로써 신뢰할 수 있는 추정치를 도출했다.

> 연감에 따르면 시카고의 인구는 대략 300만 명이다. 이제 평균적으로 한 가족이 4명으로 구성된다고 가정하자. 그러면 시카고에는 대략 75만 가구가 있는 셈이다. 다섯 가구 중 한 가구가 피아노를 소유한다고 가정하면, 시카고에는 피아노가 15만 대 있을 것이다. 평균적으로 피아노 조율사가 일주일에 5일 동안 매일 4대의 피아노를 조율하고 주말에는 쉬며 여름에는 2주간 휴가를 간다면, 한 명의 피아노 조율사는 1년에 4 × 5 × 50 = 1,000대의 피아노를 조율할 것이다. 따라서 시카고에는 피아노 조율사가 대략 150,000/1,000 = 150명 있을 것으로 추정할 수 있다.[15]

여기에서도 페르미의 접근법은 정확한 수치에 근거하지 않았다. 그는 정확한 값을 찾을 시도조차 하지 않았다. 대신 일련의 가정을 수립하고 각각 합당한 범위 내에서 신중하게 검토했다.

페르미 문제는 상상할 수 있는 수많은 방식으로 변형이 가능하다. 일부는 재미로 푸는 것이지만 일부는 대단히 중대한 실질적 문제이다. 가령 인구 증가에 관한 질문은 추정치로 답할 수 있다. 극지방의 만년설이 녹는 데 얼마나 걸릴지, 한 국가가 유럽연합에서 탈퇴하는 것이 경제적으로 합당한지, 바이러스가 확산될 때 얼마나 많은 사람

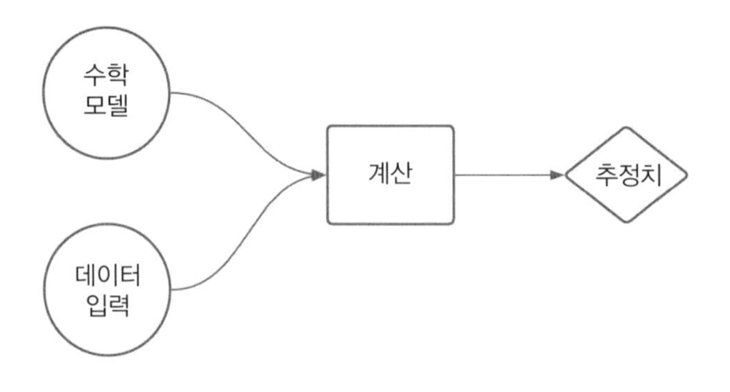

이 사망할지에 대한 질문도 마찬가지이다.

페르미 문제는 수학을 통해서 세상을 설명하고자 할 때 추정과 계산이 어떻게 상호작용하는지를 완벽하게 보여준다. **모델**(수학적으로 설명할 수 있는 세계에 대한 대략적인 그림)에서 시작하여 데이터를 입력한 다음 해당 **입력값**에 대한 **계산**을 수행하여 모델을 실행한다. 그러면 찾고자 하는 미지의 값에 관한 최선의 추측인 **추정치**를 얻게 된다.

결국, 수학적 모델링은 불확실성에 대처하기 위한 훈련으로 코로나19 팬데믹 동안 대중의 의식에 각인되었다. 전염병의 진행을 추적하면서 역학 모델을 사용하면, 실제 현상에서는 거의 도달하기 어려운 수준의 확실성을 확보할 수 있다. 코로나19는 증상 없이도 전파될 수 있으므로 추적이 특히 까다로운 것으로 판명되었으며, 이로 인해서 다양한 인구 집단에서 감염률과 입원율, 사망률에 대한 신뢰할 만한 정보를 수집하는 것이 매우 어려웠다. 여기에 전염병에 대한 인간의 대응 행동—감염률의 핵심 결정 인자이다—에 얼마나 큰 변동성이 있는지까지 고려하면, 코로나19 추세를 예측하는 일이 얼마나 어려운지 알 수 있다. '막말 유튜버'와 정치인들은 거의 반사적으로 자신의 예측이 옳다고 확신을 표하는 반면, 대부분의 전문적인 모델

구축가들은 바이러스에 대한 자신들의 그림을 아주 세밀히 들여다보면, 미지의 요인이 포함되어 있음을 겸허하게 인정한다. 이들은 가정(바이러스의 잠복기부터, 날로 커지는 위협에 대한 우리의 대처를 결정짓는 인간 행동에 이르기까지), 데이터 수집의 한계, 그리고 끊임없이 변화하는 모델의 특성을 투명하게 밝힌다.[16]

인간과 컴퓨터의 작업은 명확히 구분되어 있다. 가장 기초적인 모델을 제외한 모든 모델에서 중간 작업, 즉 계산의 수행은 컴퓨터가 전담한다. 컴퓨터의 역할은 대량으로 계산을 수행하여 우리가 탐구하고 학습할 수천 가지 시뮬레이션 사례를 제공함으로써 세상에 대한 우리의 직관을 보다 예리하게 다듬는 것이다. 그러나 컴퓨터는 세상에 대한 모델을 구축하거나 그 해답이 타당한지 판단하지는 못한다. 이 과정은 인간에 의해서 더 적절하게 마무리될 수 있다. 우리의 역할은 각 모델의 토대가 되는 전제, 모델에 투입하는 특정 입력값의 신뢰성, 출력물의 타당성을 평가하는 능력에서 비롯된다. 이를 위해서는 계산 과정에 무엇을 입력하고 무엇이 출력되는지 의식적으로 관여할 필요가 있다.

무엇을 입력하는가 : 모델

기계는 인간의 명령에 따라 계산하지만 그러한 계산 결과에 의미 있는 맥락을 부여하지는 못하므로 이상한 결과를 도출하고는 한다. 자동 경보 시스템만이 산모의 연령에 음수를 할당하고,[17] 알고리즘 가격 책정 모델만이 두 서적상에게 파리에 관한 난해한 교과서의 대금으로 수백만 달러를 청구할 것이다.[18] 각각의 경우, 컴퓨터는 내려진 명령을 충실히 실행했지만 이 과정에서 통제 불능에 빠지면서 엉터리 대답을 내놓게 된 것이다.

기계학습 프로그램은 데이터를 이용해서 모델을 '학습시킨다'는 점에서 좀더 전망이 밝다. 이 프로그램은 숫자를 산출하는 일을 넘어, 이미지에 라벨 등을 표시하고, 음성 신호에 반응하고, 보드게임을 하고, 차를 운전하고, 문자 채팅에 참여할 수 있다. 그러나 이러한 프로그램도 상당히 기이한 방식으로 오류를 일으킬 수 있다. "AI의 실수" 목록은 재미있는 일화부터 꺼림칙한 사례까지 계속해서 늘어나고 있다. 예를 들면, 아마존의 음성 비서는 이제 여섯 살이 된 브룩 나이첼이 시켰다는 이유만으로, 브룩의 부모에게는 상당히 유감스러운 일이지만, 170달러짜리 인형의 집과 2.7킬로그램의 쿠키를 주문하는 것이 적절하다고 판단했다.[19] 한 최첨단 이미지 인식 소프트웨어에서는 「스타 트렉」 로고를 바다 민달팽이로 오인하기도 했다.[20] 좀더 우려스러운 극단적인 사례로, 마이크로소프트 챗봇은 트위터에서 트롤링trolling을 당한 후 인종차별적 분노를 표출하여 출시 하루만에 서비스가 종료되었다.[21]

기계학습의 작동방식은 다음 장에서 좀더 면밀히 살펴볼 예정이므로, 여기에서는 이러한 프로그램에는 계산 결과를 비교할 때 무엇을 기준으로 삼아야 하는지에 대한 개념이 없다는 중요한 한계점만 지적하면 충분할 것이다. 기계는 무엇을 재미있는 것으로, 무엇을 혐오스러운 것으로 여겨야 할지 모른다. 기계의 무개념한 행동에 고삐를 죄는 것은 언짢은 부모, 「스타 트렉」의 극성팬, 마이크로소프트의 개발자, 즉 인간이다. 이러한 프로그램은 결국 우리의 창조물이다. 단순하든 복잡하든, 모든 모델은 설계자의 선택에 따라 구축된다. 실제로 모델링을 수행하며 세계에 대한 합리적 근사치를 제공할 것으로 생각되는 기능과 파라미터*를 선별하는 주체는 알고리즘이 아니라 사람이다. 컴퓨터는 사람이 지정한 선택 범위 내에서만 사고할 수 있다. 기계가 설명하기 힘든 행동을 했을 때 그에 대한 책임은 인간이 져야 하며, 같은 이유로 우리가 모델에 입력한 값이 어떤 결과를 산출하는지 전부 확인해볼 책임도 인간에게 있다. 이는 컴퓨터의 처리 능력에 압도당하지 않고, 컴퓨터에 무오류 속성을 부과하지 않으며, 자동화된 모델의 감독에 대한 우리의 상식을 믿는다는 것을 의미한다.

무엇을 입력하는가 : 입력값

모델은 입력 데이터에 의해서 그 생사가 결정된다. 파악하기 어려운 양을 추정하려고 할 때도 데이터 과학자들이 따르는 원칙, "쓰레기를 넣으면 쓰레기가 나온다"가 그대로 적용된다. 다음의 대표적인 사례는 이 원칙을 잘 보여준다.

기원전 250년, 알렉산드리아 도서관의 수석 사서이자 '지리학의 아버지'인 에라토스테네스는 지구의 크기를 계산하고자 했다.[22] 에라토스테네스는 정확한 측정을 위한 도구가 없었으므로 기발한 방법을 통해서 지구의 크기를 추정했다. 그는 시에네(현재 이집트 남동부에 위

---

* '하이퍼 파라미터'라는 용어가 더 적절할 수 있다. 기계학습에서 하이퍼 파라미터는 모델, 예를 들면 인공 신경망 모델에서 기계를 학습시키기 전에 지정해야 하는 요소를 말한다.

치한 도시 아스완/옮긴이)가 알렉산드리아로부터 남쪽으로 대략 5,000 스타디아(현재 단위로 대략 925킬로미터) 떨어져 있으며, 북회귀선 위에 있다는 사실을 알고 있었다. 북회귀선에 있다는 말은, 시에네에서는 하지 정오가 되면 태양이 머리 바로 위에 있음을 의미한다. 따라서 이 시점에 시에네에서 막대기를 수직으로 꽂으면 막대기에는 그림자가 없을 것이다. 한편, 에라토스테네스는 하지 정오에 알렉산드리아에 또다른 수직 막대기를 세운 후 막대기에서 생긴 그림자가 지면과 이루는 각도를 측정했다. 이 각도는 7.5도로, 대략 원의 50분의 1에 해당한다. 즉, 그는 기초적인 기하학 지식을 이용하여 알렉산드리아와 시에네가 지구 둘레의 50분의 1 거리만큼 떨어져 있다고 추론할 수 있었다. 그 거리는 925킬로미터이므로 에라토스테네스는 지구의 둘레, 즉 '지구의 크기'는 50 × 925킬로미터, 즉 46,250킬로미터라고 추정했다. 현대의 계산에 따르면 실제 값은 40,075킬로미터로, 그의 추정치와는 15퍼센트 정도밖에 차이가 나지 않는다. 당시의 세계 지도가 주로 여행자들이 들려주는 이야기로 만들어졌으며 오늘날 우리가 알고 있는 세계의 단 8퍼센트만 담고 있었다는 점을 고려하면 매우 훌륭한 추정이다.

그로부터 1,700년 후, 피렌체의 수학자이자 지리학자인 파올로 달 포초 토스카넬리는 향신료가 넘치는 전설의 섬을 향해 서쪽으로 항해할 것을 건의하는 제안서를 포르투갈 궁정에 제출했다. 토스카넬리는 마르코 폴로의 뒤를 이어 극동을 여행하고 돌아온 최초의 이탈리아 상인 니콜로 콘티와 상의한 후 이 제안서를 작성했다. 토스카넬리 그 자신은 항해에 나서지 못했으나, 그의 제안은 1492년 크리스토퍼 콜럼버스의 항해에 영감을 주었다.[23] 그러나 안타깝게도 토스카넬리는 지도를 작성할 때 지구의 둘레를 대단히 과소평가하여 약 3만 킬로미터로 추정했다. 아메리카에 상륙한 콜럼버스는 자신이 일본에 도착했다고 생각했을 뿐, 유럽과 아시아 사이에 있는 미지의 대륙을 우연히 발견했다고는 꿈에도 생각하지 못했다. 토스카넬리의 추정이 틀린 이유는 계산에 오류가 있었기 때문이 아니라 입력값 중 하나, 즉 지구의 둘레가 완전히 잘못되었기 때문이다. 쓰레기를 넣으면 쓰레기가 나올 뿐이다.

입력값에 문제가 있으면 적정한 추정치를 얻기 어렵다. 설령 올바른 값을 얻었더라도 단지 운이 좋았을 뿐이라고 생각해야 할 것이다. 기계학습 연구자들이 크게 우려하는 부분은 모델을 학습시키기 위해서 사용하는 데이터세트에 오류가 만연해 있다는 것이다. 2021년 3월에 발표된 한 연구에 따르면, 컴퓨터 비전vision에 널리 사용되는 데이터세트 10개의 오류율은 3.4퍼센트에 달하는 것으로 나타났다.[24] 오늘날 수많은 선도적인 이미지 인식 도구가 이러한 데이터세트를 기반으로 하고 있다는 사실을 고려하면 그리 달가운 이야기는 아니다. AI 분야에서는 양질의 데이터 확보의 중요성이 강조되면서 '데이터 중심' 사고방식이 등장했다. 양질의 데이터 없이 정교한 모델만 신뢰했을 때의 위험을 강조하는 것이다.[25] 실제로 고도로 복잡한 모델 중 몇 가지는 데이터의 오류를 수정하면 성능이 저하되는 것으로 나타났다. 나쁜 데이터는 무엇이 좋은 모델을 만드는지에 관한 우리의 감각을 무디게 한다.

무엇이 나오는가 : 비율을 바탕으로 추정치 가늠하기

우리는 큰 수치의 결과물을 다룰 때, 합리적인 추측의 토대가 되는 기준을 마련하기 위해서 세계에 대한 우리의 지식을 활용한다. '많음'을 묘사하기 위한 한 가지 방법은 크기의 또다른 범주 중 하나인 자릿수를 이용하는 것이다. 자릿수는 보통 10의 제곱, 즉 1, 10, 100, 1,000 등과 같이 정의된다. 이 개념은 각 범위가 이전 범위 이상에서 동일한 크기(이 사례에서는 인자 10)로 늘어난다는 것을 나타낸다. 좋은 추정치는 올바른 범위 내에 떨어져야 한다. 추정치가 틀리더라도 그 자릿수가 올바르면 오류를 일정 수준 제한할 수 있다.

가령 점심 값이 약 10파운드 정도라고 가정하자. 그러면 장보기에는 100파운드 정도가 들고, 월세는 1,000파운드 정도를 내며, 언제나 지나친 사치로만 느껴지는 자가용은 1만 파운드쯤으로 생각할 수 있다. 이 값들은 정확하지는 않지만 일상에서 지출하는 비용을 가늠하기 위한 기준 역할을 한다. 즉, 다음 휴가를 어디로 갈지 계획할 때 장보기 비용(1박 2일 여행의 경우)이나 한달 월세(해외여행의 경우)를 기준으로 휴가비를 계획할 수 있을 것이다. 올바른 자릿수를 선택하는 것만으로도 오류를 적정한 범위 이내로 제한할 수 있으며 일반적인 경우에는 그 정도면 필요한 답을 얻을 수 있다.* 큰 수를 다룰 때

---

* 정확도를 더 높여야 하는 경우, 계산 범위를 제한하는 경계값을 설정하여 추정치의 범위를 더 좁힐 수 있다. 예를 들면 전화 요금은 일반적으로 매월 수십 파운드 정도이다. 이렇게 자릿수를 대충 알고 있으면 전화 요금이 10파운드 이하가 되거나 100파운드를 초과하지는 않을 것이라고 짐작할 수 있다. 실제 요금은 전화 사용량에 따라 변할 수 있으므로, 추정치 범위를 더 정확하게 좁히고자 한다면 하단을 30파운드로, 상단을 50파운

는 특히 그렇다(인터넷에서 볼 수 있는 밈에서 천체물리학자들이 천문학적 수를 추정하면서 그저 자릿수만이라도 대략적으로 맞히려는 모습으로 묘사되는 것도 이 때문이다).[26]

자릿수는 차이의 절대값보다는 '비율'에 따른 비교치에 따라서 달라진다. 앞의 사례에서 각 범위는 10을 인수로 구분된다. 우리는 자연적으로 수를 비율의 관점에서 인식하는 것으로 나타났다. 즉, 근사치에 대한 우리의 감각은 비율을 토대로 한다. 이러한 추정 능력은 나이가 들수록 더욱 정교해진다. 충분한 경험이 쌓이면 특별히 셈을 하지 않고 그저 관찰하는 것만으로도 8개의 사물이 7개의 사물보다 더 크다는 것을 파악할 수 있다. 그러나 전 연령에 걸쳐서 우리의 추정 능력은 수가 커질수록 감소한다. 2킬로그램과 1킬로그램을 구분하는 것보다는 22킬로그램과 21킬로그램을 구분하는 것이 더 어렵다. 이는 베버-페히너 효과Weber-Fechner effect로 알려져 있다. 나이가 들수록 시간이 더 빨리 흐른다고 느껴본 적 있다면, 이 효과에 이미 익숙할 것이다. 예컨대 열 살에서 열다섯이 될 때보다 서른에서 서른다섯이 될 때 시간이 더 빨리 흐르는 것처럼 느껴진다. 서른다섯에게 5년이란 일생의 7분의 1에 불과하며 순식간에 지나가는 시간이다. 하지만 열다섯 살에게 5년은 그동안 살아온 삶의 3분의 1로(사실 처음 몇 해는 기억하지 못하므로 3분의 1 이상이다), 한평생처럼 느껴진다. 왜 이러한 효과가 나타나는지에 대해서는 여러 생물학적 설명들이 제시되었다. 한 이론에서는 나이가 들면서 신진대사가 느려지는 것과 관

드로 설정할 수 있다. 내가 알기로 내 전화 요금은 30-50파운드 범위를 거의 벗어나지 않기 때문이다.

련이 있다고 말한다(젊을수록 심장박동 속도가 빠르므로 주변 일들이 더 천천히 일어나는 것처럼 느껴진다).[27]

이 효과를 실제로 확인하려면 아래의 숫자 선에서 1,000이 어디쯤에 놓일지 재빨리 답해보자.[28]

1 ——————————————————————— **1,000,000**

1,000이 1,000,000보다는 1에 더 가깝다는 것은 분명 짐작할 수 있을 것이다. 그렇다면 정확히 얼마나 더 가까울까? 어쩌면 여러분은 1,000을 선에서 어느 정도 눈에 띄는 자리에 놓았을 수 있다. 하지만 놀랍게도 1,000의 정확한 위치는 1에서 아주 약간 떨어진 지점이다. 이는 1,000이 1,000개 있어야 1,000,000이 된다는 점을 생각하면 당연한 일이다. 즉 우리는 이 수선에서 1,000분의 1만 나아가면 된다. 그러나 우리는 직관적으로 수의 상대적 크기를 그 **차이**가 아니라 **비율**로 이해하기 때문에 1,000이 실제보다 1,000,000에 더 가까울 것이라고 생각하는 경향이 있다(1,000이 1,000,000과 **동일한 비율**로 1에서 떨어져 있다고 말할 수도 있다). 전체 수는 공간에 균등한 간격으로 떨어져 있다는 사실은 정식 교육을 받은 이후에야 체득할 수 있다. 6세에서 10세 사이에 우리는 8과 9의 차이가 2와 3의 차이와 같다는 사실을 깨닫게 된다. 그 이후에도 우리는, 방금 전에도 경험했듯이, 자연스럽게 비율에 의거해 추정한다.

이 효과를 더 정확하게 설명하면, 우리의 **수 감각은 로그**(대수)라고 할 수 있다. 즉, 우리는 수선을 로그 척도로 인식한다. 존 네이피어가 계산을 더 쉽게 하기 위해서 고안한 것이 바로 로그이다. 로그를 사

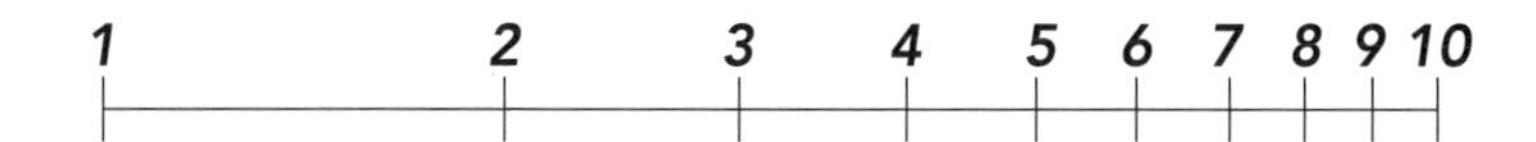

우리는 수선을 로그 척도로 인식하며 수들이 실제로 그런 것보다 서로 더 가까이 붙어 있다고 생각한다.

용한 계산자에서는 두 수의 간격이 두 수의 비율을 나타내며, 따라서 연속된 두 값 사이의 간격은 수가 커질수록 줄어든다. 네이피어의 수학적 혁신은 수에 대한 우리의 깊은 직관과 멋지게 결합하는 것으로 나타났다.

차이보다 비율을 선호하는 우리의 성향은 좋은 결과와 나쁜 결과를 둘 다 가진다. 비율로 생각하는 것이 더 타당할 때가 있는 반면, 세상에 대한 우리의 인식을 왜곡시킬 때도 있다.

영국에서 신차를 출시한다고 생각해보자. 그러면 영국에서 매년 얼마나 많은 차가 팔리는지 대략적으로 파악할 필요가 있다. 연구원 한 명은 100대로 추정했고 다른 한 명은 500만 대로 추정했다. 실제 값은 대략 250만 대인 것으로 나타났다고 하자. 어느 추정치가 정답에 더 가까운가? 절대값 측면에서 두 추정치의 정확도는 거의 동일하다. 첫 번째 값은 2,499,900만큼 떨어져 있고 두 번째 값은 2,500,000만큼 떨어져 있다. 그러나 첫 번째 추정치는 상식적으로 터무니없는 값이다. 비율 측면에서 첫 번째 추정치는 정답보다 실제로 25,000배 적은 반면, 두 번째 추정치는 겨우 2배 많을 뿐이다. 기대했던 만큼 정확한 값은 아니지만 적어도 수긍할 수 있는 범위에 속한다.

이제 출시한 신차가 큰 성공을 거두어 연봉이 1만 파운드 인상되었다고 생각해보자. 축하할 일이기는 하지만 숫자만으로는 어떤 상황인지 판단할 수 없다. 이 소식이 정말로 축하할 소식인지 평가하려면 기준이 되는 수치가 있어야 한다. 바로 현재의 연봉이다. 3만 파운드에서 1만 파운드가 올랐다면, 연봉이 33퍼센트 높아진 것이므로 축하할 만하다. 반면 50만 파운드의 연봉을 받고 있었다면 1만 파운드 상승은 고작 2퍼센트 인상에 그친다. 별로 축하할 기분은 들지 않을 것이며 어쩌면 노력에 비해 별로 인정받지 못한 것에 화가 날 수도 있다. 우리는 절대값이 얼마나 증가했는지가 아니라 **비례적으로** 얼마나 증가했는지에 따라 판단한다. 차이보다 비율이 중요한 것이다. 식당 종업원 모두에게 동일한 금액의 팁을 주지 않는 이유도 마찬가지이다. 식당에서 서비스 요금은 일반적으로 계산서 금액의 일정 비율로 책정되는데, 이는 암묵적으로 직원들의 시장 가치가 손님의 식사 비용에 비례함을 인정하는 것이다. 비율은 차이를 능가한다.

마케터들은 비율에 대한 우리의 각별한 편애를 적극 활용한다. 정가가 1만 원인 상품을 500원에 판다고 가격표가 붙어 있으면 같은 상품을 천원샵에서 500원에 팔 때보다 사야겠다는 마음을 정당화하기가 더 쉬울 것이다. 비율 측면에서 보면 정가에서 5퍼센트와 50퍼센트의 차이가 나기 때문이다. 하지만 이 경우에 우리는 절대값의 관점에서 생각하는 편이 더 낫다. 주머니에서 나가는 돈은 결국 같기 때문이다.

지수적 증가에 대한 편향 극복하기

우리의 '로그적' 수 감각은 많은 현상을 설명할 수 있다. 팬데믹 초기 단계에 그 영향력을 과소평가했던 경향도 마찬가지이다. 코로나19 초기에 역학자와 언론인, 심지어 정치인까지 "기하급수적 증가"라는 용어를 언급했다. 팬데믹 초기, 감염자가 3–4일마다 두 배씩 늘어나는 현상이 확인되었다. 이는 "기하급수적 증가" 또는 "지수적 증가"라는 용어가 딱 들어맞는 현상이다. "기하급수적 증가"란 양이 일정 간격으로 동일한 양만큼 배가 되는 상황을 말한다. 이는 증가폭이 그 자체로 가속화된다는 의미이다. 기하급수적 증가는 정상 **선형** 증가보다 차원이 한 단계 더 높다. 선형 증가란 일정 간격으로 동일한 양이 단순히 더해지는 상황을 말한다. 예를 들어 매일 같은 양의 물을 마신다고 가정하면, 섭취한 물의 부피는 선형으로 증가한다.

코로나19 사례가 수십 건, 심지어 수백 건에 불과한 동안에는 많은 지역에서 경각심을 보이지 않았다. 여러 예측들이 사태를 크게 과소평가하며, 사례가 2,000–3,000건 수준에서 안정화될 것으로 보았다(인구가 수백만 명인 지역에서 2,000–3,000건은 위험 수준이 상대적으로 낮음을 의미한다). 그러나 사례가 수백만 건으로 폭증하고 사망자 수가 수만 명으로 늘어나자, 이러한 직관은 설 자리가 없어졌다. 팬데믹의 물결이 여러 차례에 밀려들자 대중들, 그리고 많은 정치인들은 깜짝 놀란 것처럼 보였다. 대체 무엇이 잘못된 것일까?

지수적 증가를 직관적으로 파악하지 못하는 것은 전혀 새로운 일이 아니다. 인도의 고대 전설에 따르면, 브라만인 시사 이븐 다히르가 초기 형태의 체스를 발명하자, 폭군인 시람 왕은 이를 치하하기 위해서 시사에게 어떤 상을 받고 싶은지 물었다. 이에 시사는 겸손하게 체스판의 첫 번째 칸에 밀 1알을 놓고, 두 번째 칸에는 2알, 세 번째 칸에는 4알, 이렇게 한 칸씩 나아갈 때마다 양을 두 배로 늘려 64번째 칸까지 놓아달라고 요청했다. 왕은 시사의 소원이 그토록 소박함에 크게 기뻐하며 기꺼이 응했다. 그러나 그 기쁨도 잠시, 32번째 칸에 이르자 왕은 다음 칸을 채우기 위한 밀알의 양이 그 땅에서 나는 모든 곡물을 합한 것보다 많다는 것을 깨달았다(64번째 칸까지 채우기 위한 밀알의 수는 정확히 18,446,744,073,709,551,615알이다). 이 설화의 좀더 잔혹한 버전에 따르면, 왕은 그러한 요구를 들어주느니 브라만을 참수했다고 한다.

왕을 화나게 한 것은 심리학자들이 말하는 "지수적 증가에 대한 편향"이다. 고등 교육을 받은 사람들은 물론이고, 우리 대부분은 이 편향에 시달리고 있다.[29] 또다른 예로, 산책을 나가 30걸음을 걷도록 요청받았다고 가정해보자. 그러면 어디에서 걸음이 멈추게 될지 확실히 예측할 수 있다. 어쩌면 신문 가판대일 수도 있고, 어쩌면 피하고 싶은 이웃집 앞일 수도 있다. 이제 매번 걸을 때마다 걸음의 수를 두 배씩 늘리기로 했다고 가정해보자. 예컨대 처음 다섯 단계 동안에는 보통 걸음으로 1 + 2 + 4 + 8 + 16 = 31걸음 걷게 된다(달갑지 않은 이웃집이 보이는가?). 이 방법으로 30단계 더 나아가면 어디에 있게 될까? 어쩌면 도시의 저쪽 끝에 서 있을까? 지금 살고 있는 나라에서 벗어났을까? 실제로 한 걸음의 보폭을 1미터로 가정하면 지구 둘레를 26바퀴 돌게 될 것이다. 허황된 소리처럼 들릴 수도 있지만 계산에는 잘못된 부분이 없다. 지수적 증가 추세는 그처럼 본질적으로 우리의 직관을 거스르는 것이다.

지수적 증가에 대한 편향은 대단히 심각한 결과를 초래할 수도 있다. 가령 복리에 대한 이해를 저해함으로써 우리의 통장 잔고를 위태롭게 만들 수 있다. 5퍼센트의 연이율로 1,000파운드를 예금하면, 40년 후에는 얼마가 되어 있을까? 대부분의 사람들은 저축액이 7,000파운드를 넘는다는 사실을 알지 못한 채 애초에 이러한 계획을 배제해버려 은퇴 자금을 모으지 못하게 된다.[30] 소박한 체스 발명가와 마찬가지로 치명적인 결과를 초래할 수도 있다. 연구에 따르면 이러한 편향의 정도를 통해서 사람들이 팬데믹을 얼마나 심각하게 받아들이는지도 예측할 수 있다. 즉, 편향이 강할수록 사회적 거리두기나 마스크 착용과 같은 예방 수칙을 취할 가능성이 낮아진다.[31]

그런데 이러한 현상의 초기 단계에서도 지수적 증가에 대한 편향이 지속되는 이유는 무엇일까? 바로 우리 눈앞에서 그 일이 벌어지고 있는데 말이다. 진화적 관점에 따르면 인류 문명은 아주 최근까지 꾸준한 속도로 진보해왔다. 수백만 년 동안 우리의 삶은 큰 변화가 없었으며 느리고 예측 가능했다. 선형적이라고 말할 수도 있을 것이다. 따라서 우리가 그동안 살아온 경험과 일치하지 않는 지수적 증가 추세를 목격하게 되면, 우리는 그것을 선형적으로 해석할 수밖에 없다.

우리의 로그적 수 감각도 작용한다. 사례 수가 일정 간격으로 몇 배씩 늘어나도 우리는 이들 각각의 연속된 '도약'을 동일한 크기로 인식한다. (계산자에서와 같이) 사례 수가 16건에서 32건으로 증가하는 것이 32건에서 64건으로 급증하는 것과 동일하게 느껴지는 것이다. 우리의 인식은 일정한 증가를 따르지만 이러한 증가는 **비율** 측면에서만 일정할 뿐 실제 차이 측면에서는 그렇지 않다. 실제로 우리의 로그 감각은 증가에 대한 인식을 한 단계 격하시켜서 지수적 증가를 선형 증가로 인식한다.

이런 현상을 살펴볼 수 있는 또다른 예로 작은 수의 크기를 과대평가하는 경향을 들 수 있다. 즉, 우리는 32가 실제로 그런 것보다 64에 더 가깝다고 느낀다. 따라서 우리는 향후 사례 수를 예측하면서 연속적으로 두 배씩 늘어날 경우를 생각할 때, 그 결과를 엄청나게 과소평가하게 된다. 앞에서 1,000을 1과 1,000,000 사이 어디에 놓았는지 기억하는가? 우리는 이 소박한 수를 실제보다 훨씬 큰 값으로 인식했다. 직관에 맡기면 '최악의 경우'를 예측할 때조차 실제보다 한참을 과소평가하게 된다. 우리는 이미 '2,000–3,000'을 매우 큰 값으로 인식하고 있기 때문이다.

미국에서 코로나19로 인한 사망자 수의 초기 급증을 보여주는 두 개의 그래프를 통해서 지수적 증가를 시각화할 수 있다. 두 그래프는 y축의 척도만 다를 뿐 데이터는 동일하다. 첫 번째 그래프에서 y축은 선형 척도로 나타냈으며, 수는 서로 일정한 간격으로 떨어져 있다. 증가세는 명백히 지수적이다. 문자 그대로 사망자가 증가하는 속도 그 자체가 증가하는 것을 볼 수 있다. 이제 두 번째 그래프를 보자. 이 그래프의 y축은 로그 척도로, 수 사이의 간격은 각 수들의 차이가 아니라 비율을 나타낸다. 이 그래프는 (거의) 직선처럼 보인다. 로그 축을 사용하면 큰 수도 그래프에 표시할 수 있으므로 (특히 증가폭이 수백만을 넘어가는 경우에) 자주 활용된다.

두 그래프는 똑같이 유효하며, 둘 모두 정부 브리핑과 주류 언론에서 활용되었다. 로그 척도로 나타낸 두 번째 그래프는 증가세가 선형이라는 인상을 준다. 한 연구에 따르면, 로그 척도로 된 그래프를 본

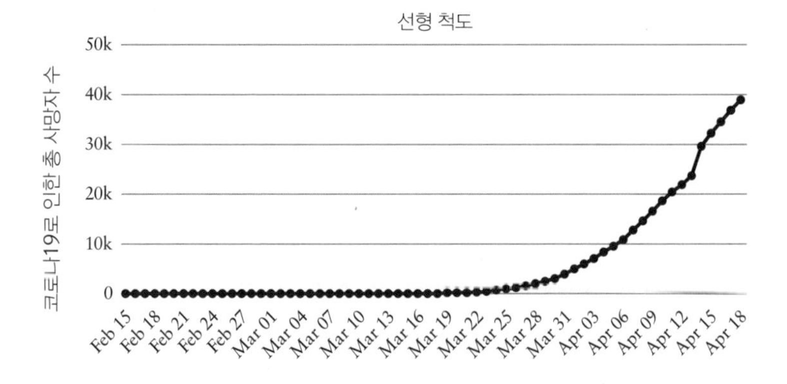

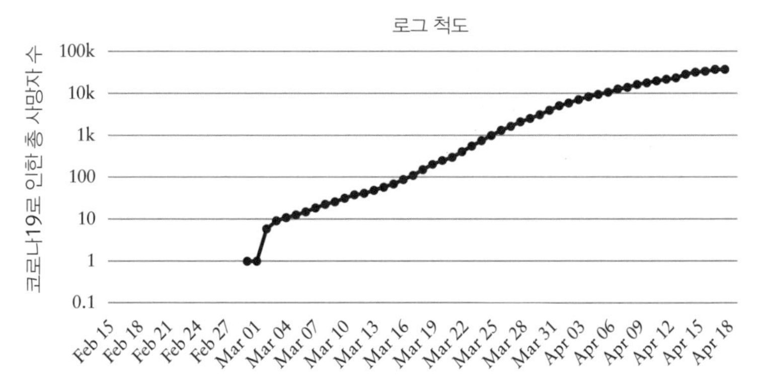

2020년 2월 15일부터 4월 18일까지 미국에서 발생한 코로나19 사망자 수를 선형 척도와 로그 척도로 표시한 그래프. 로그 척도로 표시하면 사망자 수가 선형으로 증가하는 것을 볼 수 있다.

사람들은 데이터를 잘못 해석하여 향후 사례 수를 과소평가할 가능성이 더 높은 것으로 나타났다.[32] 이 그래프에 나타난 직선으로 인해서 사례 수가 일정한 비율로 증가한다는 오해를 불러일으킨 것이다(실제로 이 직선은 사례 수가 며칠마다 두 배씩 일정하게 늘어난다는 것을 의미한다). 이 그래프는 급증세를 보여주는 첫 번째 그래프에 비해 사람들을 더 안심시켰다. 팬데믹 초기에 여러 정치인과 전문가들(심지어 일론 머스크는 2020년 3월 19일에 미국에서 "4월 말이면 신규 환자는 거의 없을 것"이라고 예측하는, 이제는 부끄럽기만 한 트윗을 남겼다)이 전염병의 위험을 평가절하할 당시 이들은 선형적 증가를 염두에 두고 있었던 것 같다.

코로나19는 우리가 수를, 특히 큰 수를 어떻게 인식하는지 생각해볼 기회가 되었다. 지수적 증가에 대한 감을 가지는 일이 비단 팬데믹 상황에서만 생존과 결부되는 것은 아니다. 지수적 증가가 우리의 삶에 미치는 영향은 점점 커지고 있다. 무어의 법칙(처리 능력은 대략 18개월마다 두 배로 증가한다)에서도 볼 수 있듯이, 기술은 기하급수적인 속도로 성장하고 있고, 그 결과 연산 능력과 정보도 폭증하고 있다. 우리가 로그적 감각에만 매몰되어 있다면 기술의 장기적 영향을 과소평가하게 될 것이다. 20년 전과 비교해서 오늘날의 기술이 얼마나 발전했는지 생각해보자. 당시 인터넷과 소셜 미디어는 걸음마 단계였으며 스마트폰은 아직 주류가 되기 전이었다. 기하급수적인 성장의 정의에 따르면, 기술은 2040년대가 되면 오늘날의 최첨단 기술보다도 훨씬 멀리 나아갈 것이다. 팬데믹이 걷잡을 수 없는 속도로 통제의 손아귀를 빠져나간 것처럼 기술 그 자체도 우리가 예상할 수 없는 방식으로 변화할 것이다. 미래학자 로이 아마라가 "우리는 기술의 영향력을 단기적으로는 과대평가하지만 장기적으로는 과소평가하는 경향이 있다"라고 경고할 때 시사한 바가 바로 이것이다.[33]

지수적 증가에 대한 편향을 완화하기 위해서는 미래의 궤적을 그릴 때 과거의 추세를 증폭시켜 상상할 수 있어야 한다. 팬데믹을 보다 잘 파악할 수 있는 한 가지 입증된 방법은 단순히 일일 수치만 보는 것이 아니라 사례 수가 최고치에 도달하기까지 걸린 시간을 눈여겨보는 것이다.[34] 추세를 시각화하고, 사용하는 척도에 주의를 기울이는 것도 미래의 방향성을 예측하는 데 도움이 될 수 있다.

팬데믹은 수에 대한 우리의 인식이 태생적으로 불완전하다는 사실을 일깨워주지만 우리는 우리의 인식에 컴퓨터의 산출물을 결합함으로써 세계를 보다 잘 이해할 수 있다.

중국어 방에서 탈출하기

계산은 정확한 값을 산출하기에는 적합할지는 몰라도 다른 활동을 동반하지 않고 단독으로는 지적인 활동으로 간주되기 어렵다. 철학자 존 설은 '중국어 방'이라는 사고실험[35]에서 무지성적인 정보 처리 과정을 설명하기 위해서 밀실에 갇힌 상황을 가정한다. 방 밖에 있는 사람이 문 아래 빈틈으로 중국어로 질문 목록이 적힌 종이 한 장을 밀어넣는다. 운 없게도 당신은 중국어를 한마디도 이해하지 못한다(당신만 이 사실을 알고 있다). 그러나 다행히도 방 안에는 당신의 모국어로 적힌 안내서가 있다. 이 안내서는 특정한 중국어 활자를 그에 해당하는 일련의 새로운 문자로 변환하는 방법을 단계별로 알려준다. 이 방법으로 답안을 써서 방 밖의 사람에게 제출하면 이 사람은 당신이 중국어를 안다고 확신할 것이다. 왜냐하면 질문의 언어와 동일한 언어로 답안을 써낼 수 있기 때문이다. 설령 이 과제를 완벽하게 해냈다고 해도 당신은 여전히 중국어는 한마디도 이해하지 못했을 것이다. 중국어는 여전히 꼬부랑한 그림처럼 보일 뿐 어떤 의미나

문맥도 띠지 못한다. 다시 말해서 지능적인 행동을 보인다고 해서 그 행동이 지능적인 것은 아니다.

여기에서 설이 묘사하고자 한 것은 컴퓨터이다. 과제를 의식적으로 이해하거나 파악하지 않고도 겉보기에 지능적으로 보이는 행동이 이루어질 수 있다는 것을 보여줌으로써 인공지능의 전제에 이의를 제기하는 것이다. 하지만 설은 인간에게도 같은 비판을 했어야 했다. 인간 또한 수가 무엇을 나타내는지는 고려하지 않은 채 아무 생각 없이 손쉽게 계산을 수행하지 않는가? 우리는 생각 없이 계산을 수행한다는 점을 부정할 수 없다. 이에 대해서는 커트 뢰서가 1988년 연구에서 흥미롭게 묘사한 바 있다. 연구에서 뢰서는 초등학생들에게 다음과 같이 물었다.[36]

양 125마리와 개 5마리가 한 무리를 이루고 있다.

목동은 몇 살일까?

물론 무리의 수로부터 목동의 나이를 알아낼 수 있는 방법은 없다. 어떠한 절묘한 비법이나 조작도 이 문제의 이상한 틀에서 빠져나오지 못한다. 그러나 뢰서에 따르면 초등학생 중 4분의 3이 이 질문에 숫자로 답했다고 한다. 학생들이 암산하여 답한 점을 비판할 수는 없다. 계산에는 아무런 문제가 없었다. 그러나 학생들은 정답을 맞히려고만 할 뿐, 계산이 관련 있는지 평가하는 것은 소홀히 한다.

이 장에서 전하고 싶은 말은 결국 인간은 중국어 방에서 탈출할 수 있다는 것이다. 우리는 생각 없는 계산을 저지할 수 있는 효과적인 안전장치를 발전시켰다. 우리는 직관적으로 지수적 증가를 이해하지 못함에도 불구하고, 결국에는 팬데믹을 신뢰성 있게 예측하는 모형을 만들고 새로운 기술의 부흥을 예측하며 투자 계획에 반영한다. 세상에 대한 지식을 통해서 우리는 현실을 토대로 계산을 수행할 수 있다. 수적 사각지대를 극복할 수 있는 방법도 이것이다.

사람만이 선천적인 수 감각을 가지고 있는 것은 아니다. 풍부한 식량 공급원을 재빨리 파악하는 능력이나 인근에 얼마나 많은 포식자가 출몰하는지 평가하는 능력은 진화적 이점을 제공한다. 양을 파악하는 능력은 적어도 적은 수만으로 충분한 경우에는 동물계 전반에서 찾을 수 있다. 꿀벌은 먹이를 찾아 돌아다니면서 몇 개의 지형지물을 지났는지 셀 수 있다. 암사자는 인근에서 세 마리의 침입자가 포효하는 소리를 들으면 침입자가 한 마리일 때에 비해 싸움을 피할 가능성이 높다. 거미는 찾을 수 있는 먹이가 더 많으면 거미줄에서 사냥하는 데 더 많은 시간을 보낸다. 까마귀는 0을 숫자 1에 가까운 양으로 인식할 수 있다.[37] 쥐는 2 + 2와 3을 구별할 수 있다. 침팬지는 직관적으로 분수를 이해할 수 있다. 캐런 윈이 영아에게서 발견한 사실은 개와 붉은털원숭이에서도 나타나는 것으로 확인되었다.[38] 인간이 다른 동물과 차이가 나는 부분은 인간은 언어 능력과 추상 능력이 있어 수 개념을 형식화하고 큰 수량을 처리하며 그 과정에서 이론을 수립할 수 있다는 점이다. 동물도 2나 3을 이해할 수 있을지는 모르지만, 2 + 3은 5라거나 이 세 숫자는 소수라는 점을 말할 수 있는 동물은 인간뿐이다.

수와 수학에 대한 우리의 지식은 세상에 대한 지식이든 더 추상적인 종류의 지식이든 그러한 지식을 효과적인 방식으로 표상하는 우리의 능력에 달려 있다. 지식의 표상은 AI에게 오랫동안 도전과제로 남아 있다. 다음 장에서 다룰 내용이 바로 이것이다.

2
표상

강아지의 강아지다움, 수학자들이 아이디어를 구상하는 방법,
컴퓨터의 맹점

수학자들은 이해하기 힘든 사람들이다. 그들은 가장 찬란한 정신적 위업 중 몇 가지를 이루었음에도 불구하고 기호를 가지고 놀며 시간을 보내는 사람들로 오인되고는 한다.

기호에만 지나치게 의존하면 지능이 무엇인지에 대한 관점이 편협하고 단순해질 수밖에 없다. 인간은 가장 복잡한 사고도 이해할 수 있는 정신적 도구를 갖추고 있다. 단도직입적으로 말해서, 수학은 말 그대로 인간이 (기계와 달리) 어떻게 지식을 그토록 다양하고 생생하게 표상할 수 있는지 보여주는 완벽한 사례이다.

기계는 어떻게 세상을 보는가

AI를 개발할 포부를 품고 있는 사람이 있다면, 그는 지적 존재가 어떻게 세상을 보고 이해하는지 고민해보아야 한다. 이는 이 분야의 고질적인 해결 과제 중 하나이다. AI 개발 초기 연구는 **기호주의**symbolism 패러다임을 기반으로 했다. 기호주의에서는 세상의 모든 대상을 기

호로 부호화하고 이러한 기호를 조작하기 위한 논리규칙을 바탕으로 행동을 모델링할 수 있다고 말한다. 이 관점에서 지능이란 하드 코딩된 명령어의 긴 목록으로 압축할 수 있다. 그러면 단지 사람 전문가가 의사결정을 내릴 때 채택하는 모든 규칙을 지정하는 것만으로 인간의 지적 행동을 복제할 수 있다고 결론내릴 수 있다. 이 접근법은 IBM의 체스 프로그램인 딥블루의 토대가 되었다. 인간은 (또는 기계도) 숙련된 인간 체스 선수가 직접 둔 체스 수의 데이터베이스를 컴파일하고 그에 대한 무수한 옵션들을 조사한 후에 일정한 채점 함수에 따라 가장 높은 순위에 오른 옵션을 선별함으로써 그랜드마스터를 넘어설 수 있는 것으로 나타났다.

그러나 많은 문제의 경우 기호의 고속 처리만으로는 한계가 있었다. 이 문제는 수학에서 처음으로 확인되었으며, 이후 반복적으로 AI가 표적으로 삼는 기준이 되었다. 최초의 AI 프로그램은 1957년 허버트 사이먼과 앨런 뉴웰이 개발한, 규칙-기반 GPS(General Problem Solver, 범용 문제 풀이기)로 널리 알려져 있다.[1] GPS는 다양한 문제에 대한 지식은 물론이고, 이를 해결하기 위한 일반 전략이 내장되어 있다. GPS는 기호로 정확하게 표현할 수 있는 다양한 수학 문제를 풀이할 수 있다(특정 유형의 단어 퍼즐을 풀 수도 있고 체스를 둘 수도 있다). 그러나 기호를 엄밀히 정의할 수 없는 문제에서는 한계를 드러냈으므로 그리 범용적이지는 않은 것으로 나타났다.

AI 연구자들은 다른 분야에서도 같은 문제에 직면했다. AI 의사를 만든다고 해보자. 어려울 일이 뭐가 있겠는가? 전문 진단의가 지정한 규칙을 꼼꼼히 부호화하여 AI를 무장시키면 되지 않을까? 환자가 증상을 이야기하고 의료 검사 기록을 제출하면 이러한 규칙을 적용하고 자동 진단을 기다린다. 그러나 유감스럽게도 아무리 큰 규칙 집합을 만든다고 해도, 어떤 의사도 환자들이 나타내는 그토록 다양한 질병을 모두 포괄할 수 있는 규칙 집합을 제공할 수 없다. 의사들은 진단을 위해서 엄격한 규칙만큼이나 여러 해에 걸쳐 축적된 경험과 지혜를 통해 연마한 직관에도 의존한다.

초기 AI 연구자들은 완전히 지정된 규칙만으로 파악하기에는 세상이 너무 광대하고 복잡하다는 뼈아픈 교훈을 얻었다.[2] 세상의 작동방식에 대한 우리의 지식 중 상당 부분은 암묵적이며 형식적으로 나타낼 수 없다. 자전거 타는 법을 어떻게 배웠는지 생각해보라. 설명서를 따르기보다는 균형 감각에 훨씬 더 의지했을 것이다. 감정, 직관, 상식과 같은 인간의 가장 근본적인 선천적 특성들 중 일부는 언어로 표현하기가 극히 어렵다. 철학자 마이클 폴라니가 말했듯이, "우리는 우리가 말할 수 있는 것 이상에 대한 지식을 가진다."[3]

지능은 경험과 주변 환경과의 상호작용을 통한 **학습** 능력에도 의존한다. 자전거를 타기 위해서는 여러 번 자전거에 올라타고 비틀거리며 나아가면서 모든 실수로부터 배움을 얻고 마침내 보조 바퀴를 떼도 된다는 확신을 얻을 때까지 감각을 연마해야 한다. 이것이 바로 현대 AI 응용에서 지배적인 접근법으로 자리를 잡은 **기계학습**machine learning의 기반이 된 통찰력이다. 경직된 지식 기반으로부터 컴퓨터를 해방시키고 사고의 보다 미묘한 요소를 포착하려는 노력의 일환으로 이제는 컴퓨터로 하여금 데이터 입력값으로부터 '학습하도록' 한다. 당면한 상황을 표상하도록 모델을 설정하고 이 모델에 데이터를 입력한 후에 모델의 정확한 형상('매개변수')을 구상하도록 알고리즘을 설계한 후 데이터를 고속 처리한다. 기계가 '학습한다'고 말하는 것은 입력받는 데이터가 늘어날수록 매개변수가 변화하고 모델이 보다 정확해진다(이는 희망사항이지만, 어쨌든)는 의미에서이다.

기계학습의 가장 유망한 접근법들 가운데 대부분이 인간의 뇌에서 아이디어를 얻었다. 예를 들면, **딥러닝**deep learning의 한 하위 분야에서는 뇌의 신경망을 느슨하게 모방한 모델을 채택한다.[4] 인간의 뇌에서 신경세포는 다른 활성화된 신경세포들로부터 충분히 강한 전기 신호를 받으면 발화한다. 이와 유사한 일을 하기 위해서 '인공' 신경망은 데이터가 입력될 때 신경세포 사이의 가중치를 조정하는 알고리즘을 따른다. 또다른 하위 분야인 **강화 학습**reinforcement learning에서는 행동과학의 상벌 체계를 활용하여 기계가 효과적인 선택을 할 때 인센티브를 준다.

이러한 접근법의 기반이 된 이론은 이미 1960년대에 제시되었지만, 그로부터 수십 년이 지난 뒤에야 처리 능력이 개선되고 대량의 데이터세트가 마련되면서 이미지 인식이나 자율주행 차량과 같은 분야에서 그 가능성을 확인할 수 있게 되었다.

현재까지 가장 유명한 예는 알파고를 필두로 한 구글 딥마인드의 바둑 게임 프로그램 제품군이다. 바둑에서는 규칙-기반 접근법이 전혀 통하지 않는다. 가능한 시나리오의 수가 천문학적 범위이므로 이를 모두 처리할 수 있는 하나의 데이터베이스는 없기 때문이다. 딥마인드 팀에서는 대신 딥러닝 및 강화 학습을 함께 채택하여 놀라운 결과를 이끌어냈다.[5] 딥블루와 달리 알파고(및 그 후속 프로그램들)는 경험을 쌓으면 실력이 향상된다. 딥블루는 모든 게임에서 완전히 동일한 논리를 사용하는 반면, 알파고는 모든 수와 모든 대국으로부터 학습하며 그 과정에서 스스로 수정하고, 모델의 매개변수를 업데이트하며 심층적인 전문지식을 획득함에 따라 대국 방식에서 정교한 패턴을 발견한다.

외견상으로 기계는 인간의 사고방식에 조금씩 다가가고 있는 것처럼 보인다. 실제로 바둑 대국에서 사람은 더 이상 기계의 상대가 되지 않으며, 심지어 기계는 자신만의 우아한 스타일로 경기를 펼쳐 바둑 팬들을 사로잡고 있다. 기계 지능은 그 어느 때보다도 인간과 유사해졌으며 심지어 초인간적으로 보이기까지 한다.

강아지의 강아지다움

그런데 좀더 자세히 살펴보면 기계학습 프로그램은 전혀 인간처럼 행동하지 않는다. 기계는 모든 대상을 벡터, 즉 숫자 묶음로 취급한다. 기계학습 알고리즘에 이미지, 텍스트, 바둑판에서의 배열 등 학습 예제를 공급하면 각각을 벡터로 표상한 후 수학 연산을 수행해 이를 가장 잘 설명하는 함수를 찾는다(**최적화**라고 알려진 과정이다). 학교에서 배운 간단한 예로 '최적선最適線'이 있다. 최적선이란 평면에 점들의 집합이 주어졌을 때, 이 점들을 가장 가깝게 통과하는 직선을 말한다. 기계학습 알고리즘을 단순하게 설명하면 이 선이 무엇인지 찾아내는 것이라고 말할 수 있다. 물론 최적선을 찾는 작업은 상당히 복잡하다. 가령, 여기에는 관련된 매개변수가 일반적으로 수백만, 심

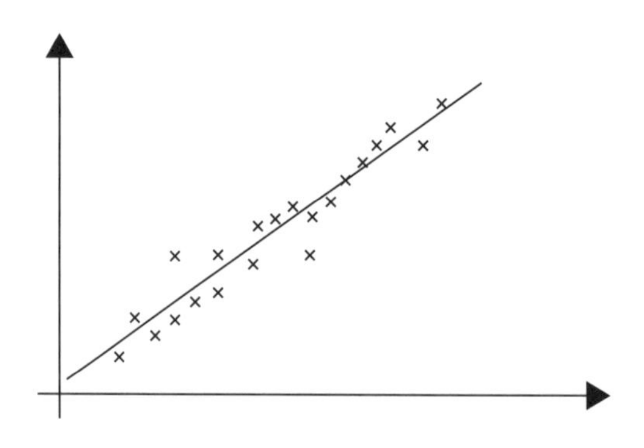

최적선. 기계학습 알고리즘에서 달성하려는 목표를 간단하게 나타낸 그림.

지어 수십억 개에 달하므로 인간은 시각화하기 불가능하다(그러나 우리는 이를 처리할 수 있는 수학적 도구가 있다). 이러한 매개변수의 대부분은 복잡한 계산을 사용해서 다른 매개변수로부터 유도된다. 즉 추상의 층위가 한층 배가되므로 해석하기가 더욱 어려워진다.

이들 접근법을 추구한다는 것은 통계학, 선형 대수학 및 미적분학과 같은 분야의 소수의 기법에 크게 의존하는, 매우 특별한 **수학적 방식으로** 세상을 본다는 의미이다. 이런 세계관은 확실히 인간의 세계관보다 편협하며 심지어 해당 분야의 수학자들의 세계관보다 좁다.

일상적인 간단한 예를 생각해보자. 길에서 우연히 개를 보았을 때 그것이 개라는 것은 어떻게 아는가? 아이들은 동네를 돌아다니며 온갖 종류의 시각 신호와 청각 신호를 흡수하다가 문득 호기심 많은 네 발 달린 동물에 시선을 빼앗기게 된다. 아마도 부모님은 이 동물을 가리키며 "저기 봐, 강아지가 있어!"라고 말할 것이다. 이런 일은 몇 번만 반복되지만 곧 아이들은 개에 대해서 완전히 이해하고 이 동물을 세상에 대한 심적 모델에 흡수시킨다. 이 동물이 공원에 자주 나타나는 것을 보고 개와 공원을 연관시키게 되고 개가 매일 가지고 노는 뼈나 공 등의 사물도 개와 연관시키게 된다. 또한 관찰과 신체적 상호작용을 통해서 개는 쓰다듬을 수 있고, 사료를 먹일 수 있으며, 함께 놀고 목욕시킬 수 있다는 사실을 배우게 된다. 개에 대한 지식은 우리 뇌에서 하나의 장소에 분포하지 않는다. 수천 개의 상보적인 모델이 감각을 통해서 데이터를 입력받은 후에 **개다움**이 무엇인지에 대한 합의를 도출한다.[6]

인간의 뇌는 이전 경험의 맥락 내에 대상을 위치시키는 방법으로 지속적으로 학습한다. 우리의 세계관은 새로운 경험과 문제를 오래된 경험과 연관시키는 과정 동안, 한 번에 한 단계씩 점진적으로 업데이트된다. 반대로 기계학습 프로그램은 얻을 수 있는 모든 데이터에 굶주려 있으며 각 입력값을 무차별적으로 처리한다. 개를 개로 신뢰성 있게 구분하는 방법을 찾으려면 개로 라벨링된 이미지와 그렇지 않은 이미지 등 수천 장의 이미지를 보여주어야 한다.

설령 그렇다 하더라도 컴퓨터는 인간과 동일한 의미에서 개를 '보는 것'이 아니다. 프로그램은 본질적으로 하나의 픽셀 집단을 다른 픽셀 집단과 비교하는 계산을 수행한다(각 픽셀은 그 밝기를 나타내는 숫자로 표상된다). 만약 한 사진의 픽셀들이 수치적으로 강아지가 있는 다른 그림과 '유사하다면' 이 시스템은 이 사진이 강아지 사진이라고 '지능적으로' 추측할 것이다.

인공 신경망은 여기에서 한 단계 더 나간다. 인공 신경망은 계층 구조를 이루는 신경세포 층으로 설계되어 있으며, 각각의 층에서는 고차원 수준의 세부정보를 식별하고 조합하여 개의 전체적인 이미지를 구성한다. 이처럼 기계는 미세한 세부사항에 집중하는 반면, 우리 뇌는 본질적인 특성을 포착하도록 맞춰져 있으므로 개에 대한 생생한 관념을 형성할 수 있다. 수학자 한나 프라이는 이러한 차이를 다음과 같이 설명했다. 기계는 "치와와다움" 또는 "그레이트데인스러움"을 측정하지 않는다. 그보다는 훨씬 추상적인 것, 즉 사람 관찰자에게는 큰 의미가 없는, 가장자리의 패턴이나 사진의 명암도를 식별한다.[7]

기계는 또 한 번 인상적인 결과를 보여주었다. 사람보다 더 신뢰성 높게 개의 품종을 식별하도록 훈련된 최첨단 알고리즘이 등장한 것이다. 그러나 컴퓨터는 모든 대상을 벡터로 파악하므로 개가 실제로 무엇인지, 다른 대상과 어떤 관계를 맺는지에 대한 생생한 관념은 가지고 있지 않다. 기계가 가진 정보 범위에 따르면, 개는 사람이 마시거나 결혼하는 대상이 될 수 있다. 마찬가지로 딥마인드의 바둑 대국 기계도 숫자의 추상적 조작을 넘어서 바둑이 무엇인지에 대한 관념은 가지고 있지 않다.

기계가 아직 모르는 것

컴퓨터는 데이터를 처리하고 데이터에서 패턴을 찾는 데에 능숙하지만 문맥이나 의미를 '학습하지는' 않는다. 기계는 의식적인 인식이 없으며, 세상에 대한 시간적인 감각도 없고(즉, 서로 다른 연속적인 사건을 함께 연결시키지 못한다), 인과적 추론을 위한 모델도 없다. 그리고 초기의 전문 시스템은 사고 처리 과정이 인간을 모사하고 있으므로 상당히 단순한 반면, 고성능 기계학습 알고리즘의 '블랙 박스'는 조사하기 어려우므로 기계가 언제 예상치 못한 방식으로 행동할지 파악하기 어렵다.

기계학습의 난해한 구동 방식은 일부 의심스러운 행동으로 이어지고는 한다. 늑대와 허스키를 정확하게 구분할 수 있는 한 최첨단 프로그램은 이미지에 눈雪이 있는지 여부만을 기준으로 이들을 분류하는 것으로 밝혀졌다.[8] 또다른 프로그램은 흑색종을 정확히 진단하는 것으로 알려졌으나, 단순히 수술 자국을 근거로 그러한 진단을 내렸다.[9] 사진을 통해서 사람들의 나이를 맞히는 모델은 사진 속 사람이 웃고 있는지 또는 안경을 쓰고 있는지(노화가 정말 이런 방식으로 진행될 경우)에 따라 결과가 크게 달라졌다.[10]

기계학습 프로그램은 세계관이 매우 협소하므로 이미지나 소리에 감지할 수 없는 노이즈가 추가되는 등, '학습한' 특정 데이터에서 벗어나는 상황을 맞닥뜨리면 불안정한 결과를 내놓는 경우가 많은 것으로 나타났다. 실제로 기계학습은 왜곡이 명백히 드러나는 상황에서도 이를 판별하지 못할 수 있다. 바나나를 신뢰성 있게 인식할 수 있도록 훈련된 한 신경망은 연구원이 바나나 이미지 옆에 몽환적인 분위기의 작은 토스터 스티커를 붙이자 이 이미지를 토스터로 분류했다.[11] 오직 사람만이 이 이미지가 (옆에 귀여운 스티커가 붙어 있을 때도) 바나나라고 말할 수 있는 것으로 보인다.

이 문제는 시각적 이미지에 국한되지 않는다. 자연어 처리 분야의 경우, 2020년 오픈AI가 언어 생성 시스템인 GTP-3를 출시하고 다양한 종류의 텍스트를 작성하는 능력을 선보이자 소셜 미디어는 흥분의 도가니가 되었다. 이 시스템을 사용하려면 먼저 약간의 텍스트,

즉 몇 단락 정도를 입력해야 한다. 그러면 시스템은 동일한 문체로 문단을 계속 작성한다. 여기에서 벡터화된 대상은 자연어의 문자와 단어이다.

얼마 지나지 않아 GPT-3는 이해력의 한계를 드러냈다. 인지심리학자 게리 마커스(AI에 대한 과도한 기대를 반박한 것으로 유명하다)는 GPT-3에 입력한 메시지 목록을 제시했는데,[12] 각각의 메시지는 인간이 보기에 명백히 터무니없었다. 한 예로, 마커스는 다음과 같이 문단을 시작했다. "유리잔에 크랜베리 주스를 부었습니다. 그러나 그 후 무심코 포도 주스를 대략 한 티스푼 정도 추가했습니다. 겉보기에는 괜찮아 보입니다. 살짝 냄새를 맡아보려 했지만 지금은 독감에 걸려서 냄새를 맡을 수 없습니다. 지금 몹시 목이 말라요." 그러자 시스템은 이렇게 답했다. "그러면 마셔보세요. 이제 당신은 죽었습니다." 이치에 맞게 해석해보려면, 일단 크랜베리 주스를 홀짝인다고 치명적일 것 같지는 않으며 이것이 질문의 요점도 아니다. 그러나 훈련 단계 동안 헤아릴 수 없이 많은 양의 정보를 입력받은 GPT-3는 이 질문을 모종의 방식으로 중독 이야기와 연결시켰다. 단순히 문단을 더 길게 쓸 수 있다고 해서 그 문단을 진정으로 이해하고 있는 것은 아니다. 문장을 이해하기 위해서는 구문론, 음운론, 의미론과 같은 언어적 구조에 대한 지식뿐만 아니라, 여러 개념들이 서로 어떻게 조화를 이루는지에 대한 전체론적인 사고가 필요하다.

우리는 점점 더 기계에 의존하여 세상을 탐색하고, 정보를 읽고, 듣고, 지식을 요약하고, 우리를 대신하여 기계가 신속하게 결정을 내리도록 한다. 이러한 기술을 성급하게 도입하는 과정에서 기계가 파생 숫자를 고속 처리하는 것 이상의 그 어떤 지각 능력이 있다고 여길 위험이 있다. 이러한 기술이 우리의 일상 곳곳에 침투하는 상황에서 우리에게는 기계의 사고방식—기계를 훈련시킨 데이터, 작동 중인 최적화 기법 등—을 시각화하여 오류를 파악하고 근절할 방법이 필요하다.

인간은 인지 오류에서 결코 자유로울 수 없으나(다음 장에서 보겠지만 이는 상당히 절제된 표현이다) 적어도 우리는 우리의 사고 과정을 해명하는 바로 그 방식으로 우리의 생각을 표현할 수 있다. 여기에는 또다른 이점이 있다. 기계의 자체적인 '학습' 메커니즘을 보다 투명하게 해명할 것을 요구함으로써 기계에 책임을 물을 수 있는 것이다.

하이브리드 사고

과거의 규칙-기반 기계도, 데이터에 굶주린 그 후계자도, 무엇인가를 진정으로 안다는 것이 무엇을 의미하는지 스스로 파악하지 못했다. AI 시스템이 규칙과 데이터를 모두 통합해야 한다는 인식이 높아지고 있다.[13] 인간의 뇌는 하드 코딩된 지식과 학습 알고리즘이 혼합된 하이브리드 사고 시스템의 대표적인 예이다. 우리 뇌는 철학자 존 로크가 말한, 주변 환경에 의해서 그 내용이 채워지기를 기다리는 "빈 서판Tabula rasa"이 아니다. 이전 장에서 우리는 근사 수 감각과 같은 능력은 오래 전에 진화한 선천적 능력임을 확인했다. 그외에도 우리는 세상에 나올 때 이미 많은 직관이 미리 구성된 상태로 태어난다. 마찬가지로, 반대쪽 극단에서 보면 우리가 생성할 수 있는 모든 유형의 지식은 오직 DNA만으로 구체화할 수 없다. 인지신경학자 스타니슬라스 드앤이 간단한 계산으로 입증했듯이, 우리의 DNA에 담긴 정보량은 약 60억 비트로 CD-ROM 하나를 채우기에 충분한 정도일 뿐, 드앤이 추정하기에 100테라바이트에 달하는 우리의 뇌 용량을 채우기에는 턱도 없다.[14]

드앤에게 인간의 뇌는 '타협의 결과'이다. 그가 말했듯이, "우리는 오랜 진화의 역사를 거쳐 (이미지, 소리, 움직임, 사물, 동물, 사람 등 우리가 세상을 세밀하게 분류하기 위해서 사용하는 모든 광범위한 직관적 범주에 대해서 코딩된) 상당한 양의 선천적인 회로를 획득한 것은 물론, 아마도 경험에 근거해 이러한 초기 기술을 개선할 수 있는 고도로 정교한 학습 알고리즘도 상당히 많이 물려받았다."[15] 이러한 타협의 결과, 개념을 표상하기 위한 모형과 기법으로 채워진, 놀랄 만큼 다양한 저장소가 출현했다. 아기와 영아는 세상과 상호작용하며 사람, 사물, 그리고 자기 자신에 대한 표상을 발전시킴으로써 빠르게 세상에 대한 이해를 갖춰나간다. 모든 삶의 경험은 우리가 세상을 보는 방식에 따라 반복되고 확장된다. 인간에게 학습은 일종의 퍼즐 맞추기 놀이이다. 우리는 단어, 은유, 기호, 그림과 같은 일련의 언어 도구를 사용하여 기존의 정보 조각을 참신한 방식으로 짜맞춰 새로운 개념에 도달한다.

다음 장에서는 여러 개념들을 엄밀히 결합하여 객관적 진리를 도출하기 위한 논리적 인과 메커니즘에 대해서 살펴볼 것이다. 그 전에, 여기에서는 수학자들이 복잡한 개념을 해명하기 위해서 서로 다른 정보 표상을 포착하는 방식을 살펴보자.

수학은 특이한 방식으로 AI와 공존하고 있다. 수학 문제 풀이를 자동화하려는 초기 시도들은 실패로 돌아갔다. 수학은 단순히 기호 조작으로 압축할 수 없기 때문이다. 한편으로는 최근 몇 가지 수학적 기법을 이용해서 지능을 해명하려는 시도가 이루어졌으나 이 또한 우리가 세상을 보는 다양하고도 미묘한 방식을 포착하는 데는 실패했다. 수학은 개념을 표현하는 방식을 이해하기 위한 기본적인 매체가 될 수 있지만, 이를 위해서는 먼저 주제로부터 생성되는 다양한 표상을 온전히 받아들여야 한다.

수학에서의 추상과 언어 : 숫자 체계의 탄생

우리가 아는 한, 인간은 어휘를 통해서 특정한 양을 나타낼 수 있다는 점에서 독특하다. 어떤 경우에는 그로 인해 생성된 어휘를 일상에서 사용되는 구체적인 사물과 연결하기도 한다. 예를 들면, 초기 아즈텍 언어에는 “돌 하나”와 “돌 두 개”를 기술하는 별도의 단어가 있으며, 남태평양의 언어에도 “과일 하나”와 “과일 두 개”에 해당되는 단어가 있다. 모든 유형의 사물에 대해서 새로운 단어를 고안하는 것은 여간 고단한 일이 아니다. 대신 특정 사물을 지칭하지 않고도 수량을 설명할 수 있다면 보다 효과적일 것이다. 이것이 인간을 수량에 대한 본능적인 관념을 넘어 더 멀리 나아가도록 만든 최초의 추상으로, 그 결과 우리는 더 큰 양도 정확히 파악할 수 있게 되었다.

숫자 3을 생각해보자. 우주를 종횡무진 떠돌아다녀도 물리적 실체로서의 ‘3’을 찾을 수는 없다. 대신에 특정한 3다움을 지닌 것처럼 보

이는 일군의 대상들을 찾을 수는 있을 것이다. 위의 그림에서 사과의 수는 오리의 수와 동일해 보인다. 각각의 사과는 오리와 완벽하게 대응하여 쌍을 이룰 수 있는데, 이는 두 집합이 공통적인 수적 속성을 가진다는 것을 말해준다. 즉 두 집합은 '3다움'을 가진다. 우리는 '3다움'이라는 속성을 의미하기 위해서 '삼'이라는 단어, 또는 훨씬 간단한 기호인 '3'을 사용한다. 이제 모든 유형의 대상에 이 기호를 적용할 수 있다. '3'이라는 기호를 통해서 세 개의 대상이 등장하는 모든 구체적인 사례를 진정한 의미에서 서로 연결하는 것이다. 추상은 대상의 가장 본질적인 특성을 파고든다.

고대에는 조약돌이나 손가락 등을 사용한 간단한 셈법을 통해서 이러한 추상을 할 수 있었다. 신석기 시대의 목동은 자신의 양을 조약돌에 대응시킴으로써 양의 수를 셀 수 있었다. 조약돌에 각각의 양을 대응시킨 다음 이 조약돌 더미에서 5다움이라는 속성이 인지되면 자신의 양 무리도 이러한 5다움의 속성이 있음을 알 수 있다. 즉, 목동이 소유한 양은 5마리이다. 이제 우리는 눈대중만으로 셀 수 없는 집합의 크기도 정확한 단어로 포착할 수 있게 되었다. 다음으로 넘어야 할 산은 언어밖에 남지 않았다. 더 많은 양을 묘사하기 위해서는 어떤 단어나 기호 체계를 사용할 수 있을까? 그리고 각 항목을 하나씩 셀 필요 없이 많은 양을 처리할 수 있는 방법은 없을까? 초기 무역

상들은 상품을 교환할 때 그 수량을 정확히 계산할 필요가 있었으므로, 이러한 질문에 답하는 것이 일상에서 특히 중요했다.

많은 양을 처리하는 해법은 그것을 고정된 크기의 작은 군으로 나누는 것이다. 예를 들면 커다란 곡물 더미 두 개를 비교하려는 경우 이제 실제 낟알의 개수를 세는 대신 몇 개의 군으로 나눌 수 있는지 세기만 하면 된다. 그렇다면 군의 크기는 어떻게 선택해야 할까? 오늘날 우리의 일상적인 숫자 사용법에 녹아 있는 십진법은 크기가 10인 군을 토대로 한다. 10이 선택된 이유는 우리의 해부학과 불가분의 관계에 있다. 우리의 손가락 10개는 모든 계수기 중에서 휴대성이 가장 좋으므로 10은 군의 크기로서 가장 자연스럽고 안정적인 선택이다. 예를 들어 숫자 84는 10으로 이루어진 군 8개와 나머지 4개를 나타낸다. 이 수가 67보다 크다는 것은 금방 알아차릴 수 있다. 67은 10으로 채워진 군이 6개밖에 되지 않기 때문이다. 군의 수를 비교하는 것(즉, 10으로 이루어진 군 8개 대 6개)은 모든 항목을 하나씩 세는 것보다 훨씬 덜 번거롭다.*

군으로 무리를 짓는 방법은 확장 측면에서 크게 유리하다. 10이라는 군을 10개 무리 지으면 이러한 '군의 군'을 '백'이라는 새로운 단어로 부를 수 있다. 또한 이러한 군을 또다시 10개 무리 지어 '천'이라는 이름을 붙인다. 수량이 우리의 손아귀에서 빠져나가려고 할 때마다 우리는 이 수를 붙들고 새로운 이름을 붙여 우리의 인식의 울타리 안에 묶어둔다.

---

* 우리는 가장 형식적인 수 개념을 구상할 때조차 연산으로 인한 부담을 최소화할 방법을 찾는다.

10진법은 이집트인에 의해서 처음 채택된 것으로 알려져 있는데, 이때 10진법이 선택된 것은 필연이라기보다는 생물학적 우연의 결과였다. 이 선택은 역사적으로 거듭 도전을 받아왔다. 18세기 휴 존스 목사는 부엌에서 사용하기 더 편하다는 이유로 8진법을 주장했다(1쿼트는 40온스이며 1파운드는 16온스로, 둘 다 8의 배수이다). 8진법에서 군의 크기는 8, 64(8의 군 8개) 등으로 커진다. 이미 시간 측정에 사용되고 있는 12진법은 20세기부터 인기를 얻기 시작했으며, 현재 10진법보다 12진법이 더 유용하다고 주장하는 지지자들도 있다. 숫자 12는 숫자 10보다 나눌 수 있는 수가 더 많으므로(1, 2, 3, 4, 6, 12 대 1, 2, 5, 10), 12를 기본 단위로 사용하면 산술이 훨씬 더 쉬워진다는 것이다.[16] 그러나 이러한 장점에도 불구하고, 그리고 아무리 열렬한 지지자라도 12진법으로의 전환을 정당화하기에는 10진법이 너무 확고히 자리를 잡았다는 사실은 인정할 것이다.*

10진법이 최고의 자리를 지키고는 있지만, 과거의 문명이 선택한 다른 진법도 여전히 사용 중이다. 바빌론에서는 아마도 우리의 손가락 구조에서 유래된 것으로 보이는 60진법을 선호했다(각 손가락은 세 개의 부분으로 나눌 수 있으므로, 한 손으로 셀 수 있는 수[12]와 다른 손으로 나타낼 수 있는 수[5]의 모든 조합을 고려하면 60까지 셀 수 있다). 60진법의 흔적은 지금도 남아 있다. 우리는 하루를 24개의 부분으로 나누며, 이는 물론 시로 알려져 있다. 중세에는 한 시간을 '파르스 미

* 실제로 10진법을 바탕으로 셈법을 통일하려는 시도가 있었다. 1793년, 프랑스는 하루를 12 대신 10으로 균등 분배한 **십진 시간제**를 수립하기 위한 칙령을 선포했다. 자연스럽게 **십진 분**과 **십진 초**도 도입되었다. 십진 시간제는 약 6개월간 유지된 후 폐지되었다.

누타 프리마pars minuta prima', 즉 '첫 번째 작은 부분'으로 나누었는데 이것은 60분의 1을 의미했고 곧 분으로 알려지게 되었다. 1분은 초라는 '두 번째 작은 부분'으로 나눌 수 있다. 초는 심장 박동 1회나 호흡 1회의 지속 시간에 대응되므로 이런 시간 흐름을 나타내는 적절한 길이로 간주되었다. 숫자 표상은 우리의 생물학적 신체의 제약에서 멀리 벗어나지 못한다.* 앞 장에서 소개한 부족들도 이러한 관행을 따르는 것으로 관찰되었다. 뉴기니의 오크사프민 사람들은 한 손의 엄지손가락에서 시작해 코를 거쳐 마지막으로 다른 손의 새끼손가락까지 신체 각 부위에 숫자를 대응시킨 27진법을 발전시켰다.

수학의 "설명할 수 없는 효용성"은 수학 그 자체를 탄생시킨 우리의 마음 체계가 우리의 환경과 인체의 가장 두드러진 특징을 토대로 구축되었다는 사실을 통해서 부분적으로 설명할 수 있다. 서로 다른 신체 기능과 환경 요소로부터 각각 서로 다른 수학 개념들이 생겨날 수 있다. 다지증인 내 조카는 앤 볼린에게도 있었다고 알려진 여분의 손가락이 있다. 나는 조카가 6개의 손가락을 활짝 펴는 자신만의 인사법으로 나를 맞이할 때마다 기뻐한다. 모든 인류가 이런 특성을 가졌다면, 우리는 11개의 군 크기를 바탕으로 숫자 체계를 구상했을지도 모르겠다. 그러면 손가락이 6개인 손의 비대칭성으로 인해서 절반이라는 개념이 좀더 모호했을 수도 있다. 이 사고실험을 태양계로도 확장할 수 있다. 과연 목성의 거주자들은 어떤 수 개념을 발달시키게

* 컴퓨터도 마찬가지이다. 컴퓨터는 오로지 0과 1로만 구성되는 2진법에 따라 작동하는데, 이는 엔지니어링 측면에서 회로 설계를 고려하여 선택된 것이다(실제로 초창기 컴퓨터는 10진법을 사용했다).

될까? 그들이 끊임없이 움직이는 기체로 둘러싸여 있는 점을 고려하면, 우리의 근사치 수 개념에 어울리는 보다 유동적인 수 개념을 가졌을 수 있다.

우주인이 (이들이 정말로 숫자를 사용한다면) 어떤 수 체계를 가질지, 이들의 신체적 특징은 수 표상에 어떻게 깃들어 있는지에 대해서 우리는 추측만 할 수 있을 뿐이다.[17] 조그마한 초록색 우주인이 우리 지구인에게 메시지를 전하고자 한다면, 은하계를 가로지르는 공통된 언어 규약이 필요할 것이다. 이후 영화로도 만들어진 칼 세이건의 SF 소설 『콘택트*Contact*』에서 우주인들은 2, 3, 5, 7 등 소수 배열로 신호를 전송한다. 소수는 그 자신이나 1로만 나눌 수 있는 1보다 큰 모든 수(즉, 자신보다 작은 수로는 나누어지지 않는 수)를 말한다. 우주에서 마주친 외계인이 수를 어떤 방식으로 표상하든, 어떤 진법을 쓰든 상관없이 소수는 여전히 소수이다. 소수의 불가분성은 **본질적**이다.

소수는 수학적 대상을 인간의 언어, 사고 또는 관습과 무관한 추상적 실체로 보는 플라톤주의에 신빙성을 부여한다. 그러나 우리가 수학을 이해하고 받아들이는 방식은 그것을 표상하기 위해서 우리가 선택한 방법, 즉 우리의 일상적인 경험에 뿌리를 두고 있다. 우리는 수학적 대상을 우리의 기존 세계관에 포함시키고 우리에게 익숙한 표상으로 포장함으로써 우리의 삶에 깃들도록 한다.

정신적 표상과 그 압축적 특질

인간은 정보를 저장하도록 만들어지지 않았다. 1980년대, 벨 연구소의 연구원 토머스 랜다우어는 인간의 뇌가 대략 1기가바이트(이는 일생 동안의 기억에 해당하는 용량이다) 정도의 정보를 저장할 수 있는 것으로 추정했다.[18] 반면 생물학자 테리 세즈노스키의 연구진은 뇌의 총 저장 용량이 1페타바이트(100만 기가바이트)를 초과하는 것으로 추산했다.[19] 뇌 용량을 측정하려는 이러한 시도는 '컴퓨터로서의 뇌' 은유의 희생양이 되고 말았다. 신경세포가 디지털이며 뇌가 물리적으로 정보를 저장한다고 가정하기 때문이다. 사실, 사고와 기억은 자연적 처리 환경의 일부로서 신경세포의 연결망 전체에 분산되어 있다. 비록 대략적이기는 하지만 이러한 추정치를 볼 때, 뇌에 저장되는 이 엄청난 정보량은 사람이 최적화할 수 있는 수치가 아님을 알 수 있다. 매일 생산되는 디지털 정보는 2.5퀸틸리언(100경) 바이트(비교하자면 1페타바이트를 1,000번 곱한 것보다 많다)에 달한다. 이 엄청난 숫자는 무어의 법칙에 따라 소셜 미디어와 사물 인터넷 등 데이터 생성 기술의 확산과 함께 계속해서 커질 것이다. 우리는 정보를 압축할 방법이 있어야 한다. 이 기술은 일부 AI 커뮤니티에서는 일반 지능에 도달하기 위해서 반드시 필요한 것으로 꼽힌다.[20]

압축은 인간에게는 자연스러운 기술이다. 우리의 시각계는 정보의 조각들을 대충 짜맞추고 간극이 있으면 어림짐작과 추정을 통해서 지속적으로 메운다. 가령 사람의 눈은 1억3,000만 개의 광수용체를 포함하며 전체적으로 초당 수십억 비트에 달하는 정보를 수신한다. 이만큼의 정보를 처리하려면 우리의 시각 회로는 (사진 압축 소프트웨어와 유사하게) 품질의 큰 손실 없이 정보량을 수십억 비트에서 수백만 비트로 줄여야 한다. 그 결과, 단 40비트(그렇다, 40비트이다)만이 우리의 의식적 주의로 흘러든다. 우리는 우리가 처리한 대상의 일부만 본다. 더구나 세상을 보는 우리의 시각은 인식적 한계의 제약을 받는다. 우리는 전자기 스펙트럼에서 극히 일부인, 400에서 700나노미터 사이의 파장의 빛만 볼 수 있다(바로 이런 이유로 우리 눈은 마이크로파와 X선을 인식하지 못한다). 우리가 풍부하고도 상세한 실재로 인식하는 것은 일종의 착시이다.[21] 우리가 이것이 착시임을 알아채지 못하는 이유는 단지 우리 눈이 끊임없이 움직이고 있어서(초당 3회) 세상을 완전하고 통합적으로 보고 있다고 느끼기 때문이다.

또한 우리는 세상을 개략적으로 인식한다. 우리는 약간의 눈에 띄는 특징만으로도 사람의 얼굴을 인식할 수 있으며,* 노래를 들었을 때 설령 다른 음조로 연주되더라도 그것이 어떤 노래인지 식별할 수 있다. 영화 트레일러, 책 소개 글, 비즈니스 연설 등에서 사람들의 이목을 끌기 위한 가장 중요한 전제는 거기에 특색이 있어야 한다는 점이다. 어떤 개념이나 대상의 본질을 파악하고자 할 때 세부사항보다는 고차원적인 단서가 더욱 큰 역할을 한다. 이 장의 서두에서 예로 들었듯이, 컴퓨터와 달리 사람은 나무 대신 숲을 본다.

우리의 일상적인 행동은 이처럼 큰 그림을 보는 사고방식에 의존한다. 기차표를 사거나 친구를 만나 점심을 먹는 것과 같은 일상적인 일을 하는 동안에도 힘겹게 모든 세부사항을 파악하려 씨름해야 한

---

* 인간의 뇌에는 '방추이랑(fusiform gyrus)'이라는 모듈이 있는데, 이 모듈은 코의 한쪽 끝에서 다른 끝 사이의 비율과 눈 사이의 거리와 같은 특정한 값을 계산한다. 실험 결과, 우리는 이러한 몇 가지 값만으로도 이미지를 해석하고 인식할 수 있으므로, 우리의 인식 능력은 미묘한 변화에 탄력적으로 대응할 수 있는 것으로 나타났다. 그래서 우리는 얼굴을 약간 꾸미고 다른 자세를 취하고 있을 때도 그 얼굴을 쉽게 인식할 수 있다.

다면 우리는 곧 지치고 말 것이다. 우리는 세상을 탐색할 때 우리의 사고와 행동을 여러 단계의 추상을 거쳐 계층화한다. 세밀한 세부 정보를 개념 덩어리로 묶은 다음 다른 개념들과 결합하여 한 차원 높은 수준에서 대상에 대한 이해를 발전시킨다.

이처럼 정보의 단편들을 의미 있는 전체로 통합하기 위해서는 강력한 표상이 필요하다. 인지심리학자 안데르스 에릭슨은 심적 표상mental representation을 "특정 유형의 상황에서 빠르고 효과적으로 반응하는 데에 사용될 수 있는, 장기 기억에 저장된 기존의 정보 패턴"으로 정의한다.[22] 여기에서는 "패턴"에 방점을 두어야 한다. 정보는 고립된 단편으로 존재하지 않는다.

심리학에서는 정보를 한데 묶는 일을 **청킹**(chunking, 단위화)이라고 부른다. 우리는 정보를 청킹하여 한 번에 처리해야 하는 정보량을 줄인다. 이 과정은 우리의 작업기억 용량이 제한적이라는 점을 고려할 때 매우 중요하다. 전화번호를 외워야 할 일이 생긴다면 여러분은 11개의 숫자를 5-3-3의 세 개의 군으로 청킹할 가능성이 높다. 11개의 숫자를 각각 처리하기보다는 세 개의 개별 청크를 처리하는 것이 훨씬 쉽다. 또한 우리의 작업기억은 한 번에 4-7개의 대상만 수용할 수 있다. 우리는 사고의 시퀀스를 청크로 결합함으로써 기이할 정도로 복잡한 논증도 머릿속에 간직할 수 있다. 또한 청킹을 통해서 프로 운동선수들의 놀라운 운동신경도 설명할 수 있다. 선수들은 순간순간 경기 패턴을 파악함으로써 놀랄 만큼 정확하게 동작을 구사할 수 있는 것이다. 음악의 거장들이 긴 악곡을 어떻게 그토록 완벽하게 외울 수 있는지도 설명할 수 있다. 이 모든 경우에 전문가들은 친숙하고도 반복적인 구조에 의존하는 것이다.

전문가는 많은 표상을 가질 뿐만 아니라 그 표상들이 매우 풍부하다는 점에서도 특별하다. 20세기 중반, 네덜란드의 심리학자이자 체스 선수인 아드리안 더흐로트는 다양한 등급의 체스 선수들이 체스판을 평가하고 다음 수를 두기 전에 어떻게 계획을 세우는지 그 방법을 비교하기 위해서 일련의 획기적인 체스 실험을 진행했다.[23] 이 실험에서 피실험자들은 미리 정해진 여러 체스판 배열(가능한 모든 게임 시나리오)을 보고 각 말의 위치를 기억해야 한다. 더흐로트는 그랜드 마스터와 마스터는 말의 위치를 93퍼센트 기억하는 반면, 전문가 등급은 72퍼센트, 클래스 등급 선수는 51퍼센트밖에 기억하지 못하는 것을 확인했다. 이후 미국의 학자인 허버트 사이먼과 윌리엄 체이스는 '실제' 체스 경기에서도 피험자의 성과가 체스 등급에 비례하여 감소하는 것을 확인하여 더흐로트의 발견을 입증했다.[24] 등급이 높은 선수들은 친숙한 패턴을 호출하는 방법을 쓰며, 배열을 기억에 저장할 때 청크를 빠르게 부호화할 수 있었다.* 전문가 등급의 경우 체스 말의 배열에 대한 정보가 서로 연결되어 있었다. 체스 말은 단일 단위

* 예를 들면 클럽 선수들은 킹사이드(체스판의 e–h열)에서 비숍의 피앙케토(비숍이 나이트 파일의 두 번째 랭크 나이트 폰 쪽으로 한 번 또는 두 번 전진하는 것)를 한눈에 쉽게 인지할 수 있다. 관련된 6개의 말을 하나의 군으로 파악하는 것이다. 이러한 배열을 모르는 아마추어 선수들은 각각의 말과 그 위치를 개별적으로 외워야 한다. 최고 등급인 그랜드 마스터는 이러한 청크를 수천 개 보관하는 저장소를 호출할 수 있으므로 3–4초만에 익숙한 배열을 식별할 수 있다. 이들은 또한 말들을 실제 위치나 공간적 관계보다는 기능적 관계로 인식한다. 비숍이 퀸을 막기 위해서 나이트를 핀하고 있는 경우의 체스 말 청크를 상상해보자. 이러한 배열은 세 개의 서로 다른 위치를 차지하는 세 개의 말이 아니라 '핀(pin : 중요한 말을 방어하기 위해서 상대방의 말을 묶어 두는 체스 전술)'으로 기억된다.

가 아니라 공격하고 방어하는 무리 단위로 간주된다. 학자들은 더 나아가 체스 말이 임의로 배치되어 있는 경우, 고등급 선수들이 얻는 이점이 사라진다는 것을 보여주었다. 이 경우 체스 말의 배열은 더 이상 의미를 담고 있지 않으므로, 고등급 선수들은 저등급 선수들과 마찬가지로 체스 말을 한 번에 하나씩 공들여 기억해야 했다. 전문가 등급 선수들은 의지할 수 있는 표상이 없었으므로 체스판을 패턴의 조합으로 압축할 수도 없었던 것이다. 어떤 의미에서 이들은 마치 딥 블루처럼 무작위 대입 고속 처리기법을 써야만 했다. 이는 심지어 그랜드 마스터에게도 적합하지 않은 방법이었다.

전문가는 문자 그대로 초보자와는 다른 방식으로 체스를 본다. 정보 조각을 연결하는 능력에 차이가 있는 것이다. 이것이 바로 종종 이야기가 "심리학적 특혜"라고 불리는 이유이다. 이야기는 정보를 처리 가능한 청크로 압축하는 자연적인 메커니즘으로 볼 수 있다. '기억력 그랜드 마스터'*인 에드 쿡은 다음과 같이 말했다.

> 이야기는 다음에 일어날 일이 마치 필연적인 것처럼 느끼도록 해줄 수 있으므로 연결도 학습하기가 더 쉬워진다. 각 항목은 다른 모든 항목이 없으면 불완전해 보인다. ……가장 좋은 방법은 항목을 흥미로운 이야기로 엮는 것이다. 이용할 수 있는 사실로 이야기의 서술을 꽁꽁 둘러싸고, 각 요소들이 직관적으로 전체의 한 부분으로 느껴지

---

* '기억력 그랜드 마스터'는 a) 1시간 내에 1,000개의 무작위 숫자를 기억하고, b) 1시간 내에 카드 10벌의 순서를 기억하며, c) 카드 한 벌의 순서를 2분 이내에 암기할 수 있음을 증명한 사람에게 수여된다.

도록 만들면 더 순탄하게 이해할 수 있다.[25]

기억에 대한 쿡의 발상은 연구에 의해서 뒷받침된다. 연구에 따르면 사람들은 서술형으로 작성된 텍스트를 비서술형 텍스트보다 두 배 더 빨리 읽는 경향이 있으며, 이후 검사한 결과 서술형 텍스트에 대한 정보를 두 배 이상 더 많이 기억해냈다.[26]

다시 수학으로 돌아가자. 수학 분야에서 가장 권위 있는 상인 필즈 메달 수상자인 윌리엄 서스턴은 다음과 같이 묘사했다.

수학은 놀랄 만큼 압축적이다. 여러 접근방식의 개념이나 동일한 과정을 단계별로 반복하며 오랫동안 고생해야 할 수도 있다. 그러나 일단 진정으로 이해하고 그것을 전체적으로 조망할 수 있는 심적 관점을 갖추게 되면 마음속에서는 엄청난 압축이 일어나고는 한다. 그것을 분류하여 정리한 후 필요할 때마다 빠르게 온전히 소환할 수 있으며, 다른 심적 과정의 한 단계로 사용할 수도 있다. 이러한 압축에 따르는 통찰력이야말로 수학의 진정한 기쁨 중 하나이다.[27]

십진법의 강점 중 하나가 청킹 메커니즘이라는 점은 이미 확인했다. 사물을 10개씩 무리 지으면 손가락으로 각 모듬의 수를 셀 수 있으므로 편리하다. 군의 크기에 대한 합의가 이루어진 후, 다음으로 넘어야 할 산은 서로 다른 수량을 표상하는 방법을 찾는 일이다. 이를 위해서 우리는 위치 기수법을 사용한다. 인도에서 발명된 위치 기수법은 아랍인을 통해서 널리 사용되기 시작했고, 1202년 피보나치의 저서 『산반서*Liber Abaci*』를 통해서 마침내 유럽에도 알려졌다. 숫자 137을 예로 들면 각 숫자의 **위치**는 저마다 의미를 지닌다. 가장 오른쪽부터 시작해서 '1'이 7개, '10'이 3개, '100'이 1개로, 각각의 위치는 군의 크기를 나타낸다. 이러한 표현은 놀랄 만큼 압축적이다. 고작 10개의 숫자만으로 어떤 크기의 수량이든 표현할 수 있게 된 것이다. 이들 숫자 중 '0'은 특정 군이 없음을 의미하는 자리표시자 역할을 한다. 예를 들어 1,603(천 1개, 백 6개, 십 없음, 3)과 163(백 1개, 십 6개, 3)의 차이는 전적으로 '0'이 포함되어 있는지 여부에 달려 있다.

위치 기수법은 간단하면서도 확장 가능한 산술법을 탄생시켰다. 두 수량을 더하려면 그저 두 수를 자릿수에 맞춰 정렬한 후에 군의 크기를 더하면 된다. 37 + 22를 계산하려면 간단히 일의 자리를 더한 후(7 + 2 = 9) 십의 자리 수를 더한다(3 + 2 = 5). 그러면 **십** 5개와 **일** 9개, 즉 59를 얻을 수 있다. 다른 연산도 같은 방법을 따르며, 여러 자릿수까지 쉽게 확장할 수 있다. 로마 숫자 등 다른 경쟁 기수법은 자릿수를 새로 추가할 때마다 새로운 기호가 필요하며 숫자를 더하는 규칙 같은 것도 없었으므로 위치 기수법에는 비교가 되지 않았다. 자릿수는 알려진 모든 체계 중에서 가장 간결한 산술 체계이다.*

수는 다양한 패턴으로 짜인 조각보의 한 부분으로 존재하므로 특

---

* 십진법이 채택되었을 때와 마찬가지로, 위치 기수법을 선택해야만 하는 필연적 요인 같은 것은 없다. 위치 기수법은 직관적인 듯 보이기는 하지만 주류로 수용되기까지는 몇 세기가 걸렸다. 이토록 지연된 까닭은 로마 숫자와 같이 보다 원시적인 기수법에 대한 깊은 문화적 애착을 비롯해서 연산할 수 있는 숫자로서 0의 사용을 꺼리는 경향 등 다양하다. 결국 위치 기수법은 비견할 데 없는 효율성으로 인해서 승자가 되었다. 그럼에도 불구하고 위치 기수법은 선택할 수 있는 여러 기수법 중의 하나일 뿐이다.

1	2	3	4	5	6	7	8	9	10
2	4	6	8	10	12	14	16	18	20
3	6	9	12	15	18	21	24	27	30
4	8	12	16	20	24	28	32	36	40
5	10	15	20	25	30	35	40	45	50
6	12	18	24	30	36	42	48	54	60
7	14	21	28	35	42	49	56	63	70
8	16	24	32	40	48	56	64	72	80
9	18	27	36	45	54	63	72	81	90
10	20	30	40	50	60	70	80	90	100

히 압축에 적합하다. 전 세계 모든 교실 벽에 걸려 있으며 그토록 많은 사람들을 수학과 멀어지게 만든 근원, 곱셈표를 생각해보자. 많은 이들이 학교를 다니는 동안 12 × 12까지(임의로 선택된 값으로, 12진법의 또다른 흔적이다) 곱셈 결과를 무조건 외우라고 강요받았다.[28] 곱셈을 정적인 기호 모음으로 표현함에 따라 우리는 번거롭게도 144개의 서로 관련 없는 사실을 외워야 한다. 100여 년 전 프랑스의 수학자 앙리 푸앵카레가 비유했듯이, "돌더미를 쌓는다고 집이 되지 않듯이 사실을 축적한다고 과학이 되지는 않는다."[29] 그런데 이 곱셈표를 다르게 표현하면 어떻게 될까? 가령 곱셈표에 있는 모든 숫자를 면적으로 생각하면, 위의 그림과 같은 확장된 곱셈표를 얻을 수 있다.[30]

일단 특이한 외양만 못 본 척한다면 이 곱셈표는 새로운 통찰력의 근원이 될 수 있다. 이 표는 곱셈의 결과를 있는 그대로의 숫자로 나열하기보다는 그 크기와 비율을 보여줌으로써 숫자를 기하학과, 곱

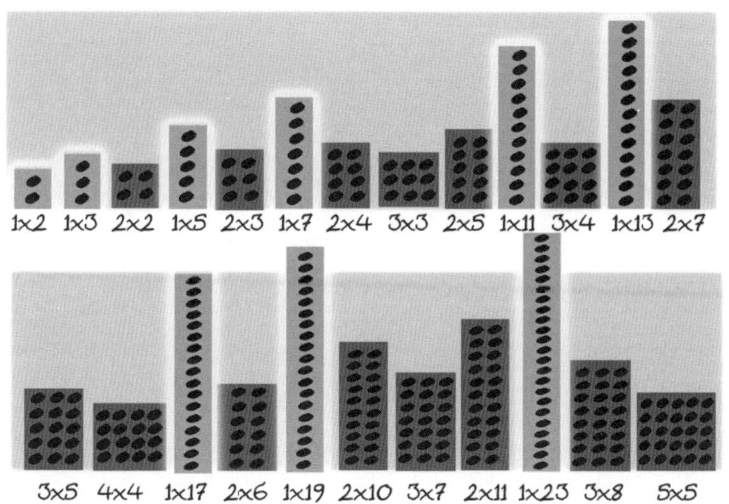

셈을 면적과 결합시킨다. 수학자는 크기뿐만 아니라 형태를 보며 곱셈을 풍부한 개념의 태피스트리의 한 부분으로 이해한다. 곱셈표는 어떤 형식으로 표현되는지에 따라 따분할 수도 있지만 흥미롭고 창의적일 수도 있고, 사실적이고 일차원적일 수도 있지만 가능성으로 가득할 수도 있다. 예를 들어 곱셈표에 1부터 100까지 모든 수를 포함시키려면 어떻게 해야 할지 생각해보자. 이러한 곱셈표 중 하나는 위의 그림과 같이 각 숫자를 직사각형 배열로 시각화하여 나타낼 수 있다.[31] 일부 숫자는 자기보다 더 작은 수로 나눌 수 없기 때문에 좁은 탑 모양을 취할 수밖에 없다. 우연히도 소수를 시각화할 수 있는 새로운 방법을 찾은 것이다.

이 새로운 형식의 표를 보면 두 숫자를 곱하는 순서는 결과에 영향을 미치지 않음을 직관적으로 알 수 있다. 가령, 7 × 9와 9 × 7을 나타내는 각각의 직사각형은 단지 각 사각형을 회전한 것일 뿐 면적은 서로 동일하다. 곱셈의 이러한 특성(교환 가능성commutativity으로 알려져 있다)은 강한 압축 효과가 있다. 즉 144개의 별개의 곱셈을 단번에 78개로 줄일 수 있는 것이다. 그밖에도 우리는 여러 가지 표현 방식으로 곱셈표에 생명을 불어넣을 수 있다. 각각의 방식에서는 곱셈의 결과와 그 의미를 하나로 엮어 표현함으로써 숫자가 구성 요소들이 서로 연결된 유기적 구조의 한 부분임을 보여준다. 교육자 폴 록하트가 말했듯이, 산술은 있는 그대로의 계산 결과의 집합이 아니라 일종의 '기호 뜨개질'이다.[32] 여기에서 록하트는 숫자 기호를 말한 것이지만 다양한 대상을 표상하기 위해서 문자 기호를 사용하는 수학의 다른 분야에서도 이러한 '기호 뜨개질'을 확인할 수 있다. '기호 뜨개질'과 소위 '기호 추진력' 사이의 차이는 창의적인 마음과 기계적인 마음의 차이에 비견할 수 있다.

천 개의 상징으로 이루어진 그림

수학자들이 수학을 예술에 비교하며 아름다움을 말할 때, 그들은 일반적으로 기호를 염두에 둔다. 한 연구에서는 수학자 15명을 대상으로 기능성 자기공명영상fMRI을 이용해서 "수학적 아름다움에 대한 체험이……다른 원천에서 유래한 아름다움을 경험할 때와 마찬가지로 감정적 뇌와 동일한 영역의 활성과 상관관계가 있다"는 것을 보여주었다.[33] 이 연구의 방점은 어떤 유형의 수학이 선택되었는지에 있다. 즉 수학자들에게 60개의 수식을 보여준 다음 아름다움, 관심 없음, 추함 중에서 하나를 선택해 평점을 매기도록 했다. 이 선택에는 수학자들이 아름다움의 개념을 기호 표상과 연관 짓는다는 사실이 함축되어 있다. 가장 높은 점수를 얻은 공식, 즉 가장 아름다운 공식은 바로 아래의 공식이다.

$$e^{i\pi} + 1 = 0$$

오일러 공식으로 알려진 이 기호들의 조합은 잘 모르는 사람에게는 별 의미가 없을 수도 있다. 그 중요성을 인식하기 위해서는 먼저 이 식을 구성하는 다섯 개의 각 숫자와 친숙해질 필요가 있다. $e^{i\pi}$라는 항목에 의미를 부여하는 지수 함수에도 익숙해져야 한다. 팬데믹과 연산 능력의 증대를 모델링할 때도 본 바로 그 지수 함수이다.[34] 이러한 수와 함수에 대한 지식이 있는 수학자는 이 공식을 보고 풍부하고도 다면적인 개념들의 군더더기 없는 표현이라며 칭송한 후 (예를 들면) 원과 회전에 대해서 이야기하기 시작할 것이다. 최고의 공식은 간결성, 순수함, 무소불능함이 넘쳐흐른다. 영화 「매트릭스」에서 키아누 리브스가 연기한 네오가 초록색 기호의 배열 속에서 사람과 사물을 구분할 수 있었던 것처럼, 수학자는 수학 공식에서 구불구불한 선들 그 이상을 본다.

반복을 따분해하는 우리 인간들은 항상 약어를 쓴다. 따라서 수와 같은 수학적 대상을 일반화하기 위한 방식으로 문자가 사용된 것은 전혀 놀라운 일이 아니다. 만약 우리가 수의 작동방식에 어떤 믿음을 가지고 있다면, 무한히 많은 경우를 검증하려고 헛된 시도를 거듭하는 대신에 x와 같은 기호를 사용하여 이러한 대상들을 나타낼 수 있다(바나나를 사용할 수도 있겠지만 문자가 더 간명하다). 기호는 바랄 수 있는 가장 일반화된 표상이며 그 자체로 조작할 수 있는 대상이다. 문자를 사용하면 장황하게 제시된 정보(학창 시절 우리를 괴롭혔던 악명 높은 **문장제**word problem[수식 대신 문장으로 기술된 문제/옮긴이])를 조작 가능한 기호로 압축할 수 있다.

기호는 다양한 숫자 체계, 그림 문자 등의 형태로 초창기부터 수학에 영향을 미쳤다. 우리의 수 능력은 어떤 숫자를 선택하는지와 밀접하게 관련되어 있다. 예를 들어 중국의 많은 학생들이 산술에 특별한 재능을 보이는 한 가지 이유는 중국어의 숫자 구문이 매우 간결하기 때문이다(가령 12는 영어의 'twelve'처럼 새로운 용어나 소리를 도입할 필요없이 '십+이'로 발음되며, 12의 자릿수 표현을 문자로 있는 그대로 나타낸다).

기호는 익숙해지는 데에 약간의 시간이 걸린다. 대중이 생각하는 수학의 이미지는 이해할 수 없는 기호들의 총체적 난국이다. 학교에서 수학을 잘했다는 것은 기호 조작에 매우 능숙했다는 의미이기도 하다. 그러나 계산이 수학 지능의 한 부분에 불과한 것처럼 기호도 표상의 특정한 하나의 유형일 뿐이다.

역사 대부분의 기간 동안 기호는 수학의 변방에 머물렀다.[35] 초기의 수학 교과서는 산문 형식이었다. 대수학에 관한 최초의 주요 저작은 9세기 아랍의 수학자 무함마드 이븐 무사 알콰리즈미에 의해서 쓰였다. 이 책은 일련의 확장된 문장제로 이루어져 있으며 모두 짧은 서술문으로 작성되어 있다. 비록 문제는 기호 추론을 통해서 풀 수 있더라도 수학 지식을 전수하는 방식은 서로 전혀 다른 언어 사이에서도 (주로 수도사들에 의해서) 안정적으로 번역될 수 있도록 산문 형식을 따랐다. 문장 형식은 수학자들의 사고방식을 좀더 명확하게 보여주는 방법이다. 그들은 머릿속으로 문제를 헤쳐나가는 동안 단지 기호만 이리저리 짜맞추는 것이 아니라 이러한 기호들이 무엇을 표상하는지, 이들 사이에는 어떤 관계가 있는지도 궁리한다.

오늘날 대수학과 같은 수학 분야는 기호들로 넘쳐난다. 이는 500년 정도밖에 되지 않은, 비교적 새로운 현상이다. 그러면 500년 전에 어떤 변화가 있었을까? 이때도 기술이 수학에 마수를 뻗쳤다. 15세기, 인쇄기가 등장하면서 오역의 위험이 완화되자 이제 수학자들이 교재에 기호를 사용하지 않을 이유가 없어졌다.[36] 또한 기호는 복잡한 개념도 간결하게 표현할 수 있으므로 잉크를 아끼는 데도 큰 역할을 하여 출판 측면에서도 상당히 유리했다. 그러나 이는 의도하지 않은 결과로 이어졌는데, 많은 독자들의 진입을 가로막는 '기호의 장벽'이 세워진 것이다. 기호가 교과서에서 수학을 나타내는 규약으로 수용되면서 많은 문제 풀이 지원자들이 단순히 기호 조작술을 아직 연마하지 못했다는 이유로 수학의 바다에 뛰어들 기회를 박탈당했다.

기호는 과도하게 확장되었다. 수학 개념을 해명하기 위한 명시적인 목적으로 신중하게 사용되어야 하는 여러 표상들 중 한 유형에 그쳤어야만 했다. 기호에 대한 의존도를 낮추는 한 가지 방법은 시각적 표상을 더 많이 사용하는 것이다. 선사시대의 동굴 벽화까지 거슬러 올라가면, 인간은 생각을 표현하기 위해서 그림을 사용했다. 그리고 여기에는 타당한 이유가 있다. 뇌는 다른 양상보다 시각을 처리하는 데에 더 많은 에너지를 쏟기 때문이다.[37]

우리가 기호를 읽고 처리할 때 우리의 시각적 처리 시스템은 이미 작동하고 있다. 뇌 영상을 연구한 결과, 암산을 수행할 때 우리의 뇌는 시각과 관련된 복측 및 배측 경로를 포함하여 여러 개의 네트워크를 동시에 가동시키는 것으로 나타났다.[38] 수학 교육에서 시각적 표현을 더욱 강조해야 할 이유가 바로 이것이다.[39]

한 예로, 저명한 물리학자이자 영향력이 엄청난 교육자인 리처드 파인만은 시각이 이해를 돕는 데 얼마나 효과적인지를 보여준 바 있다. 파인만은 물리학에 대한 비할 데 없는 직관력을 발휘하여 보이지 않는 아원자 세계를 보는 새로운 시각적 방식을 창조했다. 그의 이름을 붙인 **파인만 다이어그램**Feynman diagram에서는 기본 입자들이 충돌할 때 어떤 일이 일어나는지를 직선과 점선, 꼬불꼬불한 선을 이용해서 보여준다. 이 다이어그램은 필요한 단계 각각을 명확한 시각적 양식으로 배치함으로써 계산 과정을 돕는다.

나 개인적으로도 기호보다 시각적 표상이 더 강력하게 작용한 경험이 있다. 나는 거의 일생 동안 이론적으로나 실제적으로나 클래식 음악을 결코 '할' 수 없었다. 나는 그리 깊은 지식도 없으며 그저 청자로서 클래식 음악을 감상할 뿐, 그 본질적인 구조를 파악하는 일은 다른 이들의 몫으로 남겨두고자 했다. 그러나 대학원에서 한 교수님으로부터 스티븐 말리노프스키의 애니메이션 그래픽 악보 프로젝트인 음악 애니메이션 기계Music Animation Machine를 소개받고서 생각이 완전히 달라졌다.[40] 나는 교수님이 바흐의 「토카타와 푸가 D단조」의 한 부분을 연주하는 것을 경탄하며 바라보았다. 새로 편곡한 것은 아니었다. 단지 색상이 있는 막대기를 사용해서 화면에 시각화하여 악곡에 생기를 불어넣었을 뿐이다. 각 막대기의 높이와 길이, 색상

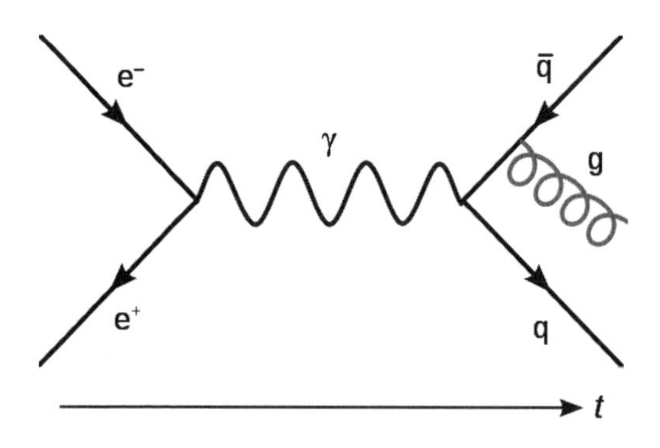

이 파인만 다이어그램은 전자(e^-)와 양성자(e^+)가 서로를 파괴하는 중 생성된 가상 광자(γ)가 쿼크-반쿼크($q-\bar{q}$) 쌍으로 변하는 과정을 보여준다. 반쿼크는 글루온(g)을 방사한다. t로 표시된 화살표는 시간의 경과를 나타낸다.

을 통해서 음조와 리듬의 미묘함을 볼 수 있었으며 악곡에 자기-참조self-referencing가 사용되었음을 즉각 알 수 있었다. 어느새 나는 패턴을 파악하고 테마가 반복되기를 기대하게 되었다. 심지어 이전에는 놓쳤던 몇 개의 음을 찾을 수도 있었다. 이제 바흐의 천재성을 포착하기 위해서 난해한 기호나 음악 용어를 공부하지 않아도 되었다. 바흐의 작품을 더 깊이 이해하기 위해서는 악보 표기법의 형식을 배워야 할 수도 있지만, 말리노프스키의 시각적 표상은 어쩌면 내가 결코 이해할 수 없었을 예술 작품을 이해하는 길을 열어주었다.

음악 애니메이션 기계는 디지털 시대를 대변하는 초상이며, 수학 그 자체도 이와 비슷한 시각화로 넘쳐난다. 예를 들면, 그랜트 샌더슨의 「3Blue1Brown」 유튜브 채널에서는 심층적인 수학적 개념을 멋지게 시각화함으로써 수백만 건에 달하는 조회수를 기록했다. 동영상은 말 그대로 개념이 화면을 가로지르는 동적 표현에 적합하다. 인쇄 기술이 의도치 않게 수학 학습을 가로막는 기호의 벽을 쌓았다면, 이제 인터넷이 지금까지 등장했던 그 어떤 표상보다 더 이해하기 쉬운 표상들로 우리를 자유롭게 해줄지도 모른다.

시각적 표상은 이해에 어려움을 겪는 학습자를 위한 지팡이 정도로 간과되고는 한다. 필즈 메달 수상자인 고故 마리암 미르자카니(첫 여성 수상자이다)는 리만 표면에 대한 선구적인 연구로 이 상을 받았다. 그녀는 수학의 두 분야인 역학(힘이 운동에 미치는 영향에 대한 연구)과 기하학을 조합했다. 다양한 유형의 당구대에서 공을 이리저리 굴리는 것을 생각하면 된다. 그녀의 연구는 고도로 전문적인 용어와 기호에 토대를 둔 깊은 추상 속에 자리 잡고 있어서 오직 같은 분야의 수학자들만 그녀의 이론을 완전히 이해할 수 있다. 미르자카니가 2017년 마흔 살의 나이에 안타깝게도 유방암으로 세상을 떠난 후 「가디언」에서는 "위대한 예술가를 잃었다"며 탄식했다.[41] 그토록 추상적인 연구에 헌신한 사람을 '예술가'라고 부르는 것이 이상할 수도 있지만, 그녀는 자신의 생각을 종이에 스케치하는 것으로 유명했다. 실제로 미르자카니의 어린 딸은 엄마가 화가라고 착각했을 정도였다.[42]

이러한 교차가 우연은 아니다. 모든 수학자는 가장 생생하고 이해하기 쉬운 표현을 추구한다는 점에서 예술가이다. 실제로 어떤 개념이나 문제에 대해서 생각하고 있는 수학자들을 본다면, 이들이 개념을 보다 구체화하기 위해서 어떻게 몸짓과 칠판 스케치를 사용하는지 보면서 놀랄 것이다. 수학적 연구는 일반적으로 기호와 주변 텍스트가 얽히고설킨 상태로 제시되지만, 이는 단순히 수학 학술지가 요구하는 제한적인 형식 요건일 뿐이다. 일반적으로 수학적 개념을 탄생시킨 실제 사고는 본질적으로 더 시각적이고 더 역동적이다.

모드 전환

인간 지능을 일반화하여 말하면, 단일한 기본 지식 체계 내에서 표상들 사이를 전환하고 여러 관점을 융화시키는 능력이라고 할 수 있다. 이는 AI의 궁극적인 목표 중의 하나이다. AI 응용의 현재 한계는 초점의 범위가 너무 좁다는 것이다. 알파고는 하나의 모델을 적용해 바둑에서 여러분을 물리칠 것이고, 자율주행 자동차는 또다른 모델을 따라 우리의 운전 기술을 쓸모없게 만들겠지만 아직까지 이 두 가지 기술을 동시에 마스터한 기계는 없다. 특정 영역에서 석학 수준의 실력을 보여주는 기계는 아직 여러 개념 체계를 가로지르며 광범위한 문제를 해결하기 위한 능력은 갖추지 못했다. 인공지능 학자 스튜어트 러셀이 설명했듯이, "[알파고]에게 새로운 목표를 준다면, 예컨대 프록시마 센타우리의 궤도를 도는 외계 행성을 찾는 과제를 맡긴다고 해보자. 그러면 알파고는 목표 달성을 위한 시퀀스를 찾기 위해서 수십억 개의 바둑 수 시퀀스를 탐색하는 헛수고를 할 것이다."[43]

인간은 사고에서 이미 특출난 다재다능함을 갖추고 있다. 우리의 표상은 매우 다채로우므로 한 상황에서 습득한 정보를 다양한 상황에 써먹을 수 있다. 각 상황에 맞는 뇌를 개별적으로 발달시킬 여유는 없는 것이다. 반면 알파고와 같은 프로그램에는 바둑이라는 영광에 빛나는 게임만이 세상의 전부일 뿐 다른 것은 없다. 그 기술을 전수할 곳도 없다.

여러 표상들은 서로 전혀 다른 사고방식 사이를 전환하는 뇌의 능력을 바탕으로 한다. 인간은 한 가지 발상을 다른 발상과 연결하기 위해서 유추에 크게 의존한다. 즉, 특정 상황에서 어떤 문제를 풀었다면, 다른 곳에서 그와 비슷한 문제를 처음부터 다시 푸느라 전전긍긍할 필요가 있을까?

대표적인 예로 **방사선**radiation **문제**가 있다.[44] 수술이 불가능한 악성 종양을 앓고 있는 환자가 있다고 해보자. 의사는 종양을 제거하기 위해서 특정 유형의 광선을 사용할 수 있다. 안타깝게도 이 광선은 조사照射 과정에서 건강한 조직도 파괴한다. 낮은 강도로 빛을 조사하면, 건강한 조직에는 아무런 손상도 일으키지 않지만 물론 이런 강도로는 종양 조직도 파괴하지 못한다. 여러분은 건강한 조직을 손상시키지 않고 종양을 파괴하는 방법을 떠올릴 수 있는가?

떠오르지 않는다면 당신만 그런 것은 아니다. 오직 10퍼센트만이 방사선 문제에 적절한 해결책을 제시할 수 있다. 이제 한 장군이 독재자가 지배하는 나라의 한가운데에 위치한 요새를 점령하려고 하는 경우를 생각해보자. 요새 주변으로는 요새로 이어지는 도로가 몇 개 있다. 장군은 독재자가 모든 경로에 지뢰를 매설했다는 사실을 알고 있으며, 어느 경로든 대규모 병력이 진군하면 지뢰를 폭파시킬 것임을 알고 있다. 따라서 장군은 병력을 하나의 경로로 보내는 대신에 소대로 나누어 여러 경로들로 침투시킨다. 개별적으로 침투하면 요새까지 안전하게 도달하는 것은 물론이고 동시에 도착할 수 있다.

이제 방사선 문제를 풀 수 있겠는가? 요새 이야기를 들려주면 시험대상자의 성공률은 30퍼센트까지 세 배나 증가한다. 두 이야기에 연관성이 있다고 말해주면, 성공률은 92퍼센트로 치솟는다.

여러분도 아마 알아차렸듯이, 요새 이야기는 방사선 문제를 한 번 비튼 것일 뿐이다. 장군이 생각한 해결책은 방사선 문제에도 완벽하게 적용될 수 있다. 의사는 단지 서로 다른 각도에서 여러 저강도 광선을 조사하면 된다. 방사선 문제의 성공률은 피험자에게 추가로 유사한 사례를 제시할 때에도 증가한다.

방사선 문제는 그 문제만 제시되었을 경우에는 우리들 대부분은 갖추지 못한 창의적인 통찰력이 있어야만 풀 수 있다. 하지만 이 문제의 외양은 일단 고려하지 않고 해결책이 알려져 있는, 동일한 심층 체계를 가진 다른 문제와 연결시키면, 이제 더 이상 해결책을 고안하느라 전전긍긍할 필요 없이 기존의 해결책을 빌려오면 된다. 즉 문제 해결이란 대체로 의식적으로 유추를 연습해보는 것이다('의식적인' 이유는 위의 결과에서도 볼 수 있듯이, 두 문제 사이의 연결점을 찾으려고 하지 않으면 그런 연결점이 있는지 관심을 두지 않을 것이기 때문이다).

유추는 겉보기에 이질적으로 보이는 개념들을 한데 묶는다는 점에서 또다른 압축 도구라고 할 수 있다. 유추는 우리가 끝없이 쏟아져 들어오는 새로운 경험에 짓눌리지 않고 매일의 일상을 헤쳐나가는 방법이다. 대부분의 경험은 익숙한 주제의 반복일 뿐이다. 이것이 바로 우리가 개와 고양이를 구분하기 위해서 수천 마리의 개를 볼 필요가 없는 이유이다. AI 분야에서도 AI가 매번 처음부터 문제를 풀지 않아도 되도록 만들기 위해서 유추를 열심히 연구하고 있다.[45]

유추는 수학자들의 사고방식에서 매우 중요한 지위를 차지하고 있으므로, 그들은 종종 자기 분야의 모든 개념을 하나로 통합하는 전체적인 통일성에 대해서 이야기한다.[46] 수학 교육자인 안나 시에르핀스카는 수학적 이해를 '종합'이라는 관점에서 접근하기도 한다. 시에르핀스카에 따르면 수학적 이해는 "두 개 이상의 속성, 사실, 사물 사이의 관계를 파악하고 그것들을 일관된 전체로 조직하는 것"으로 정의할 수 있다.[47]

수학에서 가장 중대한 돌파구 중 몇 가지는 한때 분리되어 있던 모든 영역이 하나로 연결되면서 각 분야가 서로에 대한 새로운 렌즈 역할을 하게 되었을 때 나타났다. 속설에 따르면, 17세기 프랑스의 수학자이자 철학자인 르네 데카르트는 어느 날 아침 침대에 누워 있는 동안 윙윙거리는 파리 한 마리를 발견하고는 어떤 통찰을 얻었다고 한다. 데카르트는 몇 개의 숫자만으로 파리의 위치를 정확히 묘사할 수 있는 방법이 있을지 궁리했다. 그가 떠올린 발상은 파리의 위치를 세 개의 숫자로 표현하는 것으로, 이 숫자는 각각 물리적 공간의 차원들 중 하나에 해당한다. 데카르트는 (0,0,0)을 '원점'으로 설정함으로써 각 차원에서 파리의 위치를 측정할 수 있을 것이라고 생각했다. 그는 점의 위치만 묘사하는 것이 아니라 이 평면 내에서 움직이면서 선과 도형을 그리고 다차원으로 확장하며 온갖 종류의 연산을 수행할 수 있었다. 이 발상의 기원은 다소 의심스럽지만, 데카르트는 개념과 감수성이 완전히 다른 수학의 두 분야인 대수학과 기하학 사이에 심적 다리를 놓은 인물로 간주된다.[48] 기하학자들은 자신들이 쉽게 시각화하고 그릴 수 있는 형태에 익숙하다. 대수학자들은 추상을 선호하며 근본적인 구조를 탐구하는 데에 탐닉한다. 데카르트가 고안한 표현을 이용하면 대수적 표상을 이용해서 기하학 문제를 풀 수 있으며 그 반대도 가능하다. 마치 방사선 문제와 요새 문제 사이를 오갈 수 있는 것과 유사하다. 두 선의 교차점을 결정해야 하는 경우(기하학 문제), 이제 각 선을 표상하는 두 식의 연립 방정식을 풀면 된다(대수학 문제). 반대로 특정 함수의 거동을 이해하려는 경우(대수학 문제), 그 입력값과 출력값을 평면에 그림으로써 시각화할 수 있다(기하학 문제).

우리는 단순히 가장 적합한 표현이 없다는 이유로 수학적 개념을 이해하지 못하고 전전긍긍하는 경우가 너무 많다. 수학자 에드워드 프렌켈은『사랑과 수학*Love and Math*』에서 그의 스승 이즈리얼 겔펀드에 관한 놀라운 일화를 이야기하며, 왜 사람들이 수학을 이해하는 데에 어려움을 겪으며 이를 어떻게 극복할 수 있는지에 대해서 말한다.

> 사람들은 자신이 수학을 이해하지 못한다고 생각한다. 하지만 수학을 이해할 수 있을지 여부는 전적으로 그것을 어떻게 설명하는지에 달려 있다. 만일 취객에게 2/3와 3/5 중 어느 숫자가 더 크냐고 물으면, 그는 대답할 수 없을 것이다. 하지만 질문을 바꿔, 세 사람이 보드카 두 병을 나눠 마시는 것과 다섯 명이 세 병을 나눠 마시는 것 중 어느 쪽이 더 낫냐고 물어보면 그는 곧바로 대답할 것이다. 당연히 세 사람이 두 병을 마시는 게 낫다고.[49]

브라질의 거리에서 과자를 파는 행상인들도 마찬가지로, 학교에 다니는 다른 친구들보다 더 나은 산술 실력을 보여준다.[50] 초등학생들이 지루한 공식 교육과정에 시달리는 동안 행상인들은 더 생산적으로 밝혀진 표상을 도입한 그들만의 비공식적인 방식을 고안했다. 여기에서 공식 교육보다 비공식적인 방법이 더 낫다고 말하려는 것은 아니다. 요점은 정보 표상에 대해서 다원적인 태도를 수용할 필요가 있다는 것이다. 하나의 표현에 얽매이기보다는 각각의 표현을 이해를 위한 하나의 경로로, 즉 동일한 개념을 다른 각도에서 보기 위한 별개의 렌즈로 생각해야 한다.

모든 세상이 벡터는 아니다

모든 모델은 그것이 묘사하려는 대상의 근사치이다. 예를 들면 사람들은 간혹 잊고는 하지만 지능을 대표할 완벽한 척도는 없다. IQ와 표준화된 시험 점수 등 후보가 몇 가지 있기는 하지만, GDP가 경제 성장의 대용품이며 BMI(체질량 지수)가 건강 상태의 대용품인 것처럼, 이러한 수치도 기껏해야 대용품에 불과하다. 시험 점수처럼 1차원적인 수치를 학생의 학습 잠재력처럼 심오한 무엇인가로 포장하거나 한 국가의 경제 건전성을 성장 지표로 둔갑시키는 등, 이러한 측정지표를 다른 사람을 유인하는 데에 이용하고 싶은 마음이 드는 것도 당연하다. 우리는 이러한 모형을 사용할 때, 이것이 진정 무엇을 표상하기 위한 것인지는 간과하는 경향이 있다.[51]

컴퓨터의 경우에는 이러한 위험이 더 높다. 컴퓨터를 어떤 문제에서 해방시키려면 우리는 컴퓨터의 언어로 말해야 한다. 이는 컴퓨터가 연산을 수행할 때 사용하는 벡터와 그밖의 수학적 대상의 관점으로 세상을 설명하는 것을 의미한다. 본질적으로 최첨단 기계학습 프로그램은 바깥 세계의 문제를 풀 때, 이를 자신이 처리할 수 있는 최적화 문제로 전환하여 해결한다. 문제를 이런 방식으로 프레임화하는 것이 항상 쉽지는 않으며, 이로 인해서 AI 프로그램이 프로그래머가 의도한 목표에서 벗어나는 방식으로 작동될 수도 있다. 가령 로봇이 표시된 경로를 유지하도록 강화 학습 알고리즘을 설계했다고 가정해보자. 이때 로봇은 경로를 유지할 경우에 보상을 받는다. 그런데 이 로봇은 의도치 않게 이 설계의 허점을 발견했다. 경로의 첫 직선 부분에서 앞뒤로 오가며 지그재그로 움직이기 시작한 것이다. 로봇의 관점에서는 그래도 점수를 쌓을 수 있으며 따라서 문제는 해결되었다.[52] AI와 관련해서 깊은 두려움을 일으키는 '가치 정렬' 문제는 근본적으로 로봇이 수행할 것으로 기대되는 해결책과 컴퓨터가 실제로 행동하는 방식의 불일치로부터 비롯된다.[53] 초지능 AI가 인구수 폭발 문제를 해결하기 위해서 사람을 죽이기로 하거나 인간의 행복을 극대화하기 위해서 뇌의 쾌락 중추에 전극을 이식한다고 상상해보자.[54]

기계학습 프로그램은 아주 약간의 수학적 개념을 포착한 후 이를 토대로 모든 사고를 진행한다. 이 과정에서 기계는 수학이 베푸는 다양한 표상들을 놓치게 된다. 또한 수학자는 풍부한 정보를 바탕으로 세계에 대한 모형을 배제해야 할 시점을 판단할 수 있지만, 컴퓨터는 그러한 억제력을 보이지 않는다.

바둑과 같은 경우에는 목적이 수단을 정당화할 수 있다. 게임에서 이기기 위해서 수학적 대상을 극도로 정밀하게 모델링하는 일이 필요하다면 그렇게 할 것이다. 하지만 문제가 모호하게 정의되어 있을 경우에는 어떻게 할 것인가? 태곳적부터 인간은 사랑과 자비, 도덕과 정의, 행복과 슬픔 같은 개념을 정의하기 위해서 고심해왔다. 우리는 '인간의 내면 세계'의 이러한 측면들이 정확히 무엇을 의미하는지 모두가 동의하는 정의를 마련하기 위해서 우리에게 허용된 모든 표상을 사용해왔지만 여전히 답을 얻지 못하고 있다.[55] 컴퓨터에 이러한 문제를 풀도록 맡기면 이들은 모든 개념을 벡터와 최적화 문제로 환원시킬 것이며, 결국 우리의 인간성을 보여주는 개념들, 즉 그토록 모호하고 생각거리를 남기며 컴퓨터가 이해할 수 있는 용어로 쉽게 서술할 수 없는 바로 그 개념들은 의미가 희석되고 말 것이다.

기계학습이 우리의 삶에서 차지하는 지분이 더욱 늘어남에 따라 우리 모두에게 커다란 영향을 미치는 결정을 우리 대신에 기계가 떠맡게 될 것이므로, 우리는 컴퓨터가 볼 수 없는 것에 좀더 면밀한 주의를 기울여야 한다.

3
추론

이야기에 속을 때, 기계를 믿을 수 없는 이유,
영원한 진리를 말하는 방법

아래 그림의 원들은 순서에 따라 원주에 표시된 점이 하나씩 늘어나며 점의 쌍들은 모두 직선으로 연결되어 있다. 각 원에서 나타나는 면의 수를 세어보자. 더 읽기 전에, 다음에 오는 원은 몇 개의 면으로 이루어질지 대답해보자.

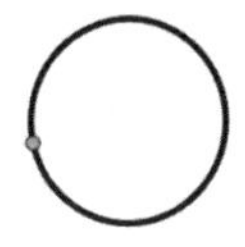    

면의 수는 1, 2, 4, 8, 16개로, 매번 두 배씩 늘어나는 것으로 보인다. 그렇다면 다음에 올 원은 32개의 면으로 나누어질 것이라 생각해도 무방해 보인다. 아래는 다음에 올 원이다. 면의 개수를 세어보자.

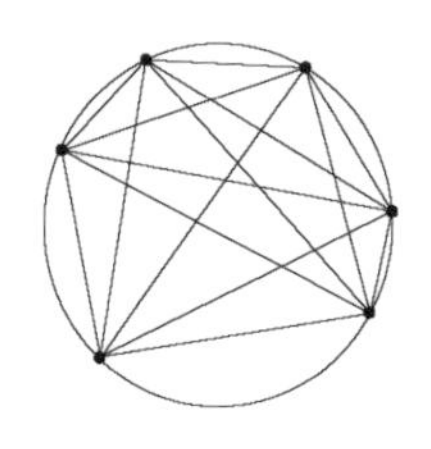

눈으로 보고도 못 믿겠는가? 실제로 면의 개수는 우리의 예측보다 하나 적은 31개이다. 처음 다섯 개의 원을 살펴본 우리는 면의 수가 매번 두 배씩 늘어난다고 성급하게 결론을 내린다. 각각의 새로운 원들이 우리가 생각한 패턴에 잘 맞으면 우리의 신념 체계는 점차 강화된다. 여섯 번째 원에 이르기 전까지 우리의 가설은 설득력이 너무나 강해서 도무지 물리치기 어려울 정도이다. 그러나 이러한 심적 과정 중, 면의 수가 반드시 두 배가 되는지에 대한 엄밀한 논증은 이루어지지 않았다. 다섯 개의 숫자로 시작하는 수열을 만드는 방법은 무한히 많다. "온라인 정수열 백과사전"*에서는 1, 2, 4, 8, 16으로 시작하지만, 다음 수가 앞의 수의 두 배가 되지 않는 수열을 무수히 찾아볼 수 있다.

우리는 관찰 중에 패턴을 발견하고는 종종 틀린 예측을 내놓는다. 나는 수학에서 사례를 찾았지만 철학자들은 이러한 오류의 예로 보통 크리스마스 칠면조를 사용한다. 오랫동안 매일 아침 모이를 먹은 칠면조는 앞으로도 계속 이런 날들이 이어질 것이라고 예상한다. 도축되기 전까지는 말이다.[1] 칠면조의 일상이 갑자기 중단된 것처럼, 마치 패턴을 나타내는 것 같았던 원 내부의 영역도, 칠면조처럼 잔혹한 결과를 맞이한 것은 아니지만, 6번째 반복만에 우리를 배신했다 (원 내부의 면의 개수에 대한 실제 규칙은 몇 가지 관련 수학으로부터 추론할 수 있다).[2]

이러한 예들은 오늘날 그 영향력이 더욱 커지고 있는 AI의 위협을

---

* oeis.org

경고한다. 컴퓨터는 아무런 설명 없이 패턴 매칭 기법을 사용하여 우리의 일상적 의사결정에 큰 영향을 미치는 판단을 내린다.[3] 그러나 기계는 단순히 과거를 모방하여 미래를 전망하는 행복하고 무지한 칠면조 이상의 통찰력은 주지 못한다. 의심의 여지없이 인상적인 승리를 보여준 딥마인드의 바둑 프로그램이 어떤 방법을 사용했는지 다시 한번 살펴보자. 이 프로그램의 가장 큰 한계는 자신의 선택을 설명하지 못한다는 것이다. 알파고와 그 동료들이 기껏 내놓을 수 있는 설명은 (만약 그들이 스스로 말할 수 있다면) 이전의 대전 경험으로부터 배웠다는 것뿐이다. 이 말이 실제로 의미하는 바는, 0과 1로 이루어진 문자열을 무작정 대입하며 복잡한 수학적 함수를 최적화했다는 뜻이다. 왜 그러한 수를 두었는지에 대한 설명은 수십억 개의 수학적 연산의 형태를 취할 것이다. 분명 간명한 설명으로 보기는 어렵다.

알고리즘 사고 과정의 해명 불가능성('블랙박스')은 과연 우리 일상의 중대한 의사결정을 기술에게 맡겨도 되는지에 대해 의문을 제기한다. 기계학습이 작동하는 '실세계' 상황들 대부분은 바둑과 비슷한 점이 조금도 없다. 바둑은 그 모든 복잡성에도 불구하고 모든 규칙과 허용되는 움직임이 익히 알려져 있는 닫힌 계이다.* 실제 세계와 비교하면 바둑은 완전히 예측 가능한 게임이다. 기계학습 모형을 실제 세계 문제에 적용하면, 기계는 드물게 일어나는 미래 사건의 긴 꼬리(long tail, 일부 사건만 집중되어 발생하고 그밖의 사건은 드물게 발생하는 파레토 분포에서 드물게 발생하는 사건들을 나타내는 부분/옮긴이)는 무

* 실제로 바둑은 '완전 정보' 게임의 조건을 갖추고 있다. 두 선수 모두 항상 바둑판을 볼 수 있으며 아무것도 숨기지 않기 때문이다.

시한다. 이러한 사건은 모형을 훈련시키는 데에 사용된 과거 데이터에는 거의 출현하지 않기 때문이다. 기계는 아직 일어나지 않은 사건들을 예측하도록 설계되지 않았다. 그러나 사람과 주변 환경의 변화에 따라 끊임없이 달라지는 불안정한 사회에서 이러한 전제는 문제가 될 수 있다. 앞으로 보게 되겠지만, 사람 또한 이러한 인지적 위험으로부터 결코 안전하지 않다. 그럼에도 우리는 우리의 사각지대를 극복하기 위한 방법을 갖추고 있다.

인간 편향의 근원

우리의 인지 체계는 합리적 과정과 비합리적 과정의 복합체이다. 기계의 시대에 인간이 진실의 심판자가 되기 위해서는 먼저 우리의 미묘하지만 부인할 수 없는 사고의 결함부터 해명해야 한다.

특정 수준에서 우리 모두는 관련 없는 대상들 사이에서 연관성과 의미를 찾고자 하는 경향이 있다(아포페니아apophenia라고 알려진 특성이다). 그러나 이렇게 파악한 연관성이 실제와 항상 일치하는 것은 아니다. 우리의 감각계는 처리 중인 사건보다 몇백 밀리초 늦게 반응한다. 이러한 지연을 보상하기 위해서 우리 뇌는 간극을 매울 수 있는 예측을 한다. 심지어 뇌는 패턴이 존재하지 않는 곳에서도 패턴을 본다.[4] 향후 어떤 행동을 취하는지에 따라 미래에 일어날 수 있는 일은 셀 수 없을 만큼 많다. 그저 모든 가능성을 일렬로 늘어놓고 목표에 가장 부합하는 것을 고를 수는 없다. 우리는 어쩔 수 없이 지름길을 택하게 되며, 결국 거짓된 상관관계에 빠져 우리의 관찰에 부합하는 이야기를 지어내고는 한다.

스토리텔링은 인간의 진화적 혁신이다. 우리는 원인과 결과를 연결하고 미래의 사건을 추측하는 방법으로 내러티브를 짜는 법을 배웠다.[5] 사람은 설명을 필요로 하지만 이러한 태도가 항상 올바른 결론으로 이어지는 것은 아니다. 엄밀한 논증을 거치지 않았더라도 그저 설명이 존재하는 것만으로 우리의 호기심을 충족시키기에 충분할 때가 많다. 신경과학자 마이클 가자니가는 이러한 경향을 자신이 "해석기the Interpreter"라고 부르는 뇌의 왼쪽 반구 모듈 때문이라고 말한다.[6] 해석기는 그 이름에서도 알 수 있듯이 단편적인 기억을 이야기로 짜깁기하는 조직 메커니즘으로, 종종 사실보다 일관성 있는 내러티브에 높은 가중치를 부여한다.

20세기 대부분에 경제학에서는 인간이 가장 논리적인 선택을 내리도록 설계된 합리적 행위자라는 이론이 정설로 받아들여졌으나, 지난 수십 년간 이 이론은 완전히 틀린 것으로 입증되었다. 노벨상 수상자 대니얼 카너먼과 그 동료인 아모스 트버스키와 같은 행동심리학자들이 제안한 **이중 과정 이론**dual process theory에서는 사고 과정이 시스템 1과 시스템 2라고 불리는 두 가지 방식으로 구성된다고 지적한다.[7] 시스템 1에서는 빠르고 자동적인 사고가 이루어지며, 즉각적인 직관 중 상당수가 여기에서 만들어진다. 반면 시스템 2에서는 느리고, 많은 수고가 들며, 이치에 맞는 답을 찾기 위한 사고가 이루어진다. 우리의 사고 대부분은 시스템 1을 바탕으로 이루어진다. 시스템 2의 심사숙고 과정이 개입할 수 있는 경우에도 시스템 1은 막강한 영향력을 미친다. 베스트셀러 『생각에 관한 생각*Thinking, Fast and*

Slow』에서 카너먼은 우리 마음이 해답을 찾기 위해서 사용하는 많은 편향과 발견적 방법론을 열거한다. 이러한 지름길 메커니즘은 우리의 믿음과 인식을 왜곡하여 우리가 최적의 선택을 내리지 못하도록 이끈다.* 이를 통해서 왜 사람마다 윤리와 도덕관이 서로 현저하게 다른지도 설명할 수 있다. 도덕심리학자 조너선 하이트는 다음과 같이 논증했다. "직관이 우선 작동하고 전략적 추론은 그 다음이다. 도덕적 직관은 자동적으로, 도덕적 추론이 끼어들 기회를 가지기 훨씬 전에 거의 즉각적으로 작동하며, 이후 우리의 추론은 그러한 첫 직관을 따라간다."[8] 하이트는 우리의 도덕적 판단은 "대체로 하나 이상의 전략적 목표를 달성하기 위해서 임기응변식으로 만들어진 사후 구성물"이라고 말한다. 여기에서도 우리의 직관은 신중하고, 사려 깊으며, 이성적인 선택보다 우위에 서려고 한다.

이중 과정 이론은 진화심리학자들에게 난제를 제기한다. 인간의 뇌는 왜 추론적 결함이 있는 채로 진화했을까? 편향이 합리적 의사결정을 저해하는 경우가 그토록 많다면, 과연 이러한 심적 지름길은 인간에게 어떤 이점이 있는 것일까? 인지과학자 당 스페르베르트와

---

* 예를 들면, 학교 기금 마련 법안에 대한 국민투표를 진행할 때 사람들은 투표소가 학교 내에 위치해 있는 경우 이 법안에 찬성표를 던질 가능성이 더 높다. 이를 설명할 수 있는 합리적 근거는 없다. 투표소가 어디에 있는지는 특정 법안을 지지할지에 대한 결정과는 아무런 관련이 없기 때문이다. 우리의 선택은 진술이 표현되는 방식에 의해서 영향을 받는다. 인간은 합리적 행위자라는 수식어가 무색하게, 오로지 그 진술이 어떤 용어로 표현되었는지에 따라 선택을 바꿀 수 있는 것이다. 이러한 '프레임 효과'는 정치인들이 언론 담당자를 중요하게 생각하는 이유를 설명한다. 언론 담당자는 대중이 미묘한 단어 조작에 얼마나 취약한지 알고 언어를 교묘히 사용하여 후보자의 비일관적인 행동도 잘 둘러댈 수 있다.

위고 메르시에는 이 난제를 해결할 방안으로, 인간은 두 가지 주요 목적을 수행할 수 있는 추론 능력을 발전시켰다고 제안했다. 그 목적이란 우리의 논증을 다른 사람에게 설득하기 위한 것과 우리 스스로의 선택을 정당화하기 위한 것이다.[9] 이런 관점에서 추론은 사회적 맥락을 반영해야 하므로 논증의 타당성보다는 설득력이 더 중요해진다. 이른바 시스템 1 사고 모드의 버그는 사회적 상호작용 중 합의에 도달하기 위해서 필요한 하나의 **특징**인 만큼 버그가 아니다. 다시 말해서 최적의 협력 상태에 도달하기 위해서는 인간 추론의 불완전성이 필요하다.

이러한 방식으로 수수께끼를 풀 때 직관과 추론의 경계가 다소 흐려지는 것은 감수해야 한다. 뇌에서 직관과 추론이 일어나는 영역이 서로 분리되어 있는 것은 아니며 직관이 추론보다 항상 선행하는 것도 아니다. 이들 두 가지 사고 모드를 매개하는 힘은 수없이 많은데, 그중에서도 감정이 가장 지배적이다. 철학자 데이비드 흄은 1739년 저술에서 "이성은 정념의 노예이며, 그럴 수밖에 없다"고 쓰기까지 했다.[10] 흄은 플라톤에서부터 시작해 서구 철학자들이 인간의 감정에 대해서 품고 있었던 불신을 거부했다. 흄에 따르면 이성은 감정을 위해서 복무한다.

최근 연구들은 감정이 우리의 사고와 의사결정 방식을 어떻게 형성하는지 구체적으로 해명하고 있다. 신경과학자 안토니오 다마지오는 우리의 추론 체계가 자동 감정 체계의 연장선상에서 진화했다는 "신체 표지 가설somatic marker hypothesis"을 제안했다.[11] 다마지오는 심각한 뇌 손상을 입은 환자의 과거 사례와 현재 사례들을 조사했다. 그중에는 19세기 철로 건설 감독인 피니어스 게이지도 있다. 게이지는 철봉이 머리를 관통한 끔찍한 사고에서 살아남았으나 이 사고 이후 성격과 행동이 극적으로 바뀐 것으로 잘 알려져 있다. 그는 더 이상 책임이 따르는 결정을 내리거나 계획을 세울 수 없었고, 사회적 환경에 맞게 행동하는 데에도 어려움을 겪었다. 좌측 전두엽이 손상된 후 게이지는 말 그대로 이전과 더 이상 같은 사람이 아닌 듯했다. 이러한 변화는 이성적인 의사결정과 감정적 반응 모두에서 나타났다. 다마지오의 설명에 따르면 신체는 주변 세계를 빠르고 무의식적으로 처리하여 울렁거림, 심장박동 증가, 식은땀 등의 반응을 촉발한다. 이들 각각은 뇌에서 좀더 의식적인 해석이 이루어질 때를 위한 '신체 표지'의 역할을 한다. 이러한 표지자는 이 메뉴를 주문해도 될지, 예비 배우자에게 청혼해도 될지 등에 대해서 뇌에 신호를 보낸다. 다마지오가 살펴본 환자들의 경우, 뇌가 신체적 단서를 포착하는 능력을 잃으면 합리적인 결정을 내리기 위해서 필요한 입력값도 얻지 못했다. 다시 말해서, 추론과 감정을 위한 뇌 중추는 한때 '이원론' 철학자들이 생각했던 것만큼 분리되어 있지 않다. 마음은 신체의 본능적 반응 없이는 기능할 수 없다.

감정은 우리가 생각을 일관된 이야기로 포장하도록 이끈다. 설령 이야기를 지어내는 한이 있더라도 말이다. 1940년대에 실험심리학자 프리츠 하이더와 메리엔 지멜은 무無로부터 이야기를 지어내려는 인간의 성향을 강력하게 입증했다.[12] 실험 대상자들에게 기하학적 도형이 떠다니는 짧은 동영상 클립을 보여준다. 동영상을 시청한 사람들은 마음속으로 끔찍한 내러티브를 구성하게 된다. 동영상에서 큰 삼각형은 마치 작은 삼각형을 공격하는 것처럼 보이며 작은 원들은 숨을 곳을 찾는 것처럼 보인다. 우여곡절 끝에 두 개의 작은 도형은 탈출에 성공하고, 큰 삼각형은 그것을 둘러싸고 있는 큰 직사각형을 산산조각 낸다. 이 장면은 가정 폭력 사건의 모든 특징을 담고 있다. '희생자'가 무사히 탈출하기 전까지는 공포감을 느끼지 않고 영상을 시청하기가 힘들 정도이다. 우리는 무생물 대상을 의인화하여 가혹한 대우를 받고 있는 취약한 약자로 인식하고 이들을 응원한다. 물론 모든 장면은 우리의 감정이 만들어낸 허구이다.

감정은 우리가 가장 편애하는 견해를 뒷받침하는 증거를 선별할 때도 작용한다. 심리학에서는 이를 '동기 기반 추론motivated reasoning'이라고 부른다.[13] 우리는 우리의 세계관과 모순되는 데이터에는 무관심하거나 불신을 표시하고, 일치하는 증거는 경신하면서 우리의 신념 체계를 보호하기 위한 울타리를 친다. 동기 기반 추론은 왜 많은 흡연자들이 담배가 건강에 미치는 악영향에 대한 증거를 거부하는지, 왜 기후 회의론자들이 인간이 환경에 미친 영향에 대한 과학자들의 합의를 거부하는지 설명한다. 우리는 결말이 가장 마음에 드는 이야기를 선호하는 경향이 있다.

위의 논증은 모두 인간이 불완전한 합리적 행위자라는 인식으로 수렴된다. 경험, 편견, 편향, 감정 이 모두는 우리의 의사결정 과정에 압력을 가하는데, 그 결과가 항상 사실을 추구하도록 최적화되지는 않는다. 우리는 이야기와 패턴에 쉽게 현혹되는 경향으로 인해서 우리를 속이려 드는 사람들의 먹잇감이 되기도 쉽다. 마술사들은 자신의 움직임을 세심히 조정함으로써 각 동작이 이전 동작과 논리적으로 이어지는 것처럼 보이도록 한다.[14] 마술이 우리의 일상적 실존에 특별히 해를 끼칠 일은 없지만, 가령 정치인과 광고주 등 보다 비도덕적인 행위자들은 부를 쌓기 위해서 다른 사람의 사고방식을 교묘히 조작하고는 한다. 이런 일이 가능한 것은 아마도 대중이 자신이 농락당했다는 사실을 인식하지 못하기 때문인 것으로 보인다. 심리학자 로버트 엡스타인과 로널드 로버트슨이 말했듯이, "사람들은 자신이 조종당하고 있다는 것을 모를 때, 자신들이 새로운 생각을 자발적으로 채택했다고 믿는 경향이 있다."[15]

편향의 증폭

기술은 인간의 사고를 증폭시킨다(여기에는 그다지 바람직하지 않은 유형의 사고도 포함된다). 기계는 궁극적으로 우리가 기계에 입력하는 가정과 전제를 돌아보게 한다. 2020년 코로나19의 첫 번째 유행이 시작되자, 영국은 국가 시험을 취소했다. 이에 따라 교육 법안 입안자들은 학생들에게 어떻게 최종 성적을 부여할지 딜레마에 빠졌다. 고등학생들은 18세가 되면 졸업 자격을 증명하기 위해서 A 레벨 시험을 치른다. 더 높은 단계의 교육을 받기 위해서는 A 레벨 시험을 치르는 것이 필수이다. 선택할 수 있는 대안이 얼마 없었던 교육부는 각 학생의 성적을 자동으로 계산할 수 있는 예측 알고리즘에 기대를 걸어보았다. 그 결과는 충격적이었다. 이 알고리즘에 따라 부여한 성적의 거의 40퍼센트가 학교에서 예측한 성적보다 더 낮았다.[16] 알고리즘을 점검해보니 각 학생이 다니는 학교의 과거 성적 등 얼마 되지 않는 요인들이 예측 결과를 좌우하는 등 빈틈이 상당히 많았다. 이 알고리즘은 설계상 학교의 이전 추세를 거스르는 학생들에게 불이익을 주었다. 만일 20년 전에 이 알고리즘이 적용되었다면, 나는 A 레벨 시험 성적이 더 깎였을 것이다. 나는 뛰어난 학생이었지만 내가 다닌 학교는 성적이 저조한 편이었기 때문이다. 알고리즘의 제한된 세계관에서 우리 학교는 나 같은 최고 성적을 받는 학생을 배출한 전례가 없었으므로, 우리 학교 학생에게는 최고 성적을 부여하지 않았을 것이다. 알고리즘이 공평하고 공정하다는 주장에 일격을 가한 사례는 더 있었다. 사립학교와 같이 학급 규모가 작은 학교에는 특별 가산점을 준 것으로 나타난 것이다. 대학에 들어가지 못할 수도 있다는 두려움에 많은 학생들이 교육부에 몰려가 "빌어먹을 알고리즘"을 외친 것도 놀랍지 않다. 「파이낸셜 타임스*Financial Times*」에서는 이 사건을 "알고비틀거리즘algoshambles"이라고 불렀다.[17]

거센 항의 이후, 정부는 방침을 바꿔 컴퓨터가 신기를 부릴 것이라는 기대를 버리고 학교에서 자체적으로 성적을 매기도록 허용했다. 보리스 존슨 총리는 학생들을 안심시키기 위해서 이 알고리즘을 "돌연변이 알고리즘"이라고 부르며 무시했다.[18] 그러나 시스템은 지침을 문자 그대로 따랐을 뿐 어떤 의미로도 변이를 일으키지 않았다. 대중은 올바른 대상을 타깃으로 삼았다. 즉, 대중의 분노가 향한 곳은 코드 단편이 아니라 알고리즘을 만든 사람들, 다시 말해서 기계의 파괴적인 영향력은 고려하지 않은 채 알고리즘을 신뢰한 정책 입안자들이었다.

A 레벨 성적 부여 알고리즘은 모든 규칙이 하드 코딩되어 있는 오

래된 기호주의 AI symbolic AI(초기 AI 연구 사조 중 하나로, 사람이 직접 기호와 규칙을 구현하는 방식. 뇌를 본뜨는 방식의 연결주의에 대비된다/옮긴이)의 한 예이다. 그러나 오늘날의 보다 정교한 기계학습 프로그램도 과거 데이터에서 패턴을 찾아 예측을 내리므로 구식 AI 만큼이나 인간의 편향을 증폭시킬 위험이 높으며 어쩌면 더 클 수도 있다. 이들은 컴퓨터 과학자 주데아 펄이 "연상 모드associational mode"라고 부르는 사고방식에 따라 작동한다.[19] 펄은 자신의 연구 경력을 인과 모형 개발에 바쳤다. 인과 모형은 변수들이 서로 어떻게 관련되어 있으며 어떤 경우에 한 사건이 다른 사건을 야기한다고 말하는 것이 타당한지 설명하는 개념틀을 말한다. 반면 기계학습 접근법은 다른 방식으로 움직인다. 기계학습은 엄격한 통계적 모델링은 피하고, 대신 펄이 경멸조로 "곡선 맞춤curve fitting"이라고 부른 상관관계를 더 선호한다. 이 프로그램은 예측의 토대가 될 만한 세계에 대한 모형을 가지지 않는다.

수많은 데이터 기반 예측 모형은 예측을 내릴 때 과거에 일어난 일을 반복하려는 경향이 있으므로 앞에서 말한 성적 부여 알고리즘처럼 편견에 빠지기 쉽다. 입사 지원자의 이력서를 회사의 현 직원과 이전 직원의 프로필과 비교하여 자동으로 선별하는 알고리즘을 고려해보자.[20] 이 알고리즘은 회사에서 가장 성과가 좋은 직원과 프로필이 일치하는 지원자를 가장 유망한 후보자로 (그리고 면접 대상이 될 최종 지원자 명단에 오를 것으로) 선별한다. 겉보기에 이 알고리즘은 중립적으로 보인다. 알고리즘에는 인종이나 성별과 같은 개념이 없기 때문이다. 이제 이 회사의 직원들에 다양성이 결여되어 있다고 가정해보

자. 예컨대 대부분의 직원이 중년의 백인 남성이라면 가장 성과가 좋은 직원도 중년의 백인 남성일 것이다. 그렇다면 이 알고리즘은 바로 이런 특성을 가진 지원자를 선호할 가능성이 높다. 이 회사는 소수 인종, 여성, 청년 등에 대한 이전 데이터가 별로 없으므로, 알고리즘은 이들의 잠재력에 대해서는 무지한 상태일 것이다. 알고리즘은 그것을 훈련시킨 과거의 특정 데이터를 바탕으로 판단을 내리게 된다. 예를 들면 아마존Amazon의 이력서 선별 알고리즘(나중에 폐기되었다)은 안타깝게도 '여성'이라는 단어를 사용하는 지원자, 즉 여자 대학, 여자 스포츠팀, 또는 여성 체스 클럽에 속한 사람들에게 불이익을 주었다.[21]

기계학습 알고리즘은 통계학의 가장 중요한 가르침, 즉 상관관계가 인과관계를 의미하지 않는다는 사실은 무시한 채 오로지 패턴만을 찾는다.[22] 단지 특정 회사에서 중년의 백인 남성들이 더 나은 성과를 내는 경향이 있다고 해서 그러한 특성이 성공으로 직결된다는 의미는 아니다. 이 알고리즘에는 회사의 과거 채용 방법이나 기존 사내 문화와 업무 관행과 같은 다른 핵심 요소들이 반영되지 않았다. 알고리즘을 검토하지 않고 가만히 두면 일련의 자기 실현적 예언을 통해서 알고리즘의 타당성을 입증하게 된다. 즉 회사가 알고리즘의 추천에 따라 좁은 범위의 인구 소집단에서 직원을 채용한다면, 성공적인 직원도 이 집단에서만 나오게 된다. 그 결과, 알고리즘은 회사의 다양성 부족을 야기한 바로 그 편향을 영속시킨다. 같은 맥락에서, 과거의 기록을 토대로 훈련된 기계학습 알고리즘은 2020년 미국 대선에서 카말라 해리스가 부통령으로 선출될 것이라고 결코 예측하지 못했을 것이다. 해리스는 투표로 선출된 최초의 여성 부통령이자 최초의 소수 인종 부통령이다. 알고리즘이 훈련을 위해서 얻을 수 있는 데이터는 이전 48명의 부통령—모두 백인이자 모두 남성이다—의 데이터가 전부일 것이다. 기계학습은 세계에 대한 예측을 할 때, 파괴력과 개척자 정신을 가미하지 못한다.

대학 입학, 자동차 보험 정책, 징역형 구형, 치안 유지 등 다른 사회 분야에서도 동일한 악순환이 반복되고 있다.[23] 프로그래머가 알고리즘 정책을 만들면서 인종이나 성별과 같은 요소를 명시적으로 코딩하지는 않는다. 실제로 유럽연합의 "일반 데이터 보호 규정 제9조"에 따라 이런 행위는 금지되어 있다.[24] 그러나 편견은 암묵적이다. 지역이나 직업과 같이 중립적으로 보이는 인자가 특정 인구 집단을 암시할 경우 편견이 슬쩍 끼어든다.

이러한 시스템이 전반적으로 강력한 성과를 보인다고 해도, 추론이 개입되지 않는 이상 시스템은 결코 오류에 대한 책임을 지지 않는다. 바둑 프로그램이 천 번에 한 번 설명할 수 없는 오류를 범한다고 해서 게임의 결과가 바뀌지는 않을 것이다. 그러나 위험이 더 높은, 실제 세계의 블랙박스 알고리즘도 마찬가지라고는 결코 장담할 수 없다.

딥 러닝과 같은 접근법의 중추인 불투명한 고속 숫자 처리 메커니즘은 시스템 1 유형의 거동, 즉 어떠한 합리화도 이루어지지 않는 충동적인 행동으로 이어진다. 기술의 사실 왜곡은 여기에서 멈추지 않는다. 소셜 미디어 플랫폼은 다양한 품질과 진실성 수준의 콘텐츠를 마구 쏟아냄으로써 우리의 의지를 꺾고 기존 믿음과 일치하는 콘텐츠를 아무런 의심없이 수용하도록 만든다.[25] "탈진실Post-truth"은 2016년 올해의 단어로 선정되었고 이듬해에는 "가짜 뉴스"가 그 자리를 이어받았다. 이러한 위협이 새로운 것은 아니다. 정치철학자 한나 아렌트는 1967년 전체주의 정권에 대한 글에서 다음과 같이 썼다.

> 사실적 진실이 일관되고 총체적으로 거짓으로 대체된 결과, 이제 거짓이 진실로 받아들여지고 진실은 거짓에 의해서 폄훼되는 것은 아니다. 우리가 실제 세계에서 우리의 위치를 파악하는 감각—진실 대 거짓의 범주도 이를 위한 심적 수단 중 하나이다—이 파괴될 뿐이다.[26]

아렌트의 선견지명이 돋보이는 이 경고는 디지털 시대에도 유효하다. 소셜 미디어는 허위 정보를 퍼트리고 진실에 대한 우리의 개념을 불명료하게 만들기 위한 최신 무기이다. 코로나19 팬데믹 동안에 두 개의 전선이 형성되었다. 즉, 공중 보건 전문가들은 바이러스 그 자체와 싸웠을 뿐만 아니라 음모론의 맹렬한 확산을 저지하기 위해서도 싸워야 했다. 공정한 선거 결과에 대해서는 뜨거운 논쟁이 불붙은 반면, 노골적인 부정 선거는 정당한 것으로 간주된다. 그리고 과학이 한참 전에 거짓으로 규명한 이론이 인터넷에서 안식처를 찾음에 따라 평평한 지구론 단체는 회원이 늘어나고 있다.[27] 소셜 미디어는 더 많은 클릭과 공유를 유도하는 자극적인 콘텐츠에 보상을 해준다. 그저 감정적이고 선정적인 단어를 하나 쓸 때마다 온라인 콘텐츠는 20퍼센트 더 많이 확산된다.[28] 사용자의 관심을 끌려는 끝나지 않는 경쟁 속에서 진실은 그저 이론 차원에만 머물게 된다.

이제 허위 정보는 여러 형태의 미디어들에 영향을 미친다. 딥 러닝은 의도치 않게 '딥 페이크', 즉 AI에 의해서 조작되거나 완전히 새로 생성된 이미지나 동영상 등의 합성 미디어 콘텐츠의 확산을 촉진했다. 딥 페이크는 우리가 정보를 빠르게 처리할 때 발생하는 편향을 이용한다. 청각 콘텐츠와 시각 콘텐츠는 텍스트보다 우리의 마음에 더 쉽게 침투한다. 예를 들면, 단순히 마카다미아 넛의 사진을 보여주는 것만으로도 이 견과류가 복숭아와 같은 과family에 속한다는 주장이 수용될 가능성이 더 높아진다.[29]

2023년이면 세계 인구의 3분의 2, 즉 50억이 넘는 인구가 소셜 미디어를 이용할 것으로 예상되는 가운데, '인포칼립스infocalypse'[30]의 규모가 얼마가 될지는 헤아리기 어렵다. 편향이 잠재되어 있는 알고리즘이 우리가 접하게 될 정보의 유형과 정보 그 자체의 본질에 미칠 영향력이 더 높아질 것으로 예상되는 바로 이 시점에, 인간이 스스로의 논증을 비판적으로 검토하여 진실과 거짓을 구분할 필요성이 그 어느 때보다 긴요해졌다.

구체적인 경험과 관찰로부터 일반화된 사실을 도출하는 방법을 정당화하기 위해서는 부가적인 사고 도구가 필요하다. 다행히도 인간은 데이터를 한곳에 모아 짜깁기하는 데에 그치지 않는다. 우리에게는 인과 모형을 만들기 위한 설계가 내장되어 있다. 인간은 어릴 때부터 모든 결과는 그와 관련된 원인이 있다는 사실을 깨닫는다. 도움을 요청하는 아기들의 울음 소리는 성실한 그들의 보호자에게 이리 와서 자신을 돌봐달라고 요청하기 위해서 보내는 신호이다. 아기들은 경험이 충분히 쌓이면, 울음 소리를 내면 보호자가 바로 나타난다는 사실을 깨닫게 된다(울음이 보호자가 오게 만드는 것이다). 걸음마를 시작한 유아들은 순진하게 왜라고 묻고는 하는데, 이는 우리에게는 현상을 설명하려는 선천적인 욕구가 있음을 말해준다. 우리는 어떤 결과를 경험하면 그 원인을 찾고자 한다. **왜 이렇게 추워요? 왜 점심을 먹고 나면 항상 졸릴까요? 왜 우리 축구 팀은 계속 지는 거죠?** 컴퓨터와는 반대로, 아이들은 놀이 중에 어떤 사건을 몇 번 경험하면, 왜 그런 일이 일어났는지 원인과 결과를 파악할 수 있다. 스마트폰의 기능을 어떻게 배웠는지 생각해보자. 화면을 스와이프하면 전화를 받을 수 있다. 홈 버튼을 탭하면 선택할 수 있는 범위 내로 메뉴가 접힌다. 모든 제품 설계자는 우리의 마음이, 입력된 데이터가 제한적인 상황에서도 사건들을 인과적으로 연결하는 데에 매우 능숙하다는 점을 잘 알고 있다.

기계에게 동일한 일련의 사건들을 실행하도록 지시할 수는 있지만, 기계는 그것이 작동하는 세계에 대한 지식이 없으며 어떤 행동을 수행하면 왜 특정 결과가 이어지는지에 대한 근본적인 감각이 없다. 인간은 상황을 이해할 뿐만 아니라 언어 처리를 통해서 자신의 행동을 설명할 수도 있다. 비록 우리 뇌의 내부 작동은 많은 부분이 미지의 영역으로 남아 있지만, 우리는 서로를 통해서 어떻게 우리가 결론에 도달하게 되는지 깨우칠 수 있다.

건전한 추론은 패턴의 조각들을 이어붙여 명제에 확실성을 부여하는 역할을 한다. 건전한 추론을 통해서 원인과 결과를 결합시키고 거짓된 상관관계에 빠질 위험을 방지할 수 있다. 건전한 추론은 인간에게 흔히 볼 수 있으며 기계에 의해서 증폭되는, 오류투성이 추론과는 정반대편에 위치한다. 건전한 추론은 기계가 자신의 선택에 책임을 지도록 하고 우리 인간의 편견을 알고리즘에 투영하지 않도록 막기 위한 필수 요소이다.

이 장의 남은 부분에서는 **수학적 추론**에 대해서 살펴볼 것이다. 수학적 추론은 우리의 편향을 저지하고 모든 반박 시도를 물리칠 수 있는 논리적 주장을 확립하기 위한 개념틀을 제공한다. 수학적 추론의 도구를 사용하여 전개한 논증 또는 **증명**은 가장 엄격하고 엄밀한 기준을 준수하며 확인되지 않은 어떠한 전제도 용납하지 않는다. 또한 패턴이 참인 이유를 입증함으로써 그러한 패턴의 유혹적인 힘에 저항한다.

우리는 수학과 함께 갈림길에 서 있다. 수학은 많은 부분에서 오늘날 AI의 근간을 이룬다. 알고리즘과 연산만 단독으로 보면 이것들은 결과적으로 인간 사고의 결함만 증폭시킬 뿐이다. 그러나 수학적 추론을 활용하면 우리의 편향과 편견으로부터 우리를, 그리고 우리가 만든 기계를 구원할 수 있다. 여기에서는 컴퓨터가 어떤 방식으로 수학적 증명에 기여할 수 있는지 살펴볼 것이다. 결국 우리는 추론의 어떤 특성이 인간의 고유한 자산인지 고민해야 할 것이다. 우리는 궁극적으로 낙관적인 해답을 얻을 것으로 보이지만, 이를 위해서는 수학을 진리 그 자체에 대한 학문 그 이상으로 이해할 필요가 있다.

추론의 수학적 상표

수학자들이 수학에 경의를 표할 때, 이들은 수학을 영원을 향한 전주

곡으로 여긴다. 팔 에르되시는 수학을 "가장 확실한 불멸의 방법"으로 묘사했으며,[31] G. H. 하디는 수학적 개념의 "영속성permanence"에 대해서 말했다.[32] 두 수학자는 모두 **증명**이라는 개념을 언급한다. 증명은 수학적 진술의 외양을 확실성으로 에워싼다. 실험과학에서 결과는 사물의 실재에 상당히 근접한 근사치로 간주된다. 새로운 결과가 오래된 결과를 대체함에 따라 과학의 목표도 지속적으로 전진한다. 수학에서 실험은 마음의 실험실에서 이루어지며 실험 대상도 물리적 실체가 아니라 개념이다. 수학적 발견은 그 진실성을 의심할 여지가 없다는 의미에서 영구적이다. 수학적 증명은 시간의 시험을 견뎌낸다.

우리는 증명에 따라 전제나 이미 알고 있는 진실과 같은 하나의 명제에서 다른 명제로 옮겨갈 수 있다. 모든 증명은 건전한 논리의 끈을 따라 이루어져야 하며, 크든 작든 모든 단계가 해명되어야 한다. 우리는 명제 A가 명제 B로 어떻게 이어지는지 설명해야 한다. 증명 도중에 다른 전제를 수립하거나 혹은 타당한 연역을 위해서 논리 규칙을 사용해야 한다.

논리학의 아버지, 아리스토텔레스는 추론이라는 **작업**이 추론의 **특정 대상**으로부터 분리될 수 있다는 것을 깨달았다. 그의 '삼단논법'은 전적으로 필요에 의해서 연달아 이어지는 일련의 사고로 구성되어 있다. 가장 잘 알려진 삼단논법은 소크라테스의 필멸성에 대한 근거를 제시하기 위한 것으로, 다음 세 단계에 따라 진행된다.

1. 모든 사람은 죽는다.

2. 소크라테스는 사람이다.

3. 따라서 소크라테스는 죽는다.

처음 두 진술은 진실로 전제된다. 세 번째 진술에서 "따라서"를 사용했다는 것은 논리적 연역이 이루어졌음을 의미한다. 즉, 소크라테스의 필멸성이 확인되었다. 이는 **전건 긍정**modus ponens이라는 논법의 특정 규칙을 따르는 타당한 추론이다. 전건 긍정은 다음과 같다.

만약 명제 P가 참이고, 'P는 Q를 내포한다'라는
명제가 참이라면, 명제 Q도 참이다.

위의 예에서 P는 "소크라테스는 사람이다"라는 명제이고, Q는 "소크라테스는 죽는다"라는 명제이다. **전건 긍정** 논법에서 서로 다른 전제를 P와 Q로 대체하면, 모든 형태의 결과를 도출할 수 있다. 이것이 바로 논리의 힘이자 무소불능함이다. 개별 규칙은 모든 범주의 진실을 생성한다.

또다른 규칙인 **후건 부정**modus tollens 논법은 다음과 같이 명시할 수 있다.

만약 명제 Q가 거짓이고, 'P는 Q를 내포한다'라는
명제가 참이라면, 명제 P도 거짓이다.

여기에서도 이 하나의 규칙만으로 셀 수 없이 많은 진리를 도출할 수 있다. 셜록 홈즈는 「경주마 실버 블레이즈*The Adventure of Silver Blaze*」라는 단편에서 런던 경찰국의 수사관인 그레고리와 다음과 같은 대화를 나누며 이 규칙을 사용한다.

그레고리 제가 살펴봐야 할 부분이 또 있을까요?

홈즈 밤중에 개에게 별난 일이 일어났습니다.

그레고리 개는 밤에 아무것도 하지 않았는데요?

홈즈 바로 그 점이 별나다는 겁니다.

후건 부정 논법이 어떻게 사용되었는지 확인하기 위해서 P 명제는 "개가 낯선 사람을 발견했다"로, Q 명제는 "개가 짖었다"로 하자. 위의 대화에서 셜록은 다음과 같이 추론한다.

1. 개가 낯선 사람을 발견했다면 짖었을 것이다(P는 Q를 내포한다).
2. 그러나 개는 짖지 않았다(Q는 거짓이다).
3. 그러므로 P는 거짓이다. 즉 개는 낯선 사람을 발견하지 않았다.

이 논리적인 탐정은 한 번의 연역으로 용의자의 범위를 개에게 친숙한 사람으로 좁혔으며, 예상대로 범인을 잡을 수 있었다.

이 논법을 통해서 우리는 논리 체계의 혼란 속에 빠져들지 않을 수 있다. 이 논법이 강력한 논증의 토대를 형성하게 된다는 점은 말할 것도 없다. 매우 강력한 전제는 물론 전제들 사이를 오가기 위한 규칙도 매우 엄밀하게 정립할 수 있기 때문이다.

수학적 명제의 '영속성'은 일차적으로 그 명제가 위와 동일한 논리적 장치를 토대로 증명된다는 점에서 비롯된다. 증명을 구성하는 모든 명제는 어떤 전제에서 유도되었는지 추적할 수 있으며, 논리 규칙을 올바르게 적용했다면 여기에서 유도된 모든 추론은 완벽하게 타당하다.

수학적 증명은 기원전 500–350년경 고대 그리스에서 터를 잡았다. 수학자들은 이 이론적 관점에서 산술과 기하학에 접근했으며, 그 결과 당대의 유명한 저서들 중 한 권인 유클리드의 『원론*Elements*』이 탄생했다.

『원론』은 점, 선, 원 등을 엄밀하게 정의하며 시작된다. 또한 유클리드는 다른 모든 명제를 도출하기 위한 근거가 되는 당연한 것으로 간주되는 기본적인 진리, 즉 다섯 가지 공리axiom(현재는 '공준postulate'이라고 한다)를 열거했다(유클리드는 다섯 가지 '공통 개념'도 열거했는데 이 또한 공리로 간주할 수 있다). 기초를 다진 유클리드는 곧바로 공리를 바탕으로 첫 번째 결과를 도출했는데, 수학자들은 이를 "정리theorem"라고 부른다. 첫 번째 정리에서는 컴퍼스와 직선 자만을 사용하여 정삼각형을 작도하는 방법을 설명한다(그리스인들은 이러한 작도에 심취했다. 작도는 불가침의 논증 방법으로 간주되었다). 총 13권으로 구성된 『원론』에서는 다섯 가지 공준과 다섯 가지 공통 개념으로부터 465개의 정리를 확립했다. 유클리드는 더 복잡한 도형을 설명하기 위해서 131개의 정의를 도입해야 했지만, 논리를 엄밀하게 적용함으로써 모든 정리를 10개의 기본 진술에 다시 연결시킬 수 있었다.

이러한 방식의 수학적 추론은 어떠한 전제나 추론도 해명되지 않은 상태로 남겨두지 않으므로 자칫 현학적이라고 느껴질 수도 있다. 아무튼 우리는 이런 진술을 모든 세부사항까지 파헤치지 않고도 대부분의 일상을 그럭저럭 살아갈 수 있지 않는가? 그러나 이러한 논증의 정확성은 도달하기 위해서 애쓸 만한 가치가 있다. 수학자 유지니아 쳉은 수학적 증명을 고지대 훈련으로 적절히 비유한 바 있다.[33] 운동선수가 신체를 단련하기 위해서 극한의 기후에서 훈련하는 것처럼, 수학 또한 혹독한 제약을 통해서 논증 능력을 개선하는 방법으로 생각할 수 있다. 수학은 우리를 혼란스럽고 분절된 물리계의 실재에서 벗어나 치밀한 논리와 엄밀한 방법론을 통해서 도출된 진리에 의해서 지배되는 시스템으로 초대한다. 타협의 여지가 없는 논리적 주장의 영역에서 우리는 실제 세계의 미묘한 오류가 우리의 비이성적인 마음에 스며드는 것을 경계할 수 있으며, 사실과 데이터, 그리고 유명인사들이 복음으로 받들 것을 명하며 설파하는 예언들을 보다 비판적으로 받아들일 수 있다. 수학적 증명은 우리 모두를 영원한 회의론자로 만든다.

수학적 증명의 양식은 역사상 가장 중요한 구절들에도 반영되어 있다. 미국의 「독립선언문」은 당당히 일련의 공리를 그 출발점으로 삼는다. "우리는 다음의 진리가 자명하다고 믿는다. 모든 사람은 평등하게 창조되었으며……." 수십 년 후, 에이브러햄 링컨은 여행용 가방에 넣어 다니던 유클리드의 『원론』에서 영감을 받아 마치 일련의 공리 및 명제로부터 엄밀한 결론을 유도하듯이 몇 가지 헌법적 논증을 써내려갔다. 링컨은 변호사이자 명망 있는 수사학자로서, 최고 수준의 입증 가능성에 도달한 논증 양식을 추구했다.[34] 이런 면에서 『원론』은 결코 그를 실망시키지 않았다.

일상적인 대화에서 이루어지는 '증명'은 엄밀한 수학적 증명만큼 물 샐 틈 없는 논리를 자랑하지는 않지만, 수학적 증명의 엄밀성을 기준으로 삼으면 우리의 대화를 한층 더 발전시킬 수 있다. 인간 추론의 결함이 진화의 필연이라면 우리는 사회적 상호작용에 스며든 불완전한 논증에 수학적 증명의 무오류성으로 대항할 수 있다. 또한 패턴에 굶주린 알고리즘에서 오류를 포착하도록 스스로를 단련할 수도 있다.

증명과 거짓말

수학적 증명의 물 샐 틈 없는 엄밀함을 이해하기 위해서 이 주제에서 가장 잘 알려진 결과 중 하나를 살펴볼 것이다. 우리가 **피타고라스의 정리**라고 알고 있는 정리가 바로 그것이다. 이 정리에 따르면 직각삼각형에서 길이 a, b, c는 $a^2 + b^2 = c^2$이라는 공식에 의해서 서로 관련된다. 여기서 c는 삼각형의 **빗변**hypotenuse(대각선)의 길이를 의미하며, a와 b는 다른 두 변(이름이 궁금하다면 **인접변**과 **대변**이다)의 길이에 해당한다. 무엇보다도 이 정리를 사용하면 두 점을 분리하는 '폭'과 '높이'만으로 두 점 사이의 거리를 매우 편리하게 계산할 수 있다.

가장 친숙한 예는 변의 길이가 3, 4, 5인 삼각형으로, $3^2 + 4^2 = 5^2$임을 확인할 수 있다. 피타고라스의 정리에 따르면 직각삼각형의 변의 길이가 a, b, c일 때 $a^2 + b^2 = c^2$은 항상, 틀림없이, 절대적으로 참이다. 피타고라스의 정리의 중요성은 삼각형의 크기가 크든 작든, 색

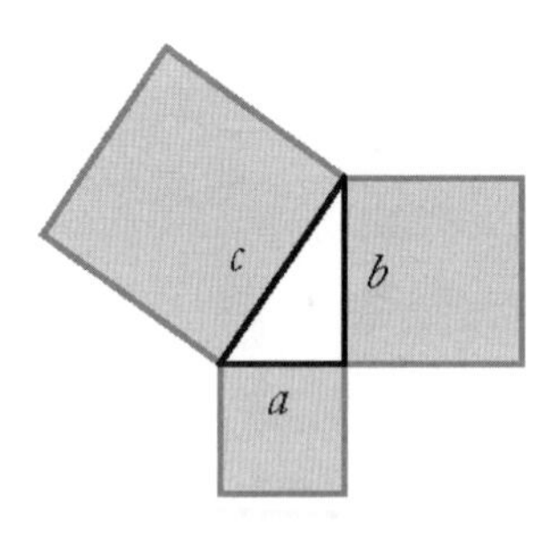

상이 파란색이든 분홍색이든, 무한히 많은 모든 직각삼각형에 대해서 성립한다는 것이다. 무한한 사물의 집합에 대해서 어떤 진술을 선언하기 위해서는 대담함이 필요하다. 수학적 추론을 거치면 유한한 한계를 돌파할 수 있으므로 그러한 주장도 과감하게 펼 수 있다. 수학적 추론은 패턴이나 확률 대신 오로지 가장 확실한 논리적 도약에만 의존한다. 그에 따른 보상은 영원한 진리이다. 무결한 논리는 현재나 미래의 어떤 실험으로도 훼손되지 않는다.

이 공식의 사례는 그리스가 전쟁에 뛰어들기 한참 전에 발견되었으므로, 이 정리에 대해서 알려진 최초의 증명을 제시한 사람은 피타고라스가 아닐 수도 있다.[35] 한 논증은 주어진 직각삼각형의 사본 4개를 두 가지 서로 다른 방법으로 배열하여 두 개의 정사각형을 만드는 방식으로 진행된다. 이러한 방식은 특정한 직각삼각형에 국한되지 않는다. 즉, 다음에 소개할 단계는 각각의 모든 직각삼각형에 적용될 수 있다.

핵심 개념은 다음 페이지의 그림과 같이 서로 전체 면적이 같고(변의 길이가 같기 때문이다) 똑같은 직각삼각형 4개가 들어 있는 큰 '컨테이너' 정사각형 2개를 구상하는 것이다. 이 2개의 큰 정사각형의 유

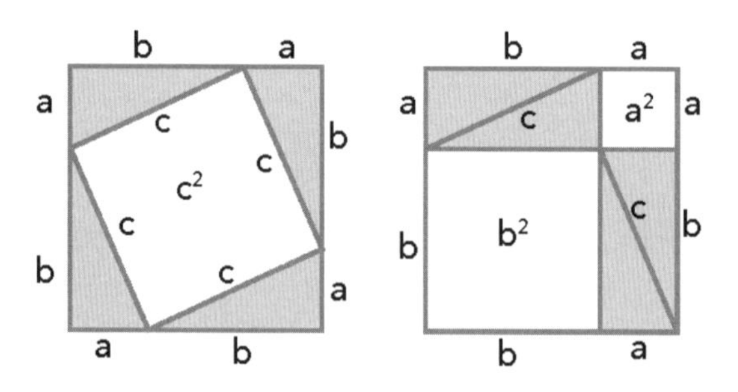

일한 차이점은 그 안에 4개의 삼각형이 어떻게 배열되어 있느냐이다. 즉, 각각의 큰 정사각형에서 흰색 부분은 동일한 공간(동일한 면적)을 차지해야 한다. 왼쪽 사각형의 흰색 부분은 그 자체로 면적이 c^2인 작은 사각형을 이룬다. 오른쪽 정사각형의 경우, 흰색 부분은 각각 면적이 a^2과 b^2인 2개의 작은 정사각형으로 구성된다. 흰색 부분은 차지하는 면적이 동일하므로 $a^2 + b^2 = c^2$이어야 한다. 이는 정확히 우리가 입증하고자 한 공식이다.

이 증명은 수학적 발견의 본질을 잘 보여준다. 결과 그 자체는 갑작스럽게 툭 튀어나온 것이 아니라 흥미로운 탐구를 통해서 (여러 차례에 걸쳐) 발견된 것이다. 증명도 마찬가지이다. 돌이켜보면 삼각형을 교묘히 재배열하는 것도 당연해 보인다. 수학자들은 한 번에 명제를 하나씩 처리하며 꾸준한 속도로 증명을 진행하지 않는다. 그보다는 무엇인가를 끼적거리며 뭉그적거리고, 종종 막다른 골목에서 헤매기도 하며, 마침내 핵심적인 통찰이 떠오를 때까지 거의 매번 오류에 부딪히고 스스로 고치기를 반복한다.[36] 수학적 증명은 한눈에 보기에는 명백해 보이지 않지만, 깊은 연구 끝에(혹은 단순히 놀이 중에) 도출된 핵심 아이디어를 담고 있는 경우가 많다. 이러한 증명을 이끄는 핵심 원리는 **불변성**invariance이다. 한 요인을 고정하면(큰 정사각형의 넓이), 나머지 요인들 사이에서 어느 부분이 동등한지 찾을 수 있다. 이 전략은 직각삼각형뿐 아니라 다른 증명에도 적용할 수 있다.

중요한 점은 학교에서 우리를 가장 괴롭혔던 수학적 정리를 마스터하기 위해서는 동일한 면적을 두 가지 방식으로 계산하는 교묘한 전략과 이를 시각적으로 단순하게 표현한 이미지만 있으면 된다는 것이다. 입증 과정을 시각화하면 엄밀성을 훼손하지 않으면서도 진리를 밝힐 수 있다.* 그러나 앞에서 보인 방식은 피타고라스 정리를 증명하는 여러 방법들 중 한 가지일 뿐이다. 미국 오하이오 주의 수학 교사였던 엘리샤 스콧 루미스는 371개가 넘는 증명을 한 권의 책으로 엮는 데 평생을 바쳤다.[37] 즉, 하나의 근본 진리를 371가지 방식으로 표현한 것이다. 그중 일부는 시각적으로, 나머지는 추상적으로 표현되며, 이 모든 방식은 삼각형의 특정 기하학적 속성을 바라보는 서로 다른 렌즈이다.

수학자들은 자신의 주장을 입증하기 위해서 다양한 표상을 활용하는 등 증명에 관한 한 다원주의적인 태도를 취한다. 증명의 토대에서 각 요소들을 통합하는 힘은 논리이다. 논리만 자리 잡고 있다면 기호나 그림 등 확고한 진리를 구축할 수 있는 수단은 무엇이든 사용해도 괜찮다. 여기에서 수학자가 아닌 사람들도 교훈을 얻을 수 있

---

* 내가 가장 좋아하는 수학책 중 한 권인 『문자 없는 증명*Proofs without Words*』은 사실 일본 책이다. 이 책을 선물해준 친구도 내가 일본어를 모른다는 것을 알고 있었다. 그러나 제목에서 알 수 있듯이 이 책은 모국어에 의존하지 않고도 수학적 진리를 증명할 수 있다고 전제한다. 이 책은 그 제목에 부합한다. 시각적 논증과 표준 수학적 표기법을 사용해서 증명을 표현했으므로, 일본어를 모른다는 사실은 문제가 되지 않았다.

다. 즉, 우리는 가능한 한 다양한 각도에서 질문을 던짐으로써 우리가 세운 진리의 토대를 강화해야 한다.

수학적 증명은 엄밀한 논리를 토대로 성립되므로, 단순히 모순을 발견하는 것만으로도 모든 논증이 갑자기 중단될 수 있다. 추론에 아주 사소한 부분만 누락되어도 전체 논증이 잘못된 방향으로 나아가 때로는 터무니없는 결론에 도달할 수도 있다. 논증이 얼마나 이상해질 수 있는지 보이기 위해서 2 = 1을 증명해보겠다.

1. 누구나 알고 있는 사실에서 시작하자.

$$1 = 1$$

2. 다음으로 방정식의 양변에서 1을 빼면 다음과 같다.

$$1-1 = 1-1$$

3. 1은 1 × 1(1^2으로 쓴다)과 같으므로 위의 식은 다음과 같이 바꿀 수 있다.

$$1^2-1^2 = 1-1$$

4. 이제 고등학생이라면 모두 잘 알고 있는 공식을 사용해볼 것이다. 좌변은 두 제곱수의 뺄셈이므로 (1−1) × (1 + 1)과 같다. 즉,

$$(1-1) \times (1+1) = 1-1$$

5. 이제 방정식의 양변을 (1−1)이라는 항으로 나눠보자.

$$\frac{(1-1) \times (1+1)}{(1-1)} = 1$$

6. 마지막으로 분수의 분모와 분자에서 '동일한 항'은 없애자(초등학교에서 배웠다). 그러면 다음 항만 남는다.

$$1 + 1 = 1$$

7. 짜잔, 우리 모두가 알다시피 $1 + 1 = 2$이므로, $2 = 1$이다.

처음에 증명하려고 했던 결과가 나왔다. 이 단계에서 여러분은 두 가지 선택지 중에서 고를 수 있다. 즉 과감히 $2 = 1$이라는 결론을 받아들일 것인가? 아니면 이 논증에서 오류를 찾을 것인가? 우리는 약간의 분별을 유지하여 후자를 받아들이고 "왜?", 이 경우에서는 "**왜 틀렸지?** 논증의 어떤 부분이 건전한 추론을 막은 것일까?"라고 비판적으로 질문할 수 있다. 수학자들이 이룬 성과의 핵심에는 이처럼 디버깅debugging과 자체 교정 등 괴로운 과정이 자리 잡고 있다.

첫 부분은 논란의 여지가 없다. 내 주장은 숫자 1이 그 자체와 같다는 것이 전부이다. 여기에 몇 가지 기본적인 조작을 가했으며 1단계부터 4단계까지의 타당성은 쉽게 입증할 수 있다(4단계를 입증하려면 대수학에 익숙해야 하지만 그리 어렵지는 않다). 즉 아래의 식을 얻기까지는 아무 문제가 없다.

$$(1-1) \times (1 + 1) = 1-1$$

여기서부터 몇 가지 작은 도약만 거치면 별난 결론에 이르게 된다. 먼저 $(1-1)$로 나눈다. 이 단계도 괜찮아 보인다. 식의 양변에 또다른 기본적인 연산을 수행했을 뿐이다. 하지만 **괜찮아 보인다**는 것은 **틀림없이, 절대적으로, 100퍼센트 타당한** 것과는 거리가 멀다. 여기서 나눈 항 $(1-1)$을 다시 한번 살펴보자. 물론 이것은 0을 한 번 꼬아서 쓴 것에 불과하다.

0으로 나누는 것은 수학에서는 해서는 안 되는 일이며, 산술 법칙에 따라 피해야 하는 금단의 열매이다(또다시 왜라는 질문이 나올 수 있다). 5단계와 6단계에서 0으로 나누는 일을 하고 있다는 사실을 알아차리려면 정신을 바짝 차려야 한다. 이 증명은 짓궂게도 그 체계에 금지된 계략을 숨기고 있다(숫자 대신 문자를 썼다면 더 교묘했을 테지만 여러분이 조금이라도 눈치챌 수 있도록 숫자로 썼다).

우리는 이 논증이 잘못되었다는 것을 감지할 수 있었다. 2 = 1이라는 터무니없는 결론이 나오자 추론의 오류를 찾기 위해서 논증을 훑어보기 시작했다. 증명은 잘못된 가정, 부정확한 추론, 모호한 설명 등 여러 가지 이유로 무너질 수 있다. 증명에 의문을 품고 조사하면 미묘한 논리적 결함을 포착하는 능력이 향상될 수 있다.

수학적 증명을 마음을 단련하는 도구로 사용할 수 있다는 점을 고려할 때, 이러한 활동에서 컴퓨터가 어떤 역할을 수행할지도 생각해볼 수 있다. 컴퓨팅 업계는 수십 년 동안 증명에 관심을 쏟았다.[38] 증명은 소프트웨어 프로그램이 의도한 대로 작동할 것이라고 신뢰할 수 있는지, 즉 가장 필요할 때 고장이 나거나 폭발하지 않을지 등을 입증하기 위한 수단이다. 하지만 컴퓨터가 수학적 증명의 영역에까지 침투한 지금, 신뢰와 확실성에 대한 개념을 재검토해야 할 필요성이 높아지고 있다.

컴퓨터는 어떤 방식으로 영원한 진리를 찾기 위한 우리의 활동에 기여하게 될까? 어쩌면 이러한 활동을 방해하지는 않을까? 어느 정도까지 자체적으로 증명을 수행하게 될까? 어쩌면 우리는 추론의 행위자로서 컴퓨터의 잠재력을 너무 빨리 묵살해버린 것은 아닐까?

컴퓨터에 의한 증명

수학적 진리는 세 단계로 성립이 이루어진다. 즉 추측을 하고, 이를 증명하거나 반박하고, 어느 쪽이든 그에 따른 논증을 검증한다(실패한 시도와 잘못된 믿음에 대처하고 새로운 통찰을 수용하면서 이러한 과정을 여러 번 반복한다). 컴퓨터 또한 이들 각 단계를 마스터하는 데에 몰두하고 있다.

첫 번째로, 컴퓨터는 우리가 직관을 발전시키고 가설을 검증할 수 있는 수많은 사례들을 생성하여 새로운 진리를 찾기 위한 단서를 제공할 수 있다. 앞면이나 뒷면이 나올 확률이 반반인 동전을 10번 던졌을 때, 앞면이 정확히 5번 나올 확률이 얼마인지 알고 싶다고 가정해 보자. 초보 프로그래머도 동전 10번 던지기를 100만 번 수행하는 시뮬레이션은 얼마든지 만들 수 있다. 이러한 시뮬레이션 중 약 25만 번은 앞면이 5번 나올 것이다(정확히 25만 번은 아니지만 거의 비슷할 것이다). 따라서 여러분은 앞면이 5번 나올 확률은 25퍼센트라는 가설을 세울 수 있다. 실험 데이터에만 의존하지 않는 탄탄한 논증을 찾을 필요성은 여전하지만, 매우 그럴듯한 가설을 세우는 것만으로도 시작하기에 유리한 고지를 점한 셈이다. 컴퓨터는 더 나아가 데이터를 분석하여 사람은 언뜻 파악하지 못하는 패턴을 찾을 수도 있다. "서론"에서 언급했듯이, 수학의 다양한 분야에서는 문제 해결에 기계 학습 도구가 사용되고 있다. 수학자들은 기계가 제시하는 새로운 증거를 바탕으로 자신의 추측을 구체화하고 새로운 가설을 구상할 수도 있다.

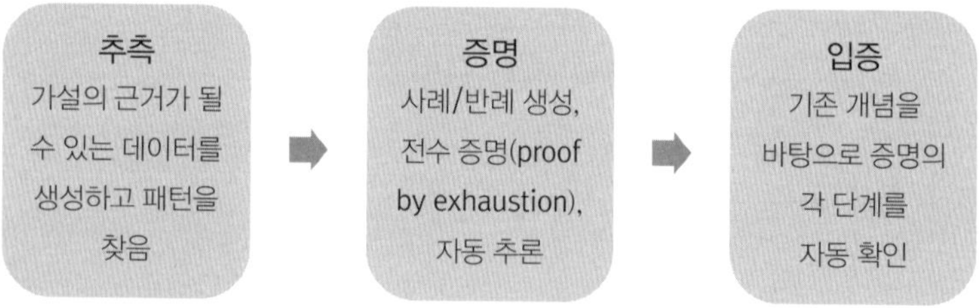

추측
가설의 근거가 될 수 있는 데이터를 생성하고 패턴을 찾음

➡

증명
사례/반례 생성, 전수 증명(proof by exhaustion), 자동 추론

➡

입증
기존 개념을 바탕으로 증명의 각 단계를 자동 확인

오로지 패턴만을 증거로 삼아서는 안 된다. 컴퓨터가 얼마나 강력한지는 아무 상관없다. 컴퓨터의 계산은 우리 우주의 물리적 한계에 의해서 제한되므로, 단순히 연산만으로는 **정말로 큰 수**의 진리를 완전히 설명할 수 없을 것이다. 이 한계는 결코 무시할 수 없다. 정말 큰 수는 그 자체로 생명이 있으며 숫자선 아래쪽의 수에는 당연한 것으로 여겨지는 진리가 적용되지 않기 때문이다.

소수의 경우는 영국의 봄철 날씨만큼이나 그 거동을 예측하기가 어렵다. 소수가 무한히 많음에도 불구하고 그토록 매력적인 이유는 다음 소수가 언제 나타날지 정확히 예측할 수 있는 패턴이 없기 때문이다. 소수는 산술을 구성하는 기본 요소로, 모든 수는 소수의 곱셈으로 표현할 수 있다. 가령 30은 2 × 3 × 5로, 126은 2 × 3 × 3 × 7로, 13,143,123은 3 × 3 × 7 × 7 × 29,803으로 나타낼 수 있다. 또한 수는 항상 고유한 방식(곱셈의 차수 포함)으로 소수로 분해된다. 1919년, 헝가리의 수학자 포여 죄르지는 어떤 수는 짝수 개의 소수로 분해되는 반면, 어떤 수는 홀수 개의 소수로 분해된다는 사실에 주목했다. 예를 들면 30은 세 개의 소수로 분해되는 반면에, 126은 네 개의 소수로 분해된다(3은 두 번 센다). 수학자들이 대개 그렇듯이, 포여 역시 짝수 개로 분해되는 경우(짝수형)가 많은지 홀수 개로 분해되는 경우(홀수형)가 많은지 궁금해졌다. 1에서 10까지의 수를 확인해보면 6개는 홀수형, 4개는 짝수형이다. 100까지 계속 세어보면 51개는 홀수형, 49개는 짝수형이다. 이제 1,000까지 더 나아가면 홀수형 507개, 짝수형 493개이다.

어떤 패턴이 보이기 시작하자, 포여는 특정 숫자까지, 홀수형 수는 짝수형 수보다 항상 많을 것이라고 **추측하게** 되었다. 100만까지 확인했을 때 포여의 추측은 옳은 것으로 검증되었으며, 이후로도 그에게 유리한 증거가 계속 쌓여갔다. 그러나 1962년 또다른 수학자 러셀 셔먼 레만이 포여의 추측과 모순되는 예를 발견했다. 906,180,359(9억이 넘는 수이다)에 이르면, 짝수형 수가 홀수형 수보다 더 많았다(고작 하나밖에 차이가 나지 않는 것으로 밝혀졌다). 그 이후로는 수가 더 커질수록 짝수형 수가 더 많아지는 쪽으로 균형이 기울었다.

오늘날에는 포여의 추측을 확인하여 9억이 조금 넘으면 결국 이 추측도 무너지고 만다는 사실을 알려줄 수 있는 컴퓨터 프로그램을 쉽게 만들 수 있다. 그러나 몇 가지 추측은 현기증이 날 만큼 큰 수에 대해서도 계속 성립하므로,[39] 우주의 모든 물질을 종이와 잉크로 바꿔 이것들이 다 떨어질 때까지 숫자를 써내려가더라도 이러한 추측이 완전히 무너지는 수에는 도달하지 못할 정도이다. 이 경우에 컴퓨터가 엄청난 반례를 찾아낼 때까지 기다리지 못한다고 해도 이해할 만하다(우리는 원 내부의 면의 수 세기를 다섯 번만 반복해도 거짓 가설에 빠지게 되지 않는가). 이처럼 압도적인 증거가 제시되면 여러분은 잘못된 결론에 굴복하고 엄밀한 수학적 논증은 아무런 가치가 없다고 판단하게 될 수도 있다.

오늘날 컴퓨터의 성능은 기하급수적인 속도로 향상되고 있지만, 어떤 수는 너무 커서 컴퓨터도 감당하기 어려울 정도이다. 이처럼 엄청나게 큰 수를 다룰 때 컴퓨터는 수학적 추론과 같은 방식으로 수를 처리하지는 못한다.

컴퓨터는 증명을 구성하는 데도 좋은 성과를 보이며 우리가 영구적인 진리를 구축하는 방식을 바꾸고 있다.[40] 여러분도 기억하고 있듯이 4색 정리의 증명은 두 부분으로 나누어졌다. 첫 부분은 인간이 기여한 부분으로 아펠과 하켄이 지도를 대략 2,000개의 유형으로 압축했으며 다음으로 컴퓨터가 활약해 이들 각각의 사례들을 처리했다.[41] 이 **전수 증명법**proof by exhaustion은 완전히 타당한 논증 전략이다. 하켄의 아들이 청중 앞에서 이 증명을 발표하자, 청중의 반응은 둘로 나뉘었다. 40대 이상의 청중은 컴퓨터가 증명의 상당 부분을 담당할 수 있다는 사실을 용납할 수 없었다. 반면 40대 미만의 청중은 700페이지에 달하는, 두 인간 저자가 직접 수행한 논증과 계산에 회의를 보였다. 복잡한 증명은 그것을 읽는 사람들의 맹신을 요구한다. 마지막 세부 사항까지 동의를 얻기 위해서는 '상대'에 대한 신뢰가 전제되어야 하는 것이다. 컴퓨터가 오류의 범위를 얼마나 대폭 줄였는지 감안할 때, 컴퓨터를 신뢰하는 일이 동료 인간을 신뢰하는 일보다 더 불편할 이유는 없다.

또한 컴퓨터는 반례를 생성하여 추측을 **반증하는** 데도 사용할 수 있다. 스위스의 수학자 레온하르트 오일러는 1769년 다음 방정식은 양의 정수 해가 없다고 주장했다.[42]

$$a^5 + b^5 + c^5 + d^5 = e^5$$

오일러는 통속 수학mathematics folklore에 가장 큰 기여를 한 수학자 중 한 명으로, 그의 원고를 훑어보는 데에만 한 사람이 평생을 바쳐야 할 정도라고 한다. 그럼에도 불구하고 오일러는 이 추측에 대한 증거를 제시하지 못한 채 무덤까지 가져갔다. 컴퓨터가 있으면 수없이 많은 수를 검사해볼 수 있으며, 결국 다음과 같은 사례를 찾게 된다.

$$27^5 + 84^5 + 110^5 + 133^5 = 144^5$$

이 반례는 오일러의 추측 이후 약 200년이 지난 뒤에 등장했다. 오일러가 이 엄청난 오류를 알았다면, 당대에 자신의 이론을 반증할 수 있는 계산 도구가 없었다는 사실에 무덤에서도 한탄했을 것이다. 오늘날의 수학자들은 산술이 포함된 난제를 풀기 위해서 연산 도구를 활용하는 일에 거리낌이 없다.[43]

심지어 증명을 처음부터 끝까지 구성하는 데에 컴퓨터가 동원되기도 한다. 프로 바둑기사와 수학자 모두를 경악시킨 알파고와의 대국 이후, 자연스럽게 수학적 증명은 바둑 정복자들의 목표가 되었다. 형식적인 수학적 증명과 복잡한 보드게임은 서로 깊은 연관성이 있다. 증명을 구성하려면 일련의 시작 전제('공리')와 논리적 연역을 위한 규칙의 목록이 필요하다. 수학이 게임이라면 이러한 기본 공리들은 게임판의 시작 위치를 의미하며, 논리 규칙은 게임의 규칙에 해당된다. 즉 수학에서의 증명은 보드게임에서 말들을 어디로 옮길 수 있는지 일련의 수에 비유할 수 있다.

보드게임의 비유에 익숙해졌다면 이제 컴퓨터 프로그램으로 상상력을 확장해보자. 컴퓨터가 시작 위치(즉, 공리)를 입력값으로 받은 후 정해진 규칙을 사용해서 서로 다른 조합을 고속 처리하면, 또다른 더 복잡한 진리에 도달할 수 있지 않을까? 이는 바로 수학적 발견의 자동화로서, 실제로 많은 수학자들이 진지하게 주목하고 있는 분야 중 하나이다.[44] 여러 연구 그룹이 협력하여 정의, 간단한 결과, 주요 정리 등의 수학적 개념을 컴퓨터가 이해할 수 있는 용어로 하드 코딩한 바 있다. 형식화된 수학 데이터베이스가 늘어남에 따라 새로운 진리를 발견할 수 있는 기회도 늘어나고 있다. 이러한 정리 증명 시스템은 여전히 인간의 통제하에 있으며, 인간과의 상호작용을 필요로 한다. 하지만 알고리즘도 이 일이 잘 맞지 않을까?

일례로, 구글의 딥마인드 팀은 수학적 증명 데이터베이스인 미자르Mizar에 기계학습을 적용한 바 있다. 이는 굉장히 신선한 접근법이다. 즉, 이 알고리즘은 스스로 추론하지는 않지만, 알려진 증명의 구조를 모방하고 이를 확장하여 새로운 정리를 구축함으로써 완벽하게 타당한 논증을 생성할 수 있다. 단순히 오래된 정리에 대한 새로운 증명을 되풀이하는 것이 아니다. 경우에 따라서 이러한 알고리즘은 완전히 새로운 결과를 도출할 수도 있다.[45] 고전적인 AI(이러한 데이터베이스에 포함된 형식적 증명)와 현대의 기계학습 패러다임 사이에 융합이 일어난 것이다.

수학적 발견의 반대편에는 **증명 검증**proof verification이 있다. 수학적 논증이 제시된 후에 이것이 영원한 진리의 지위를 얻기 위해서는 꼼

꼼한 검증을 통과해야 한다. 과거에는 수학적 증명이 승인될지 여부가 해당 분야 전문가들의 면밀한 검토에 달려 있었다. 이른바 **동료 검토**peer review라는 이 절차는 연구 간행물의 근간을 이룬다. 때때로 이 절차는 "권위에 의한 증명"이라고 불리기도 하는데, 그렇다면 누구의 권위를 말하는 것인가? 인류 역사의 상당 부분을 통틀어 증명을 확인하는 일은 인간의 몫이었다. 그러나 인류가 길고 지루한 계산의 부담을 덜기 위해서 도구를 발명했던 것처럼, 수학자들도 **증명 검증** 시스템에 눈을 돌리고 있다. 컴퓨터 프로그램에 규칙과 개념을 지정한 다음 이를 사용해 증명의 모든 단계를 평가하는 것이다. 다시 보드게임에 비유하면, 증명 검증은 게임 중간에 말들이 배열된 위치를 두고 이러한 배열에서 계속 게임을 진행한다면, 기존에 어떤 배열이 가능한 것으로 알려져 있는지 추적해보는 것과 유사하다.

이 기법을 널리 알린 사람은 수학자 토머스 헤일스로, 2014년 이 기법을 사용해서 **케플러의 추측**Kepler conjecture이라는 400년 된 문제에 대한 정식 증명을 발표했다.[46] 이 문제에 따르면 구체를 가장 조밀하게 채우는 방식은 "면심 입방 충전face-centred cubic packing"이다. 간단히 표현하면, 상자에 오렌지를 채울 때 일반적으로 볼 수 있는 방식이다. 노점상들은 이것이 정말 오렌지를 쌓는 가장 효율적인 방식인지 의심해왔는데, 마침내 헤일스가 증명을 해낸 것이다. 이 증명은 길고 복잡하며 단계마다 컴퓨터의 입증을 거쳤다. 사실 헤일스는 20여 년 전 다른 방식으로 컴퓨터를 사용해 증명을 제시한 바 있다. 구체적인 사례 각각의 대규모 데이터베이스를 모두 분석한 것이다(4색 정리와 마찬가지로, 전수 증명이 다시 등장한다). 원래의 증명은 『수학 연보

Annals of Mathematics』에 실렸지만, 모든 계산을 확인할 수 없었던 편집자들은 "99퍼센트 확실하다"고 선언하는 데에 그쳤다. 이 1퍼센트를 채우기 위해서 헤일스는 의심의 여지가 없는 증명법을 개발했다. 2014년에 발표한 개선된 증명에서는 이제 정리의 특정 사례를 컴퓨터로 개별 처리하는 대신에 논리 진술을 통한 검증을 시도했다.

수학의 최전선에서 이러한 '컴퓨터 보조 증명'이 점점 더 보편화되고 있다.[47] 수백 쪽에 달하는 연구 논문과 인간 자신도 이해하기 어려운 기호와 표기로 점철된 연구를 말이다.[48] 인간 검토자를 채용할지 여부는 실용적 차원보다는 철학적 차원의 문제가 되었다. 확실성의 극대화를 목표로 한다면 인간은 기계에 비해 미묘한 가정을 놓치기 쉽다는 점을 인정해야 한다.

자동화된 수학자

증명이 자신의 천직이라고 생각했던 수학자들에게 증명을 자동화한다는 소식은 어쩌면 청천벽력이 될 수도 있다. 그러나 당황하며 절망에 빠지기보다는 미자르 증명의 데이터베이스를 다시 한번 들여다보자. 그러면 이러한 논증 양식에 무엇인가가 결여되어 있음을 알 수 있다. 증명은 완벽하게 타당해 보이며, 대부분 몇 줄로만 작성되어 간결함이 돋보인다. 그러나 컴퓨터의 특색이기도 한 딱딱한 구문은 사람에게 아무런 감흥도 주지 못한다. 우리는 기호로 가득 찬 이 짧은 증명을 통해서 피타고라스의 정리 등의 결과가 타당하다는 것을 확신할 수 있다. 하지만 수학의 다른 영역에 적용할 수 있는 기발한 묘책, 영리한 계략, 핵심적인 통찰력은 더 이상 없다.

수학자이자 작가인 마커스 드 사토이는 자동화된 정리 증명기를 호르헤 루이스 보르헤스가 상상한, 존재할 수 있는 410쪽짜리 책 전부를 모아놓은 도서관인 '바벨의 도서관'에 비유한다.[49] 표준적인 (혹은 평범한) 텍스트와 진정으로 창의적인 텍스트를 분간하지 않는 것은 우리의 문학적 감수성을 거스른다. 마찬가지로 정리 공장의 조립 라인에 서서 무심히 결과를 쏟아내는 사람을 수학자라고 하지는 않는다. 수학자는 증명의 본질, 즉 더 심오한 진리나 다른 개념과의 연관성을 드러내는 핵심적인 통찰력을 찾는다.[50] 자동화의 폭격에 위협을 느낀다는 수학자를 지금까지 한 번도 보지 못한 이유도 바로 이것이다. 한 세기 전, 앙리 푸앵카레가 지적했듯이, "기계는 날것 그대로의 사실을 움켜쥐지만 사실의 정수는 언제나 기계의 손아귀에서 빠져나온다."[51]

인간은 상징의 추상성을 넘어 진실을 처리한다. 한 연구에서는 피험자들에게 "모든 A는 B이고, 모든 B는 C이므로, 모든 A는 C이다"라는 삼단논법이 옳은지 검토하도록 요청했다. 우리는 이미 전건 긍정 규칙을 통해서 이 논법을 살펴본 바 있다. 또한 피험자들에게 다음과 같은 다른 진술의 타당성도 평가하도록 요청했다. "모든 개는 반려동물이다. 모든 반려동물은 털로 덮여 있다. 따라서 모든 개는 털로 덮여 있다." 이 또한 전건 긍정의 사례로, 논리 구조가 첫 번째 진술과 동일하다. 물론 이번에는 좀더 구체적인 의미의 단어가 사용되었다. 우리 모두는 이러한 진술을 평가할 때 기댈 수 있는, 털 많은 반려동물에 대한 선입견이 있다. 연구진은 fMRI 영상을 사용하여 각 진술의 진위를 평가할 때, 뇌에서 서로 다른 신경망이 사용된다는 사실을 확인했다.[52] 우리는 컴퓨터와 달리 진술을 처리할 때 우리가 세상에 대해서 알고 있는 지식을 활용할 수 있다. 수학자 또한 마찬가지로 이전에 있었던 모든 정리와 앞으로 오게 될 모든 정리의 맥락에서 자신의 정리를 증명한다. 증명은 고립되어 있지 않다.

증명이 어떻게 표현되는지는 그 증명에서 입증하려는 진실만큼이나 중요하다. 수학자 팔 에르되시는 "책"이야말로 가장 우아하고 설득력 있는 최고의 논증 모음집이라고 말했다.[53] 훌륭한 증명은 특정 진리의 정수를 생생하게 전달해야 한다. 설득력 있는 내러티브를 갖춰야 한다. 좋은 이야기에는 우리를 매료시키는 놀라운 비밀이 숨어 있는 것처럼, 설득력 높고 인상 깊은 증명에는 빠져들 수밖에 없는 반전과 전환(청킹 메커니즘으로서 이야기, 회상, 보조 기억까지)이 숨어 있다. 증명은 마치 애거서 크리스티의 스릴러 소설처럼, 탐정이 능란하게 단서를 조합하여 범인의 정체를 밝혀내는 것만큼이나 짜릿한 쾌감을 선사한다. 이때 논리를 가미하면 증명이 거짓으로 흘러가는 것을 막을 수 있다. 앞에서 살펴본 바와 같이, 상당한 서술적 편향이 개입되면 스토리텔링 그 자체가 타당한 결론으로부터 멀어질 수 있다. 수학적 증명은 일종의 내러티브적 방어막으로서, 논증에 논리를 추가함으로써 이러한 오류를 방지한다. 수학적 논증의 각 단계마다 문지기 역할을 하는 것이다.

물론 연상적 표현에 논리를 뒤섞는 이러한 능력이 항상 '실제 사실'로 이어지는 것은 아니다. 수학자들도 정치나 종교 등 강한 신념과 가치에 대한 일상적인 주제를 논할 때 논리적 오류를 저지르고는 한다. 근본 신념이 흔들리거나(다음 장에서 자세히 설명한다) 편견이 추론을 압도하게 되면 세계관이 왜곡될 수 있다. 하지만 증명은 마음을 단련하기 위한 훈련이라는 점을 다시 한번 상기하자. 요가 수련회에서 시간을 보내는 것만으로도 영적 감각이 깨어나는 것처럼(덤으로 유연성도 키울 수 있다), 증명을 위해서 애를 쓰다 보면 수학적 영역 안팎에서 논증을 전개하고 반박하는 능력이 강화된다.

많은 수학자들이 동의하듯이, 수학적 증명이 우아함에 대한 우리의 주관적 개념에 부합하기 위해서는 과학만큼의 기교가 요구된다. 이러한 특질에 따라 증명은 기계의 고속 처리방식만으로는 도달하지 못하는, 냉철한 논리 그 이상으로 격상된다. 컴퓨터로 생성된 증명은 수학자 G. H. 하디가 도외시했던 '추한 수학'의 대표적인 사례이다. 하디에 따르면, 수학은 먼저 **아름다움**이라는 시험을 통과해야 한다. 하디에게 아름다움의 기준은 개념의 '근엄함', 경제성 그리고 예상치 못한 필연성이다. 이러한 특성을 미적 특질의 모호한 매력으로 일축하지 않고 상세히 파고든 학자들도 있다.[54] 예일 대학교의 최근 연구에 따르면 수학자가 아닌 사람들도 예술적 미만큼이나 직관적으로 수학적 미를 파악할 수 있으며, 무엇이 수학의 아름다움을 불러일으키는지에 대해서도 공감대가 존재하는 것으로 나타났다.[55] 미자르 프로젝트의 증명법은 아름다움이 배제된다는 한계가 있다. 스토리텔링도 없고, 내러티브도 없으며 우리를 놀라움과 경이로움으로 가득한 여정으로 안내하는 캐릭터나 줄거리도 없다. AI 연구자들이 컴퓨터도 인간과 비슷한 방식으로 증명을 전개할 수 있도록 만드는 방법을 찾고 있지만,[56] 현재로서는 생기 없는 논리 사슬을 넘어서는 증명은 나오지 않았다.

논리와 감정의 뒤엉킴

지난 두 장에서 어떤 내용을 다루었는지 다시 한번 살펴보자. 모든 논증은 생각을 전달하는 것뿐만 아니라 특정한 사회적 맥락에서 이러한 생각을 정당화하고 다른 사람들에게 진리를 설득하려는 목적도 가진다. 이 모든 목적을 한 번에 달성하려면 논증은 논리와 감성에 모두 호소해야 한다. 즉, 첫 번째로 명제의 객관적 진실을 확보하고, 두 번째로는 사람들의 믿음을 올바른 방향으로 이끌 수 있는 용어로 그 진리를 표현해야 한다. 수학적 추론은 실제 진실과 겉보기에 그럴듯해 보이는 진실을 분간하기 위한 엄밀한 메커니즘으로, 논증의 논리적 차원을 구성한다. 가장 강력한 논증, 즉 순수한 진리 위에 지혜와 통찰력을 불어넣는 논증은 인간의 마음에 깃든 풍부한 표상의 태피스트리에 의존한다. 이러한 논증은 단순히 결론만 제시하는 데에 그치는 것이 아니라 상징, 그림, 이야기, 비유 등 다양한 설명 도구를 사용하여 큰 그림을 보여준다. 세상은 본질적으로 복잡하고 혼란스럽다. 사용 가능한 모든 표상을 동원해야만 비로소 이해할 수 있다.

AI는 여전히 진리를 파악하기 위해서 고군분투하고 있다. 기계학습의 패턴 매칭 방식은 그 내부가 매우 불투명하고, 왜 그러한 판단을 내렸는지에 대한 근거가 없으며, 추론 방법은 근본적으로 암기에 국한되어 있다. AI의 회로에는 아직 추론이 삽입되어 있지 않다. 컴퓨터가 논리적으로 사고하고 행동하도록 하려면 결국 인간이 만든 추론 규칙을 하드 코딩하여 기계의 추론 능력을 부트스트랩bootstrap 하는 '고전적' AI 시스템이 포함되어야 한다.

오늘날 많은 AI 시스템이 이미 이러한 하이브리드 접근방식을 채택하고 있다. 예컨대 자율 주행 차량은 자신의 오류를 인식하기 위해서 100만 명이 넘는 사람의 주행 데이터를 학습하지 않아도 된다. 자율 주행 차량은 인간 프로그래머가 설정한 규칙 때문에 특정 행위가 금지된다는 것을 '알고' 있다. 딥마인드는 수학적 증명을 자동화할 때, 모든 것을 처음부터 학습하는 "빈 서판tabula rasa" 방식을 거부하고, 대신에 사람이 만든 기존 증명을 입력값으로 받음으로써 기존 AI와 새로운 AI를 혼합한 새로운 접근방식을 취한다. 자동 십자말풀이 프로그램인 "닥터필Dr.Fill"도 비슷한 접근방식을 채택한다. 닥터필은 퍼즐 단서를 읽은 후 딥러닝을 사용해서 가능한 답을 제시하는데, 이때 각 단어의 길이나 이들 단어가 말판에서 서로 충돌하지 않는지 확인할 때는 '구식' 알고리즘을 사용하여 순위를 매긴다. 이러한 혼합 방식은 미국 십자말풀이 대회에서 우승을 차지할 만큼 강력하다는 점이 입증되었다.[57] 이처럼 지능의 여러 측면을 융합한 형태의 AI 시스템이 탄생하면 수학이나 과학과 같은 보다 심오한 분야에서도 알파고에 비견할 만한 놀라운 성과를 거둘 수 있게 될지도 모른다.

그렇다 하더라도 인간이 해결해야 할 문제는 여전히 많다. 인간 스스로가 이미 인지 체계에 수많은 편향을 내재하고 있으므로, 인간만이 추론을 할 수 있다고 주장하기는 어렵다. 기계에 우리 자신의 마음을 투영하고자 한다면, 우리 자신이 이미 오류투성이라는 점을 기억해야 한다. 그래야만 이러한 시스템이 우리의 미묘한 편견들을 심화시키지 않도록 방지할 수 있다. 그러나 사람의 마음은 그 자체로 논리와 감성을 모두 충족하는 추론 방식을 갖추고 있다. 인간의 논증은 광대한 만큼이나 또한 우아하다. 건조한 진리는 물론이고, 기계는 결코 쉽게 인코딩하지 못하는 지혜와 통찰과 같은 특성도 가지고 있다.

4
상상

규칙 파괴자를 좀더 존중해야 하는 이유, 수학자의 재창조,
컴퓨터는 결코 찾지 못할 진실

우리 집에서는 보드게임 '모노폴리'를 해서는 안 된다. 내가 처가 식구들과 게임을 할 때마다 언쟁이 벌어지자 더 이상 참을 수 없었던 아내가 몇 년 전에 이 게임을 금지해버렸다. 다툼은 항상 규칙에 대한 해석 차이에서 비롯되었다. 이 게임은 부동산 거래를 중심으로 진행된다. 그런데 처남과 처제는 가끔 상황이 절박해지면 게임 중간에 서로 팀을 이루어 한 명이 다른 사람에게 자신의 값비싼 자산을 헐값에 넘기고는 했다. 적어도 내게 이런 행위는 담합으로 보였지만 처제와 처남은 이런 방식의 '협동'도 모두 게임의 일부라고 말했다. 그럴 때마다 나는 이 게임의 이름에서도 알 수 있듯이, 이 게임의 본령은 개인들 간의 경쟁이라고 반박할 수밖에 없다. 협업도, 담합도 없이 치열한 경쟁 속에서 오로지 자신의 이익을 위해 의사 결정을 내려야 하는 것이다. 하지만 규칙에 이런 종류의 공모를 명시적으로 금지하는 규정이 없으므로 게임은 계속 진행된다. 다른 규칙을 만들고서는 실랑이를 벌일 때도 있다. 예컨대 '무료주차장'에 도착한 참가자가 그동안 게임판에 쌓아둔 모든 벌금과 세금을 보상으로 가져가도록

하는 것이다. 이렇게 획기적인 룰을 도입하면 그렇지 않아도 실력보다는 운이 좌우하는 이 게임의 변동성이 더 높아지므로 나는 발끈하고는 했다. 다른 참가자들은 동의하지 않았다. 자신들이 조금이라도 더 오래 살아남으려면 불확실성의 여지를 남겨야 한다는 것이다. 결국 우리는 본질적으로 서로 다른 유형의 게임을 하는 중임을 수긍하며 무효를 선언하기도 했다. 규칙에 대한 합의가 이루어지지 않으면 경쟁 게임은 성립하지 않는다. 따라서 이 게임은 금지되었다.

모노폴리 게임은 우리 각자가 기본적으로 전제하는 진실의 작은 변화가 어떻게 완전히 다른 상황 해석을 가져올 수 있는지를 잘 보여준다.* 비단 게임만 그런 것은 아니다. 우리 각자가 매일 따르는 '규칙' 등 핵심적인 믿음과 가치의 차이를 추적하면 인간 사고가 얼마나 다양한지 확인할 수 있다. 두 사람이 서로 동의하지 않으면서 둘 다 논리적일 수 있다. 즉 각자의 논증은 효력이 동일하며 단지 믿음이나 전제가 서로 다를 뿐이다.[1] 심리학자 조너선 하이트는 여섯 가지 핵심 신념으로 우리의 정치적, 종교적 분열을 설명할 수 있다고 생각하고, 이를 바탕으로 "도덕성 기반Moral Foundations" 이론을 전개했다.[2] 배려/피해, 충성심/배신, 공평성/부정, 권위/전복, 고귀함/추함, 자유/압제가 이 여섯 가지 신념이다. 이러한 신념에 대한 해석의 차이가 어떻게 서로 다른 의견으로 이어지는지를 이해하면 반대되는 견해

---

* 실제로 모노폴리 게임의 오리지널 버전은 소유 재산 집중의 부당함을 폭로하기 위해서 고안되었다. 원래 이름은 "지주 게임(The Landlord's Game)"으로, 지대세와 같은 요소도 포함되어 있었다. 자산 소유자가 임대료 보상을 받는 '독점' 규칙이 생기고 상대방을 파산시키는 것이 게임의 목표가 된 것은 그 이후의 일이다.

에 더 잘 공감할 수 있다. 가령 미국에서 좌파는 평등이라는 개념에 근거하여 **공평성**을 이해하는(모든 사람은 번영의 결과를 누릴 자격이 있다) 경향이 있는 반면, 우파는 비례의 측면에서 공평성을 이해한다(뿌린 만큼 거둔다). 이처럼 공리를 어떻게 정의하는지를 보면, 왜 진보주의자는 사회 복지제도와 증세를 선호하는 반면, 보수주의자는 작은 정부와 규제 완화를 옹호하는지 쉽게 이해할 수 있다. 각 정파의 견해는 핵심 신념 구조에 따른 자연스럽고 논리적인 결과인 것이다.

신념은 대개 반론의 여지가 없는 차디찬 선언의 형태로 선포되는 경향이 있지만 한발 물러서서 보면 이러한 전제도 어딘가 뜯어고칠 여지가 있는 것처럼 보인다.

이전 장에서는 인간과 기계 각각이 주어진 진리 집합을 조합하여 새로운 진리를 형성하는 방식을 비교하면서 인간만이 논증에 뚜렷한 미적 특질을 부여할 수 있다고 주장했다. 하지만 주어진 재료로 어떤 요리를 만들 수 있는지를 토대로 요리사를 비교하는 일과 이들 요리사에게 재료를 변형하여 새로운 조리법을 고안할 수 있는 권한을 주는 일은 서로 전혀 다른 문제이다. 이번 장에서는 주어진 일련의 규칙을 **탈피할** 수 있는 능력을 부각함으로써 지능의 기준을 한층 더 높이고자 한다.

컴퓨터는 이 지점에서 한계를 드러낸다. 컴퓨터가 높은 수준의 창의력을 발휘하는 것처럼 보여도 실제로 이들의 결과물은 인간, 즉 프로그래머가 작동 범위를 지정하기 위해서 설정한 매개변수에 따라 제한된다. 컴퓨터는 필연적으로 주어진 제약 조건 내에서 작동할 수밖에 없다. 반면 인간은 그러한 제약에서 탈피함으로써 움터나오는 가능성에 이끌린다. 우리의 반항적 본능은 때때로 가장 창의적인 결과로 이어진다. 기존 관점의 연장선이 아니라 완전히 새로운 방식으로 세상을 바라봄으로써 신세계를 창조하는 것이다.

이런 의미에서 수학은 가장 창조적인 활동이 될 자질을 갖추었다. 수학은 규칙을 뛰어넘도록 독려하기 때문이다. "상자 밖에서 생각하기"라는 문구는 1914년 대중 수학자 샘 로이드의 퍼즐 모음집에 처음 등장한 인기 수학 퍼즐에서 유래했다.[3] 가령 종이(또는 화면)에서 연필을 떼지 않고 아래의 모든 점을 통과하는 직선 4개를 그릴 수 있는지 알아보자.

여러분도 이미 답을 알고 있을지도 모르겠다. 이 문제는 격자의 틀을 벗어나야만 해답을 찾을 수 있다. 이 퍼즐은 기존의 접근법에서 벗어나야 한다는 점에서 특별한 묘미가 있다.[4]

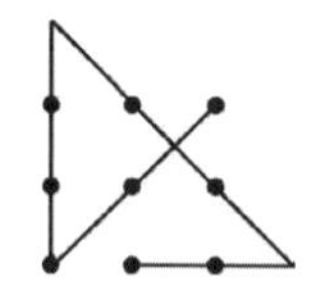

수학의 전 분야도 상당히 비슷한 방식으로 이해할 수 있다. 모든 수학 체계는 자명한 것으로 간주되는 일련의 기본 진리, 즉 공리를 기반으로 한다. 이전 장에서도 보았듯이 모든 증명은 치밀한 논증의 연쇄로 구성되며, 이 사슬을 거슬러올라가면 기본 진술에 도달할 수 있다. 한 사람의 성격이 그 사람의 근본적인 신념에서 연원하듯이, 수학 체계도 이러한 공리로부터 형성된다. 신념과 가치관이 바뀌면 사람의 성격도 달라지는 것처럼, 우리가 통상적으로 당연하게 여기는 수학도 공리가 흔들리면 함께 무너질 수 있다. 수학은 규칙을 설정함으로써 우리 스스로 정신 세계를 구축할 수 있도록 길을 안내하지만, 동시에 그러한 규칙을 깨뜨림으로써 우리 세계를 뒤흔들 수도 있다.

만약에

인간은 오랫동안 물리적 현실 외부에 존재하는 개념과 생명체를 꿈꿔왔다. 지금까지 알려진 가장 오래된 조형 예술품은 독일 남서부 론 계곡의 동굴에서 발견된, 반은 인간이고 반은 사자인 키메라 입상立像, "홀렌슈타인-슈타델의 사자 인간"이다. 약 4만 년 전에 조각된 이 사자 인간은 그 제작 목적이 알려지지 않은, 순수하게 인간의 상상력의 산물이다. 이는 인간이 새로운 인지능력, 즉 **반사실적 추론**을 할 수 있었다는 것을 보여준다. 우리 선조들은 단순히 일상적인 경험을 이해하는 데에 그치지 않고 어쩌면 다른 현실이 존재할지도 모른다고 생각할 수 있었던 것이다. 우리는 감히 **만약에**라고 질문할 수 있었다. 이는 단순한 질문으로 보이지만 창의적 사고를 위해서는 이러한 질문이 반드시 필요하다. 우리가 특정 상황에 처했을 때 그 상황을 해석하기 위해서 선택하는 표상은 인지과학자 더글러스 호프스태터가 말한 "암묵적 반사실적 영역"으로 둘러싸여 있다. 즉 우리는 세상에 대한 기존 지식에서 조금씩 변형된 형태로 나타나는 다양한 표상들 중에서 선택한다.[5]

오랫동안 창의적인 표현은 관행을 거스르는 능력에서 나오는 것으로 여겨졌다. 호프스태터는 이를 "체계에서 벗어나기jumping out of the system" 또는 그의 독특한 약칭에 따르면 **체벗**jootsing이라고 부른다.[6] 가장 파괴적인 예술가가 가장 큰 혁신을 이룬다. 이들은 관례를 거슬러 더 큰 가능성을 향해 용감하게 뛰어든다. 베토벤은 서양 음악 전통의 '고전주의적' 합리성에서 벗어나 9개의 교향곡에 정서를 불어넣었다. 카라바조는 강렬한 사실주의 화풍으로 이탈리아 회화에 혁신을 가져오고 명암의 사용(키아로스쿠로chiaroscuro)을 통해서 사진의 효시를 불러왔다. 제임스 조이스의 『율리시스*Ulysses*』는 다양한 양식과 관점은 물론이고 하위 문학 장르까지 도입하여 소설의 체계에 대변혁을 일으켰다. 이러한 예술적 혁신은 처음에는 엄청난 저항에 직면하여 조롱을 받거나 논란을 일으키다가 나중에서야 보편적인 것으로 수용되고는 했다. 새로운 규칙이 기존 규칙을 대체하면 그 과정에서 새로운 장르가 탄생한다. 현대의 오락 문화는 기술의 발전에 힘입어 우리의 가장 기괴한 상상마저 실현시킬 수 있게 되었다. 나는 반사실적 사고를 표현한 (적어도 메리 셸리의 『프랑켄슈타인』까지 거슬러올라가는 디스토피아 소설을 연상시키는) 영화를 가장 좋아한다. 가령 지각이 있는 기계가 인류를 위협하려는 목표를 세운다면 어떤 일이 벌어질까(「터미네이터」, 「매트릭스」)? 만약 인간들 중 일부가 돌연변이를 일으켜 초능력을 가지게 된다면 어떻게 될까(「엑스맨」)? 만약 시간여행이 가능하다면(「백투더퓨처」)? 나의 영화 취향에 의문이 있을 수는 있겠지만, 일단 이러한 세상을 창조하기 위해서는 반사실적 사고방식이 필요하다는 점만 짚고 넘어가자. 마찬가지로 이제 비디오 게임은 가장 신비로운 세계로 통하는 문으로 간주된다. 게임 설계자는 일련의 규칙을 세우고 이러한 선택에 따른 현실을 탐험할 수 있다. 이러한 세계는 설계자의 선택에 따라 중력 법칙이나 운동 법칙이 성립하지 않는 등, 실제 세계의 법칙을 거스르는 경우가 많다.[7]

과학자들도 이른바 토머스 쿤이 말한 그 유명한 "패러다임 전환"을 이루기 위해서 기존 관행을 넘어 더 멀리 도약하려고 애쓰고 있다.[8] 과학적 사고와 예술적 표현에서 파괴적 혁신이 일어나기 위해서는 점진적인 진전 이상이 필요하다. 수학은 과학 중에서도 가장 파괴적인 학문으로서, 아무리 틀에서 벗어난 생각이라도 새로운 세계를 구상하는 데에 사용할 수 있는 가장 오래된 방법이다. 수학의 세계에서 우리는 총 감독의 자리에 앉아 우리에게 적합해 보이는 공리들로 무대를 꾸밀 수 있다. 이 무대가 성공하면 그동안 우리가 배운 수학 법칙이나 기존의 규칙을 탈피한 새로운 세계를 보상으로 받을 수 있다. 수학적 지능의 원동력은 사고의 전 영역을 창조하고 재창조할 수 있는 자유에서 나온다.

앞에서 살펴본 것처럼 유클리드의 『원론』은 엄밀한 수학적 증명의 근간이 되었다. 『원론』의 모든 기하학 진술은 유클리드의 초기 '공준'에서 나온다. 유클리드의 제5공준은 본질적으로 한 직선과 그 선 밖에 다른 한 점이 주어졌을 때, 이 점을 통과하는 직선들 중에서 주어진 직선과 평행한 직선은 단 하나뿐이라는 가정이다. 이 가정은 단지 표현이 난해할 뿐 상당히 자명해 보인다. 심지어 유클리드는 다른 공리들로부터 도출할 수 있으므로 공준으로 볼 필요가 없다고 생각하기까지 했다. 이 진술은 삼각형의 내각의 합이 180도라거나 평행하는

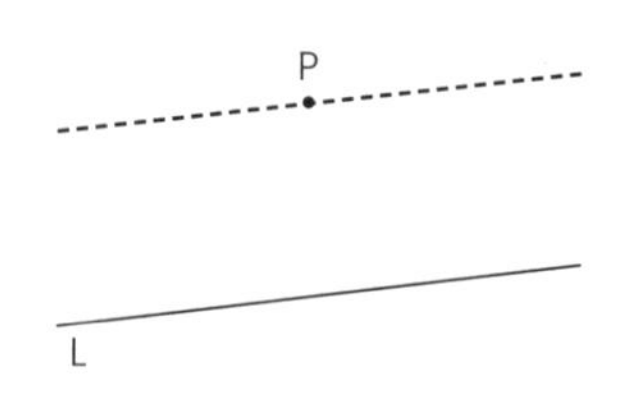

유클리드의 제5공준—점선은 직선 L과 평행한 유일한 직선이다.

두 직선은 만나지 않는다는 명제와 동치同値로 볼 수 있으며, 타당한 이의를 제기할 수 없는 주장이다.

공교롭게도 유클리드는 제5공준에 대한 증명을 명확히 제시하지 못했으므로, 이를 "최후 방편의 공리"라고 불러야만 했다. 그후 수세기 동안 수학자들은 유클리드가 추정했던 것처럼 제5공준을 공준에서 배제하기 위해서 다른 공리로부터 제5공준을 논리적으로 유도할 수 있음을 증명하려고 했다. 그러나 제5공준은 결코 만만한 상대가 아니었다. 결국 19세기 한 무리의 수학자들이 가장 용감한 질문, "만약에?"를 묻기 시작했다. 즉, 만약에 주어진 점을 지나는 직선들 중에서 주어진 직선과 평행한 직선이 두 개 이상이라면 궁극적으로 어떻게 될까? 만약에 삼각형의 내각의 합이 180도가 아니라면 어떻게 될까?

대부분의 사람들은 이러한 가정을 머릿속으로 그리는 데에 어려움을 겪는다. 기본적으로 유클리드의 이론이 잘 들어맞는 평면에서 이를 시각화하기 때문이다. 대신 구와 같은 곡면, 예컨대 지구를 떠올려보자. 지구의 적도에서 북쪽 방향으로 수직인 평행선을 그으면(즉, 경선) 이들 직선은 적도에 대비해 평행함에도 불구하고 모두 북극점에서 만난다. 이때 적도상의 두 점과 북극점을 연결해서 삼각형을 만들면, 이 삼각형은 두 개의 내각이 직각이므로 세 개의 각을 모두 합

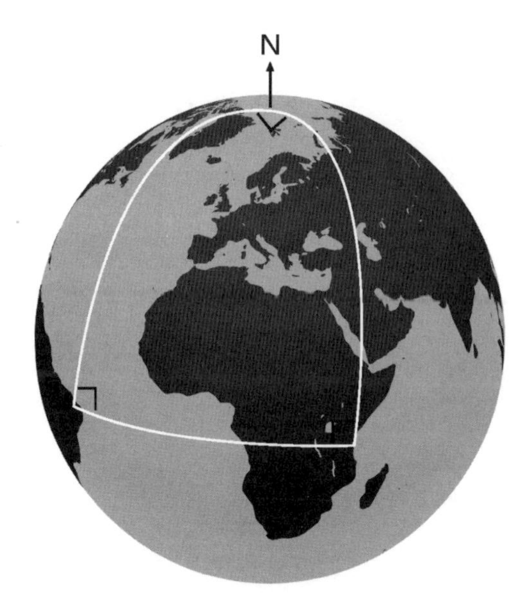

이 삼각형의 세 개의 각은 모두 직각으로, 그 합은 90° + 90° + 90° = 270°이다.

하면 180도를 초과하게 된다. 이는 명백히 유클리드 기하학을 위배한다. 즉, 여러 평행선들이 한 점에서 만나고, 삼각형도 일반적인 거동을 보이지 않는다.

타원 기하학elliptic geometry으로 알려진 이 특별한 갈래의 기하학은 우리가 이미 알고 있는 물리적 구조인 지구를 반영하고 있으므로 (완고한 '지구 평평론자'를 제외하면) 누구나 실질적으로 쉽게 이해할 수 있다. 세상이 평평하다는 개념에서 벗어나면 세상에 대한 이해가 더욱 풍부해지는 것처럼, 수학은 평면의 속성을 뛰어넘어 기하학을 더욱 풍성하게 만드는 동력이 될 수 있다.

창의적인 사고를 위해서는 선입관과 물리적 규범을 뛰어넘음을 준비가 되어 있어야 한다. 그렇다면 지구의 표면에서 멈출 이유가 있을까? 최초로 구상된 비유클리드 기하학은 **쌍곡 기하학**hyperbolic geometry으로, 제5공준은 완전히 무시한 채 무한히 많은 평행선이 동일한 한 점을 통과하는 전혀 생소한 세계를 기준으로 삼는다. 쌍곡 기하학은 매우 추상적이며 극도로 비현실적이지만 자체적인 논리에 따라 모든 것이 정당화될 수 있다. 이 기하학은 특수 상대성 이론에서 시간과 공간의 관계를 기술하는 데에 활용되며, 사회적 네트워크를 설명할 때도 언급되는 등 찾아보면 얼마든지 '유용한' 활용 사례를 찾아볼 수 있다.

유클리드의 제5공준에 대한 대안 중 어느 것도 『원론』을 무효화하지 않는다. 그저 유클리드 기하학과 동등한 또다른 틀을 우리의 세계관에 추가함으로써 기하학을 보다 흥미롭게 만드는 새로운 요소가 늘어난 것뿐이다. 쌍곡 기하학을 최초로 구상한 헝가리의 수학자 야노시 보여이는 아버지에게 보낸 편지에서 "무無에서 완전히 새로운 세계를 창조했습니다"라고 선언했다.[9]

오늘날의 컴퓨터도 이 정도의 수준에 도달했을까? 이제는 실제로 존재하지 않는 사람의 실사 이미지를 만드는 프로그램도 개발되었다. 이들 프로그램은 **생성적 적대 신경망**generative adversarial networks이라는 기발한 기법을 이용하는데, 여기에서는 두 가지 모델이 활용된다. **생성자**generator라고 부르는 첫 번째 모델은 실제 사람과 닮은 새로운 예시를 만들도록 훈련된다. 그런 다음 두 번째 모델 **구별자**discriminator가 모든 이미지를 살펴본 후 어떤 것이 진짜이고 어떤 것이 가짜인지를 판별한다. 이것은 일종의 '고양이와 생쥐' 게임으로, 첫 번째 모델은 두 번째 모델을 속여 자신의 창작물이 진짜라고 믿게 만들어야 한다(따라서 적대적이다). 이 과정은 구별자가 생성자에게 속는 비율이 절반 정도가 될 때까지 계속된다. 이 시점이 되면 생성자는 실제 이미지와 잘 구별되지 않는 가짜 이미지를 생성하게 된다. 딥페이크의 핵심 기술이기도 한 이 기술은 사진 편집, 특수 효과, 산업 디자인에 혁신을 가져올 것으로 예상된다. 이미 여러분도 분명 매혹적인 멀티미디어 콘텐츠를 보고 그것이 컴퓨터의 창작물이라는 사실을 알아차리지 못한 채 눈길을 빼앗긴 적이 있을 것이다.

이처럼 컴퓨터는 실제 사람의 이미지를 입력받아 인간과 닮은 새로운 인물을 창조할 수는 있지만, J. R. R. 톨킨의 "중간계"에 등장하는 엘프, 난쟁이, 마법사 같은 캐릭터는 구상하지 못한다. 생성적 적대 신경망은 큰 화면에서 멋진 이미지의 세부사항을 수정하는 데는 유용할 수 있으며, (가령 동영상에서 말을 얼룩말로 대체하는 등) 기존 이미지로부터 새로운 세계를 창조하는 프로그램을 만들기 위한 노력도 진행되고 있지만,[10] 이러한 세계는 결국 인간이 머릿속으로 구상한 세계로서, 그저 우리에게 익숙하고 일상적인 부분을 지워버린 것에 불과하다.

숫자 체계는 계속해서 파괴된다

수학적 진리는 돌에 새겨져 있지 않다. 공리 또한 마찬가지이다. 공리를 변화시켰을 때, 수학적 추론의 결과는 언뜻 보기에 직관적이지 않은 전혀 예상치 못한 진리로 이어질 수 있지만, 이러한 진리조차 그 자체로 명백히 논리적이며 강력할 수 있다.

우리 모두(일부 부족은 제외)에게 친숙한 숫자 체계는 사실 개념적인 장벽을 허물기 위해서 여러 차례 시도한 결과로 얻어진 것이다. 제1장에서 우리는 선천적으로 대략 4까지만 개념적으로 정확히 파악할 수 있다는 사실을 살펴보았다. 자연은 우리에게 정확한 수를 오직 한 줌만 알도록 허용했다. 4를 넘는 그외의 모든 정수는 우리가 발명한 것이다. 정수에서부터 오늘날의 완전 수 체계를 발전시키기까지, 인간은 수에 대해서 떠올릴 수 있는 모든 한계를 뛰어넘어 이전에는 상상할 수 없던 새로운 개념으로 나아가야 했다. 수 체계의 계속된 발전은 상당 부분 기존의 관습에서 벗어나고자 하는 의지에 크게 의존한다.

학생들은 학교에서 숫자를 배우면서 수의 '거동'에 관해 이전에 우리가 가지고 있던 생각에 위배되는 개념이나 기법을 사용할 때 큰 곤란을 겪고는 한다. 분수가 대표적인 예이다. 우리는 정수를 배울 때 1이 2보다 작고, 2가 3보다 작은 등 숫자는 숫자선에 순서대로 표시되는 것으로 생각한다.

분수에서는 이러한 순서가 뒤집힌다. 가령 1/2이 1/3보다 크다는 것을 처음 배울 때, 우리는 머릿속이 어질어질해지는 것을 느낀다. 정수가 분수의 아랫부분에 오면 말 그대로 순서가 뒤집히는 것이다. 분수를 곱셈할 때 우리의 직관은 다시 한번 치명타를 입는다. 1보다 큰 정수의 경우 곱셈을 하면 항상 더 큰 수가 나온다. 수를 증폭시키는 것이다. 예컨대 2를 곱하면 두 배가 되고, 3을 곱하면 세 배가 되는 식이다. 분수는 그렇지 않다. 1/2을 곱하는 것은 2로 나누는 것이므로 숫자가 작아진다. 숫자 계열을 더욱 세밀하게 조사해보면 우리는 개념 모델에 완전히 새로운, 예상치 못한 거동을 추가해야 한다.

무리수에 빠지다

직각삼각형으로 유명한 피타고라스 학파만큼 수에 집착한 사람들도 없을 것이다. 이 학파는 식단 규칙에서부터 취침 시간, 신발을 신는 방법에 이르기까지 일상의 모든 부분에서 규칙과 규정을 따르며 살았다. 이들은 또한 수의 신봉자임을 자랑스럽게 여겼다. 이 학파는 수학자이자 철학자로서, 정수가 우주의 근본 구조를 이룬다고 선언했다. 모든 것의 근간에는 수가 있었다.[11] 이 산술적 우주론에서 분수는 하나의 정수를 다른 정수로 나눔으로써 쉽게 기술할 수 있고 또한 쉽게 구성할 수 있으므로 허용된다. 그러나 분수로 표현할 수 없는 수가 있다면 골치 아픈 일이 한두 가지가 아닐 것이다(무엇보다도, 후세의 수학자들은 이러한 수가 소수점 이하에서 반복되는 부분 없이 영원히 이어질 수 있음을 보였다). 피타고라스 학파에게 이러한 수는 이단과 다름없었다. 이 이치에 맞지 않는無理 괴물은 질서 정연한 우주에 대한 그들의 세계관에 혼란을 가져왔다.

속설에 따르면, 이 학파의 신봉자들 중 한 명인 히파수스는 무리수無理數의 존재를 우연히 발견한 것으로 알려졌다. 그 유명한 피타고라스의 정리를 이리저리 가지고 놀던 중이었다. 예컨대 짧은 변의 길이가 둘 다 1인 직각삼각형을 생각해보자. 피타고라스 정리에 따르면 빗변의 길이는 2의 제곱근이다. 히파수스는 매우 쉽게 구성할 수 있는 이 수는 분수로 나타낼 수 없다고 주장했다. 이는 히파수스의 마지막 발견이 되었다. 아마도 신봉자 집단이 이 위험한 발견을 감추

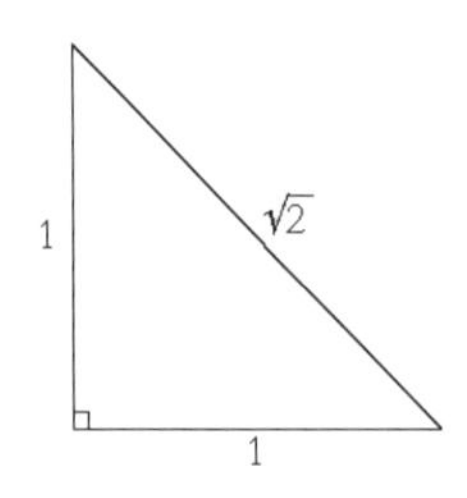

기 위해서 히파수스를 물에 빠뜨려 익사시킨 것으로 추정되기 때문이다. 그러나 수학의 이러한 비밀은 오랫동안 숨길 수 없었다. 이후 또 다른 그리스인 유클리드가 『원론』 제10권에 히파수스의 주장에 대한 증명을 포함시켰다.*

그후 수 세기 동안 다른 무리수가 수없이 발견되었다. 한 가지 놀라운 사실은 이런 신비로운 짐승이 유리수보다 훨씬 더 많다는 것이다. 수선 위에 아무 지점이나 짚으면 그 수는 대체로 분수가 아니라 무리수, 즉 처음부터 상상도 하지 못했을 만큼 이상한 수일 가능성이 매우 높다. 무리수의 존재는 수는 딱 맞아떨어지고 질서 정연하다는 개념을 폐기했다. 피타고라스 학파는 이 괴물 같은 수를 터무니없는 존재로 간주했으나 우리는 이 수의 존재를 받아들일 수밖에 없다.

영 : 무에서 유를 창조하다

속설에 따르면 알렉산드로스 대왕은 인도를 방문하던 중 바위에 앉아 나체로 명상하는 현자를 만났다고 한다. 정복자는 고개를 들고

---

* 유클리드는 그 자체로 "만약에"로 시작하는 논증인 귀류법을 사용했다. 즉, "만약에 $\sqrt{2}$에 해당하는 분수가 존재한다면?"이라는 질문에서 시작한 다음 여기에서 모순을 찾아내어 그러한 분수가 존재하지 않음을 증명했다.

하늘을 응시하고 있는 노인에게 "무엇을 하고 있느냐"고 물었다. 그러자 노인은 이렇게 답했다. "무를 경험하고 있소. 당신은 무엇을 하고 있소?" 알렉산드로스가 답했다. "세계를 정복하고 있소." 두 사람은 모두 웃음을 터트렸다. 상대가 바보같이 인생을 낭비하고 있다고 생각한 것이다.

무의 개념은 과거 여러 문명권에서 엇갈린 반응을 얻었다. 당연히 무에 대한 수학적 표상, 즉 영도 숫자 체계에 도입되지 않았다. 수학에서 상당한 진전을 이룬 그리스에도 0을 나타내는 기호가 없었다.

고대 문화권에서는 영이라는 개념을 나타내기 위해서 독자적으로 다양한 상징을 발전시켰다. 바빌로니아의 설형문자에는 없음을 나타내기 위한 이중 쐐기 모양의 기호가 있었고, 마야인들은 그 유명한 마야 달력에서 조개껍질로 없음을 표시했다. 3세기 불교 승려를 위한 산스크리트어 수행본에도 영에 대한 기록이 등장한다(점 하나로 표기했으며, 이후 우리가 현재 사용하는 기호인 '0'으로 변형되었다).[12] 이 모든 경우에 영은 숫자가 아니라 없음을 나타내는 자리 표시자로 사용되었다. 그러나 더하고 빼고 곱할 수 있는 수로서의 영, 즉 자리 표시자가 아니라 그 자체가 대상인 영이 수용되기까지는 더 많은 시간이 필요했다. 마야와 바빌로니아 사람들은 영을 자리 표시자로 사용했음에도 불구하고 수적 대상으로서의 영에 대한 개념은 없었다.

인도에서는 요가와 같은 수련으로 명상을 통해서 마음을 비우는 것이 장려되었으며, 불교와 힌두교 모두 무를 교리의 일부로 받아들이는 데에 적극적이었다. 이는 영이라는 개념이 성장할 수 있는 비옥한 토양이 되었다. 수학자이자 천문학자인 브라마굽타는 628년에 저술한 『브라마스푸타싯단타*Brāhmasphuṭasiddhānta*』에서 처음으로 숫자로서의 영을 기술했다. 유럽에서는 영이 받아들여지기까지 그로부터 300년이 더 걸렸다. 유럽은 문화적으로 공허라는 개념에 크게 이끌리지 않았다. 기독교 초창기에 유럽의 종교 지도자들은 신은 모든 것에 깃들어 있으니 무를 나타내는 상징은 악마의 흔적임이 틀림없다며 영의 사용을 금지했다.

오늘날 영이 **없는** 세상은 상상하기 힘들다. 영은 중립이라는 개념부터 우주의 기원에 대한 가장 심오한 우주론적 질문에 이르기까지 모든 것의 토대에 자리 잡고 있다. 우리는 학교에서 영을 처음 접할 때도 그다지 당황하지 않는다. 앞선 세대가 겪었던 의심과 혼란은 이미 사라진 지 오래이다.

허상의 수(허수)

지금까지 논의한 수들은 처음에는 인식하기 어렵지만, 최소한 구체적인 형태로서 이해할 수는 있다. 2의 제곱근은 소수로 표시하기는 까다롭지만 아무튼 우리가 간단히 구성할 수 있는 수이다. 영을 이해하기 위해서는 무의 개념을 이해하는 일이 필요하지만, 영은 분명 수선의 정중앙에 위치하며 양수를 음수로부터 분리한다(물론 음수를 이해하기 위해서도 개념적 도약이 필요하다). 다음으로 살펴볼 수는 양量이라는 실질적 개념 자체가 없으므로 그 범위를 파악할 엄두도 낼 수 없다. 이런 이유로 이 수는 **허수**imaginary number라는 이름을 얻었다.

학교에서는 양수만이 제곱근을 가진다고 배운다. 25의 **제곱근**인 5와 −5를 생각하면 완벽하게 이해할 수 있다. 이들 수는 모두 제곱하면 25가 된다. 그러나 어떤 수를 제곱하면 −25가 될지는 명확하지 않다. 우리가 알고 있는 수는 그것이 무엇이든 제곱하면 항상 음수가 아닌 수가 나오므로 명확한 후보가 없는 것이다. 좀더 기술적으로 설명하면, 이는 $x^2 = 25$와 같은 방정식은 해가 있지만(이 식은 단지 제곱했을 때 25가 되는 수 x가 있음을 의미한다. 그리고 우리는 x가 5와 −5일 때 이 식이 참이 됨을 알고 있다), $x^2 = -25$와 같은 형식의 방정식은 **해가 없다**고 말할 수 있다. 이는 오랫동안 수학에서 통념으로 간주되었다. 애초에 음수의 제곱근이라는 말 자체가 이치에 맞지 않는다. 이러한 유형의 방정식은 푸는 것이 **허용되지 않았다**. 적어도 한때는 그랬다.

이미 고대 그리스 시대에도 수학자들은 어쩌면 이와 같은 별세계 수가 있을지도 모른다는 생각에 빠지고는 했다. 그저 기존의 개념틀에 이러한 수를 끼워맞출 수 없었을 뿐이다. 이러한 수는 예컨대 정수나 심지어 분수처럼 물질적 관점에서 파악할 수 없다. 그보다는 정신적 조작물로 보였다. 따라서 르네 데카르트는 경멸적 어조를 담아 **허수**라는 용어를 만들어냈다. 이러한 수의 존재가 여간 불편했던 것이 아닌 모양이다. 이탈리아의 의사(또한 상인이자 도박꾼, 점성술사)인 지롤라모 카르다노는 음수에도 제곱근이 있을지도 모른다는 발상에 자양분을 공급했다. 카르다노는 1545년 소고 『아르스 마그나*Ars Magna*(위대한 기술)』에서 특정한 종류의 방정식을 풀기 위해서는 기존 방식에서 벗어나 음수의 제곱근을 도입해야 한다는 것에 주목했다. 카르다노는 이처럼 새로운 유형의 수의 갑작스러운 출현에 당혹감을 느꼈고, 따라서 이 수는 그의 해법에서 아주 잠깐만 등장한다. 그로부터 얼마 지나지 않은 1572년에 이탈리아의 수학자 라파엘 봄벨리는 저서 『대수학*L'Algebra*』에서 음수의 제곱근이 실제로 이치에 맞다는 것을 증명해 보였다. 드디어 수에 대한 개념을 확장할 준비가 된 것이다.

−1의 제곱근이 실재하게 되었고, '허상imaginary'을 의미하는 i라는 이름이 붙었다. 이 수는 표준 수선의 어디에도 위치하지 않는다. 수선에 없다면 혹시 전체 평면을 펼쳐서 어딘가에 표시할 수 있지 않을까? 가령 실수는 수평선에 표시하고 허수는 수직선에 표시하는 것이다. 이를 합하면 2차원 평면을 만들 수 있는데 이처럼 실수와 허수를 모두 표시하는 도표를 "아르강 도표Argand diagram"라고 한다.

이 도표에서는 오른쪽 방향으로 갈수록 숫자가 1 단위로 늘어나듯이, 원점에서부터 위로 올라갈 때마다 숫자가 i 단위로 늘어난다. 따라서 숫자 $10i$는 위로 10칸 올라간 숫자이며 숫자 $-7i$는 아래로 7칸 내려간 수이다. 아르강 도표는 특수한 유형의 좌표 평면으로, 이 평면에서 임의의 점을 취하면 이 점은 수평 성분 a와 수직 성분 b를 가진다. 이 숫자는 $a + bi$로 쓸 수 있으며, 여기서 a는 숫자의 실수 부분, b는 허수 부분으로 볼 수 있다. 예를 들어, 양의 **실수** 방향으로 5단위 이동하고 양의 허수 방향으로 3단위를 이동하면, $5 + 3i$라는 수를 얻을 수 있다. 이러한 수를 **복소수**complex number라고 한다.

학교에서 수학 수업을 충실히 들었다면 아마 배웠을 테지만, 우리는 복소수에 대해서 기본 연산을 수행할 수 있다. 즉, 복소수는 더하고, 빼고, 곱하고, 나눌 수 있다. 예를 들면, 복소수 $5 + 3i$에 $2 + 6i$를 더하려면 그저 **실수** 부분과 **허수** 부분을 각각 더하면 되므로 $(5 + 2) + (3 + 6)i$ 또는 $7 + 9i$이다. 실수에 대해서 수행할 수 있는 대

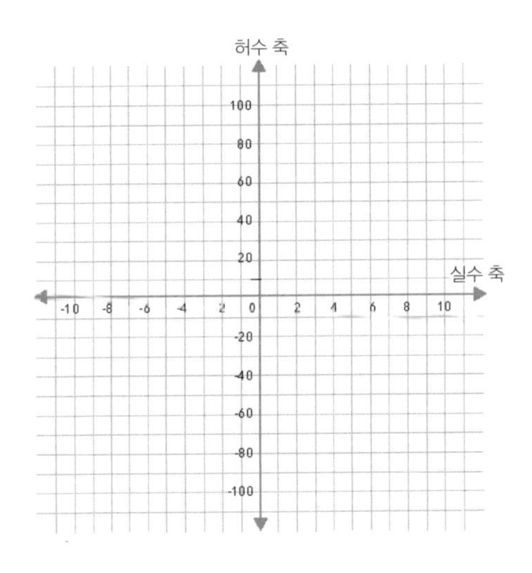

부분의 작업은 2차원상에 있는 상대 수에 대해서도 수행할 수 있다. 결정적으로 복소수에는 그것을 사용하지 말아야 할 어떠한 모순도 없다. 실제로 복소수를 활용하면 수학적으로 엄청나게 많은 일들을 해낼 수 있다. 무엇보다도 이제는 $x^2 = -25$와 같은 방정식은 해가 없다는 주장을 웃어넘길 수 있게 되었다.*

봄벨리의 상상력에는 르네상스의 정신이 깃들어 있다. 당시 수학은 수학자들이 자신의 아이디어를 탐구하는 장이 되었으며, 이에 따라 실질적 응용을 명시적으로 추구하지 않아도 되는 보다 엄밀하고 추상적인 분야, 즉 '순수' 수학이 급부상했다. 실제 응용은 더 이상 수학적 탐구의 가장 큰 동기가 아니었다. 수학자가 되기 위한 유일한 기준은 머릿속으로 떠올릴 수 있는 모든 발상의 결과를 기꺼이 엄밀

---

* 대수학의 기본 정리에 따르면 다항식(x의 멱제곱을 포함하는 방정식)은 가장 높은 차수의 멱제곱의 차수만큼 해가 존재한다.

하게 검토할 의지가 있는지 여부였다. 또한 허수는 인간 마음의 발명품으로서 실재로부터의 완전한 단절을 위협했음에도 불구하고(결국 물리적 세계에는 숫자 *i*를 명확하게 표상하는 대상은 존재하지 않는다), 이후 파동, 전류, 양자역학 방정식 등 2차원 변화에 관한 광범위한 현상을 설명하는 데에 이상적임이 입증되었다. 수학의 세계는 이 기묘하지만 논리적으로 합당한 수의 존재를 허용함으로써 실제 세계의 가장 강력한 표상 중 일부를 밝혀내는 데에 기여한 것이다.

우리 선조들은 이후 수에 대한 개념이 얼마나 멀리 확장될 수 있을지 전혀 상상하지 못했을 것이다. 수 체계는 확장을 거듭할 때마다 혼란과 회의, 심지어 저항에 부딪혔다. 그러나 수학이 항상 안락한 진리만 전달해야 하는 것은 아니다. 인간은 느리지만 확실히, 수에 대한 새로운 사고방식을 받아들였다. 기존 통념에서 벗어난 변칙에 직면했을 때, 우리가 당연하게 생각하는 규칙과 제한이 모든 현상을 설명할 수 없음을 겸허히 인정했다. 새로운 수학적 가능성을 기꺼이 시험해볼 때마다 그 보상으로 우리는 더 폭넓은 시야로 세상을 바라볼 수 있게 되었다.

19세기 수학자 레오폴트 크로네커는 "신은 정수를 만들었고 그밖의 모든 것은 인간이 한 일이다"라는 유명한 말을 남겼다.[13] 이 말에서 크로네커는 처치 곤란한 수적 구성물에 대한 거부감을 무심코 드러내는 동시에 (어쩌면 의도치 않게) 인간의 창의성에 경의를 표한다. 우리는 가능해 보이는 영역과 불가능해 보이는 영역의 경계를 넘나들기를 주저하지 않으며 기꺼이 수학적 지평의 한계를 확장시키고 있다.

컴퓨터도 이러한 경의를 얻을 수 있을지 궁금하다. 예컨대 "그밖의 모든 것은 인간이 한 일이며, 그 이상은 컴퓨터가 한 일이다"라고 할 수 있을까? 컴퓨터는 인간이 오랜 시간에 걸쳐 밝혀낸 수 체계의 미묘함을 파악하지 못한다. 예를 들면, 컴퓨터는 알려진 공식을 실행하여 근사치를 구하는 것 외에는 무리수를 처리할 수 있는 방법이 없다. 많은 무리수는 항의 무한한 합으로 표현된다. 컴퓨터는 이러한 항을 더 많이 연산함으로써 정확한 값에 더 가까이 다가갈 수 있다. 그러나 이러한 작동만으로 컴퓨터에게 무리수의 개념을 이해시키지는 못한다. 컴퓨터가 아직 밝혀지지 않은 수로 우리를 이끌 것이라는 생각은 지나친 비약이다. 이러한 창의력은 오직 규칙만 따르는 기계로서는 한계 밖의 일이다.

수학의 불완전성

인간의 마음이 장난과 유희를 즐긴다는 사실은 역설에 대한 우리의 애착에서 가장 잘 드러난다. 철학자 윌러드 밴 오먼 콰인은 역설을 "언뜻 터무니없어 보이지만 이를 뒷받침하는 논거가 있는 결론"으로 정의했다.[14] 가장 오래된 동시에 가장 유명한 역설은 고대 그리스의, 변화와 움직임을 허상으로 생각한 엘레아 학파의 철학자 제논에게서 나왔다. 제논의 역설에 대한 이야기 중 트로이의 영웅 아킬레우스와 거북이의 경주가 있다. 아킬레우스는 거북이가 100미터 앞에서 출발할 수 있도록 한다. 아킬레우스는 일정한 속도로 매우 빠르게 달리는 반면 거북이 또한 일정한 속도로 천천히 달린다. 아킬레우스는 곧 100미터를 달려 거북이가 출발한 지점에 도달한다. 그때쯤에 거북이도 얼마간 앞선 지점에서 달리고 있을 것이다. 이 거리를 10미터라고 하자. 그러면 아킬레우스는 조금 더 달려서 10미터를 따라잡아야 한다. 그러나 아킬레우스가 이 지점에 도달하면 거북이는 이미 앞서 나가고 있을 것이다. 아킬레우스가 거북이가 있던 자리까지 달려가도 거북이는 항상 아킬레우스보다 앞서는 것처럼 보인다. 즉, 아킬레우스는 결코 거북이를 따라잡지 못한다. 이 결론은 분명 터무니없다. 아킬레우스는 거북이보다 더 빨리 이동하므로 결국에는 거북이를 따라잡을 것이 분명하기 때문이다. 역설은 우리가 건전한 논증을 위해서 전제를 다시 한번 검토하여 개선하고 심지어 기각하도록 하는 데에 그 가치가 있다. 역설을 해소하기 위해서는 논증에서 어떤 부분에 오류가 있는지 밝혀야 한다. 제논의 역설은 그가 기술하는 방식처럼 시간을 불연속적인 단위로 쪼갤 수 없다는 점을 인식하면 해소할 수 있다. 토마스 아퀴나스는 이 명백한 모순을 피할 수 있는 한 가지 방법을 제시했다(이는 수 세기 후에 무한히 작은 양을 다루기 위한 형식적 방법인 미적분학의 등장을 예고한다). "이미 증명되었듯이, 점들이 모여 양을 이루는 것이 아닌 것처럼 시간도 순간이 모여 이루어진 것이 아니므로, 순간은 시간의 한 부분이 아니다. 따라서 어떤 사물이 특정 시간의 어떤 순간에 운동하지 않는다고 해서 그 사물이 특정 시간에 운동하지 않는다고는 할 수 없다."[15]

20세기 초는 특히 수학자들에게는 역설의 황금기였다. 역설은 수학의 논리적 토대에 위협을 제기한다. 그러나 논리에 기반한 체계는 그러한 위협에도 흔들림 없이 모든 명백한 모순을 설명할 수 있는 방법을 찾아야 한다. 수학자이자 철학자, 정치 운동가인 버트런드 러셀은 특히 해소가 어려운 것으로 입증된 강력한 역설을 제기한 바 있다. 이 역설을 보통 "이발사의 역설"이라고 부른다.

> 한 마을에 이발사가 있는데, 이 사람은 "스스로 면도하지 않는 모든 사람, 그리고 오직 이러한 사람만 면도한다."
> 그렇다면 이 이발사는 직접 면도를 할까?

여기에는 두 가지 가능성이 있다. 즉, 이발사는 스스로 면도를 하거나 스스로 면도를 하지 않을 것이다. 만약 이발사가 스스로 면도를 한다면 그는 "스스로 면도하지 않는 사람"에 속해야 한다. 그런데 그가 스스로 면도를 하지 않는다면, 그는 "스스로 면도하지 않는 사람"에 속하게 되므로 스스로 면도해야 한다. 어느 쪽이든 이발사는 스스로를 면도하는 동시에 스스로 면도하지 않는 명백히 모순된 상황에 처하게 된다. 이 역설은 '자기 참조self-reference'에서 발생한다. 즉 이발사는 이발사 자신을 지칭하는 방식으로 스스로를 정의하고 있으므로, 이 상황을 풀 수 있는 실마리를 찾을 수 없는 것이다.

러셀이 이 역설을 구상했을 당시 수학자들은 수학의 엄밀한 기초를 정립하고자 애쓰고 있었다. 이러한 시도를 **형식주의**formalism라고 한다.[16] 형식주의 운동은 독일의 수학자 다비트 힐베르트 등의 지지를 받았으며, 힐베르트는 **힐베르트 프로그램**을 개시하여 수학의 공리적 기초를 확고히 다지고자 노력했다. 형식주의에서 수학의 본질은 치밀한 논리에 있다. 수학적 증명에서 요구되는 치밀한 엄밀성을 떠올려보면 이러한 견해가 그리 터무니없는 것은 아니다. 형식주의자들은 수학의 기초만 제대로 확립된다면 수학 전 분야가 역설과 모순의 횡포에서 벗어날 수 있다고 직관적으로 믿었다.

일찍이 1880년대에 이미 독일의 논리학자 고틀로프 프레게는 모든 수학적 대상을 **집합**으로 개념화하여 오로지 논리만을 이용해서 수학의 기초를 정립하려 시도했다. 집합은 단순히 대상의 모듬을 말한다. 숫자 3을 생각해보자. 프레게의 체계에서 **셋다움**은 세 개의 대상을 포함하는 모든 집합의 공통적인 속성이다. 미국 국기의 색상 집합, 원색의 집합, 동요 "세 마리 눈먼 쥐"의 눈먼 쥐에서 집합, 이 모든 집합은 셋다움이라는 속성을 공유하며, '숫자' 3은 그 자체로 이 세 가지 항목의 모듬을 포함하는 집합이다.

프레게의 궁극적 목표는 모든 수학적 진술을 이처럼 근본적이고 추상적인 대상의 관점에서 구성하는 것이었다. 러셀은 프레게의 정의가 너무 느슨하다는 것을 깨달았다. 실제로 러셀의 역설은 원래 집합의 측면에서 구성되었다. 러셀은 그 자신을 포함하지 않는 집합을 구성 요소로 가지는 집합(R이라고 하자)을 생각해볼 것을 제안한다. 자, 이때 집합 R은 그 자신을 구성 요소로 가지는가? 이제 여러분도 이것이 자기 참조적인 이발사의 역설을 다시 쓴 것임을 깨달았을 것이다. 어떤 가능성을 고려해도 모두 모순으로 이어진다. 형식주의자들이 이상으로 삼은 집합론에 내린 저주가 바로 이것이다. 프레게의 체계는 논리적 규칙을 적용하기에는 너무 큰 집합도 허용했다. 프레게는 러셀을 통해서 자신의 오류를 알게 되자 급히 자신의 저서 『산술의 기초*Die Grundlagen der Arithmetik*』에 다음과 같은 첨언했다. "학술 저자에게 저서를 완료한 후에 그 체계의 근간을 뒤흔드는 사건이 벌어지는 것만큼 불운한 일도 없을 것이다. 버트런드 러셀의 서신을 받고서 내가 처했던 상황처럼 말이다. 그때는 이미 이 책의 인쇄가 거의 끝나가고 있었다."[17]

형식주의는 역설로 인해서 고꾸라질 위기에 처했으나 러셀 그 자신은 당황하지 않았다. 러셀의 역설은 무엇을 **집합**으로 여겨야 하고 무엇을 **집합**으로 여길 수 없는지를 되돌아보는 계기가 되었다. 위의 예에서 R은 집합이 되기에 너무 "컸을" 뿐이다. 이러한 가능성을 배제함으로써 그에 따른 모순도 제거할 수 있었다.

형식주의자들은 계속해서 정의와 규칙을 개선하며 일관성 있고(즉, 모순이 없고) 완전한(즉, 모든 수학적 진리를 설명할 수 있는) 공리 체계를 찾기 위한 행진을 이어갔다. 평면 기하학에 대한 유클리드의 계는 이 두 가지 요건을 모두 충족하지만, 산술 체계에 대해서는 이 요건이 충족되는지 아직 확립되지 않았다. 수학 체계가 무모순성과 완전성을 모두 달성할 수 있다면, 이러한 체계는 직관이나 다른 전체론적 사고방식이 아니라 전적으로 논리에만 구속될 것이다. 직관은 결국 이발사의 역설이라는 부조리로 이어짐으로써 수학 활동에는 어울리지 않는 것으로 드러났다. 러셀은 동년배인 앨프리드 화이트헤드와 함께 **유형 이론**type theory이라는 약간 다른 체계를 토대로 극히 엄밀한, 자체적인 접근법을 창안했다. 이들의 두툼한 저서 『수학 원리 *Principia Mathematica*』는 복잡한 표기법으로 유명하다. 가령 일 더하기 일이 이가 된다는 사실을 증명하기 위해서 기호로 빼곡한 지면이 수백 쪽씩 이어진다. T. S. 엘리엇은 "수학보다 언어[영어]에 더 큰 공헌을 한 책"이라며 이 책의 명확성과 정확성을 칭송했다.[18] 아무튼 이 책은 모든 것을 아우르는 무오류 수학을 향한 느리지만 확실한 진전의 기념비가 되었다. 또는 그렇다고 생각했다.

1931년, 오스트리아의 논리학자 쿠르트 괴델은 러셀의 형식주의에 회복이 불가능한 치명타를 가했다. 괴델의 작업은 "이 진술은 거짓이다"라는 또다른 자기 참조적 역설과 함께 시작된다. 이발사의 역설과 거의 비슷한 맥락에서 이 진술은 참일 수도 거짓일 수도 없다. 이때 괴델은 산술 법칙을 포함할 만큼 충분히 정교한 계에서는 이발사의 역설과 유사한 다음과 같은 진술을 얻을 수 있음을 보였다.

이 식은 계 내에서 증명할 수 없다.

그러나 이 진술은 참이다. 왜냐하면 이 진술이 거짓이라면 이 식은 증명할 수 있으므로, 다시 말해서 참이 되기 때문이다(마지막 문장을 여러 번 다시 읽어야 할지도 모르겠다). 그러나 이러한 진리에 대한 진술 그 자체는 이 식을 증명할 수 없다고 말한다. 이 곤경에서 빠져나오기 위한 한 가지 방법은 증명할 수 없는 진술을 공리로 바꾸어 자동으로 증명되도록 하는 것이다. 괴델의 논증의 핵심은 체계의 기반이 되는 공리는 중요하지 않다는 것이다. "이 식은 계 내에서 증명할 수 없다"와 같은 형식의 참 진술은 항상 증명할 수 없는 상태로 남아 있을 것이다. 이는 조각을 어떻게 배열해도 항상 빈칸이 남는, 풀 수 없는 직소 퍼즐과 같다.

괴델은 진리와 증명 가능성 사이에 간극을 만들었다. 그리고 이 간극은 체계에서 기초적인 산술을 배제하는 경우에만 피할 수 있다. 이는 가혹한 제약이다. 산술 규칙, 즉 수를 정의하고 이에 대해서 연산을 수행하는 방법은 주류 수학의 기본 토대이기 때문이다. 완전하고 무모순적인 수학이라는 형식주의의 이상은 수에 대한 우리의 일반적인 이해에서 벗어난 '불량' 체계에 제한될 것이다. 이는 마치 전 우주를 아우르는 대통일 이론을 찾으려고 했으나 그러한 이론이 오직 한 줌의 모호한 은하계에서만 성립한 수 있다는 사실을 깨달은 것과 유사했다. 괴델은 기초 산술을 포함하는 어떠한 계도 이와 같이 입증하거나 반증할 수 없는, 즉 언제나 **증명할 수 없는** 상태로 남는 진술이 항상 존재하기 때문에 무모순적이면서 동시에 완전할 수 없다는 것을 증명했다. 이는 형식주의자들이 추구한 목표와는 정확히 반대된다. 러셀과 화이트헤드의 모든 노고는 한순간에 물거품이 되고 말았다.

괴델은 여기서 멈추지 않았다. 이후 기초 산술을 포함한 계는 비록 무모순적이더라도 그러한 무모순성은 동일 체계 내에서 증명될 수 없음을 보였다. 수학자 앙드레 베유가 잘 요약했듯이, "신은 존재한다. 수학에는 모순이 없기 때문이다. 또한 악마도 존재한다. 그러한 무모순성은 입증할 수 없기 때문이다."[19]

괴델이 보여준 것은, 당대의 기대와는 달리 논리적이며 모순이 없는 계는 사소하고 지루하다는 것이었다. 수학은 모든 진리를 유도할 수 있는 근본 체계를 산출하지 않는다. 이러한 체계는 그 핵심부터 무너져버렸다. 모든 참 진술을 설명할 수 있는 모순 없는 체계는 없기 때문이다.*

* 괴델의 진술이 다소 작위적이라고 느껴진다면, 증명이 불가능한 다른 명제들도 여럿 확인되었으며, 그중 일부는 구체적인 수학적 발상에 해당한다는 점을 언급하고자 한다. 이

불완전성이 지능에 의미하는 것

이 장에서는 규칙에서 벗어나는 것이 인간의 근본적인 미덕임을 확인했다. 유클리드 평면 기하학에서 공리를 변경하면 그 자체로 논리적으로 타당하고 견고한, 완전히 새로운 기하학이 출현한다는 것을 살펴보았다. 또한 수 체계의 역사에서 몇 가지 장면을 되돌아보며 인간이 새로운 수학적 대상과 거동을 설명하기 위해서 개념적 장벽을 뛰어넘는 방법들도 알아보았다. 마지막으로 산술이 포함된 체계를 형식화하려는 시도는 실패할 수밖에 없음을 확인했다. 왜냐하면 무모순적인 체계는 그 내부에서 모든 진리를 증명할 수 없기 때문이다. 수학은 연역법 그 이상이다. 증명이 필요한 일련의 진리 집합으로 환원할 수 없다. 진리는 더 미묘하고 때로는 증명 불가능한 것으로 나타났다.

한 가지 측면에서 괴델의 불완전성 정리는 이 장의 앞부분에서 설명한 규칙을 깨는 주문의 정당성을 보여준다. 어떤 공리계도 모든 명제가 증명될 수 없으므로, 우리가 의지할 수 있는 유일한 방법은 공리를 이리저리 가지고 놀면서 그 결과를 살펴보는 것뿐이다. 어니스트 네이글과 제임스 뉴먼은 저서 『괴델의 증명*Gödel's Proof*』에서 불완전성에 대해서 "낙담할 일이 아니라 창조적 이성의 힘을 새롭게 인식

에 대한 한 가지 사례는 기계학습과 관련성이 매우 높다. 연구자들은 대규모 데이터세트에 대한 예측을 내리기 위해 데이터 포인트의 작은 하위 집합을 샘플링하는 방법을 모색해왔다. 작은 크기의 표본으로 이러한 외삽을 하기에 충분한지에 대한 질문은 정수(무한하고 셀 수 있음)에서 실수(무한하고 셀 수 없음) 사이의 특정 '크기'를 가지는 집합을 찾는 것과 같다. 이는 수십 년간 수학자들에게 증명이 불가능한 것으로 알려진 문제이다.

할 수 있는 기회"라고 썼다.[20] 괴델의 논증은 수학적 사고가 엄밀하고 냉철한 논리만으로 작동하지 않는다는 것을 보여준다. 일정 수준의 직관력과 독창성 역시 필요하다. 어떤 아이디어를 창안하기 위해서는 새로운 공리를 씨앗으로 삼아 새로운 공리계를 만들어야 하는 경우가 많다. 기계에 이런 종류의 미묘한 지적 작업을 기대할 수 있을까? 네이글과 뉴먼은 여기에 회의를 표했다. 컴퓨터는 "제한된 명령어 집합"에 구속되어 있으므로 형식 체계와 동일한 한계에 부딪힐 수밖에 없기 때문이다. 인간은 추론 시 유연성을 발휘하여 스스로 '명령어'를 어길 수 있지만, 컴퓨터는 어쩔 수 없이 자신에게 부과된 규칙에 갇혀 있어야 한다.

괴델의 논증은 컴퓨터와 인간의 사고방식 사이의 경계에 대해서도 자세히 설명한다. 괴델이 산술 규칙을 포함하는 논리 체계에 대해서 구성한 "참이지만 증명할 수 없는" 진술을 다시 한번 살펴보자.

이 식은 계 내에서 증명할 수 없다.

괴델은 체계 그 자체의 논리만으로 성립할 수 없는 논리계에 대한 진리를 유도했다. 다시 말해서 체계의 규칙에서 벗어나지 않는 한 바로 그 체계에 관한 진리를 "확인할" 수 있는 방법은 없다. 철학자 J. R. 루카스[21]가 제안했으며 이후 저명한 수학자이자 물리학자인 로저 펜로즈[22]에 의해서 인기를 얻은 한 유명한 주장에 따르면, 인간의 사고 체계는 완전히 **알고리즘적일** 수 없으며, 일련의 규칙으로 환원할 수 없다는 것이다. 만일 논증에서 말하는 것처럼 마음이 알고리즘이라면, 마음은 논리 체계를 구성할 것이므로 괴델의 논증에 따라 우리 자신은 '괴델 진술'에 대응하는 진리를 보지 못하게 될 것이다. 하지만 우리 마음은 그렇지 않다. 분명 우리는 일종의 메타-수학적 추론 형식을 통해서 규정된 체계에서 벗어날 수 있으며, 실제로 체계 밖에서 이러한 진리에 대해 사고할 수 있다. 우리는 지혜나 통찰을 통해 순전히 알고리즘적 사고방식만으로는 얻을 수 없는 진리에 도달할 수 있다. 따라서 루카스와 펜로즈는 전적으로 이러한 구성물에만 의존하는 기계 지능은 우리 인간이 원하는 사고방식을 결코 완전히 모방할 수 없다고 결론지었다.

루카스와 펜로즈의 주장에 반론이 없는 것은 아니다.[23] 한 가지 반론은, 우리의 마음은 너무 복잡해서 괴델적 언명을 형식화할 방법이 없으며, 따라서 이러한 언명의 진리를 파악하는 데에 기계보다 나을 것도 없다는 것이다.[24] 또다른 반론에서는 인간의 사고 체계가 논리적(또는 무모순적)이라는 루카스와 펜로즈의 전제를 공격한다. 이전 장에서 살펴본 우리의 편향에 비추어볼 때, 적어도 이러한 낙관적인 전제에 대해서는 의심의 눈초리를 거둘 수 없다. 설상가상으로, 괴델의 두 번째 불완전성 정리에 따르면, 우리의 사고가 무모순적이라고 하더라도 우리 스스로 이를 증명할 방법이 없다는 것이다. 요컨대 우리는 단지 괴델의 정리가 적용되지 않는 모순적인 기계일지도 모른다.

아무튼 기계가 인간의 지능을 복제하려면 특정 규칙이나 행동 모음에 구속되지 않는, 즉 모순을 즐길 수 있는 기계를 설계해야 한다. 더글러스 호프스태터는 이에 대해서 아무런 문제가 없다고 생각한다. "컴퓨터가 잘못된 계산(2 + 2 = 5, 0/0 = 43 등)을 수없이 출력하도록 하는 것은 형식 체계에서 정리를 도출하는 것보다 어렵지 않다. 더 까다로운 과제는 컴퓨터가 수학적 개념의 세계를 탐색할 때 사용할 수 있는 '한정된 명령어 집합'을 고안하는 일이다."[25]

핵심적인 질문은 기계 스스로가 자신의 체계에서 벗어날 수 있도록 프로그래밍할 수 있는지 여부인 것으로 보인다. 인간 지능의 기준은 기존 사고방식을 거부한 사람들에 의해서 결정되었다. 논리적 조작 그 자체만으로는 우리의 신념 체계에 맞설 수 없다. 변칙에 도전할 수 있는 방법은 없다.[26] 창의성은 역설을 해소하기 위해서 애쓰며 기존 사고방식의 허점을 찾아 과거와 단절하는 데에서 나온다. 인간은 논리적 기질과 파괴적 사고방식을 결합하여 모순을 찾아내고 이를 해소함으로써 새로운 사고방식을 발전시킬 수 있다.

딥블루가 가리 카스파로프에게 승리한 후, 인간 그랜드 마스터는 게임이 공정하지 못하다고 외쳤다(카스파로프는 드물게 패배할 때도 품위를 지키지 않았다고 한다).[27] 자신의 주의를 흐트러트리기 위해서 경기 도중에 IBM 팀이 개입했다는 것이다. 이 언쟁은 재미있는 사실을 보여준다. 카스파로프는 누군가가 규칙을 어기고 게임을 방해하여 자신의 심리적 약점을 악용했다고 말한다. 그런데 그가 비난한 대상은 컴퓨터 자체가 아니라 정확히 딥블루의 배후에 있는 인간 엔지니어였다. 딥블루는 그 자체로는 규칙을 어길 수 없다. 딥블루를 비롯해 그 후계자로서 최신 기계학습 알고리즘을 장착한 알파고와 같은 프로그램의 창의성은 여전히 고정된 규칙과 규정의 세계에 갇혀 있다. 알파고와 같은 기계는 주어진 규칙과 제약 조건 속에서 멋진 활약을 보일 수도 있지만, 이러한 기계가 진정한 상상력을 가지기 위한 기준을 충족하려면 자신이 쉽게 이길 수 있도록 게임의 규칙을 뒤틀고, '상자 밖에서 생각하며', 때로는 속임수도 쓸 수 있어야 할 것이다. 모노폴리 게임을 엉망으로 만든 '규칙 파괴자'는 지금까지 내가 인정한 것보다 더 좋은 평가를 받아야 할지도 모르겠다.[28]

5
질문

수학자가 게임을 좋아하는 이유, 어떤 컴퓨터도 답하지 못하는 질문,
모든 아이를 영리하게 만드는 단순한 특성

생명, 우주 그리고 만물에 대한 궁극적인 답을 아는 것만으로는 충분하지 않다(더글러스 애덤스의 팬이라면 알겠지만, 그 답은 42이다*). 정답보다 더 중요한 것은 바로 질문이다. 이미 50년도 더 전에 파블로 피카소가 계산기를 언급하며 말한 바 있지만, "계산기는 쓸모없다. 오로지 정답만 주기 때문이다."[1]

아무리 열렬한 AI 옹호자라고 해도 피카소의 신랄한 발언의 두 번째 문장이 사실임을 인정할 것이다. 기계가 쓸모없지는 않다. 그러나 바둑을 두든, 자동차를 운전하든, 질병을 진단하든, 컴퓨터가 할 수 있는 작업의 범위는 우리 인간에 의해서 결정된다. 컴퓨터는 우리가 묻는 질문에 대해서만 답을 찾는다. 기계가 스스로 목표를 정의하려면 일단은 지각할 수 있어야 한다. 기계가 문자 그대로 각성하기 전까지 '질문하기'는 여전히 인간의 몫으로 남을 것이다.

널리 알려진 바에 따르면, 인간 수준의 AI를 개발하기 위해서는

---

* 『은하수를 여행하는 히치하이커를 위한 안내서』의 여러 각색본에서 나온 답. 여기에서 지구는 궁극의 질문에 답하기 위해서 만들어진 슈퍼컴퓨터라고 설명한다.

('탄생' 시 엑사바이트exabyte의 정보를 주입하는 것이 아니라) 먼저 기계에 아동 수준의 지능을 프로그래밍한 다음, 마치 아이들이 그러하듯이, 주변 환경과의 상호작용을 통해서 학습시켜야 한다. 앨런 튜링은 AI에 관한 중요한 논문에서 다음과 같이 추측했다. "어른의 마음을 시뮬레이션하는 프로그램을 만들려고 시도하기보다는 차라리 아이의 마음을 시뮬레이션하는 것이 어떨까? 그런 후 적절히 교육을 시키면 성인의 뇌를 얻게 될 것이다."[2]

AI 연구자들이 이러한 포부를 진정으로 실현시키려면 컴퓨터가 질문을 할 수 있도록 만드는 법을 찾아야 한다. 아이들과 단 몇 분이라도 함께 시간을 보내면 질문이야말로 의심할 여지없이 인간의 가장 선천적인 능력임을 깨달을 것이다. 유아는 타고난 탐험가이다. 운동 능력이 발달하기도 전에 이미 주변 환경의 시각적 단서를 체득하고 세상에 대한 가설을 세운다. 언어를 습득하는 중에는 무엇인가를 관찰할 때마다 다양한 질문을 하게 된다. 하버드 대학교의 아동심리학자 폴 해리스는 이를 수치로 제시했다. 그의 연구에 따르면, 아동은 2세에서 5세까지 약 4만 번 질문한다.[3]

성인이 되어서도 지식에 대한 갈망은 채워지지 않는다. 이를 심리학적 용어로 "지적 호기심epistemic curiosity"이라고 한다.[4] 우리는 우리가 아는 것과 모르는 것 사이, 즉 생생한 호기심을 불러일으키는 이 흥미로운 지대를 지칠 줄 모르고 탐색한다.

정보 탐색은 외부를 향할 수 있다. 우리는 수익을 극대화하기 위해서 주식에 대한 최신 정보를 찾고, 우산을 가지고 산책을 나갈지 결정하기 위해서 날씨를 확인한다. 기계 또한 외부 보상에 따라 움직인다. 강화 학습 알고리즘으로 프로그래밍된 로봇은 수치적으로 정의된 보상을 얻기 위한 행동을 보인다. 주변 환경을 돌아다니며 무엇을 하면 점수를 얻을 수 있는지 계산한 후 다음에 어디로 갈지, 무엇을 할지 선택한다.

정보 탐색은 내재적 활동이 될 수도 있다.[5] 인간은 기계와 달리 스스로 흥미를 느끼며 질문을 던진다. 가령 우리는 실용적인 가치가 있는지 여부와 관계없이 인과 메커니즘에 크게 이끌리며 호기심을 품게 된다. 아동에게 겉보기에는 큰 차이가 없어 보이지만 무게가 서로 다른 장난감 블록을 주고 쌓아보라고 하면, 아이들은 블록 더미가 무너지지 않도록 무게 중심을 찾기 위해서 자유롭게 실험할 것이다(이는 본질적으로 시소의 모형을 만드는 것과 같다). 반면 침팬지에게 같은 과제를 시키면 별로 흥미를 보이지 않는다. 아마도 침팬지에게는 이러한 과제를 흥미롭게 여기도록 만드는 추론 능력이 없기 때문인 것으로 보인다.[6]

이 장에서는 외부 보상과 관계없이 그 자체로 우리의 흥미를 유발하는 질문에는 어떤 유형이 있는지 살펴볼 것이다. 심리학자 조지 뢰벤슈타인에 따르면, 이처럼 호기심을 일으키는 가장 직접적인 방법은 "질문을 던지거나 수수께끼나 퍼즐을 제시하는 것"이다.[7] 이를 볼 때 수학은 인간의 마음을 들뜨게 하는 강력한 학문임을 알 수 있다.

유희 수학의 근원

수수께끼는 수천 년간 인간 소통 방식의 중요한 특징이었으며, 지금도 여전히 많은 대중의 관심을 끌며 폭발적인 인기를 얻고 있다. 지금까지 발견된 가장 오래된 수수께끼 모음집은 기원전 1650년경에 제작된 5미터 길이의 두루마리, "린드 파피루스Rhind papyrus"이다. 이 수수께끼는 이집트인들이 측정에 얼마나 뛰어났는지를 잘 보여준다. "린드 파피루스"에는 산술과 기하학에 대한 폭넓은 지식, 이집트만의 고유한 십진 계산법, 단위분수*를 다루는 기발한 솜씨를 엿볼 수 있는 문제 모음 등이 담겨 있다. "린드 파피루스"는 실용적 의도로 작성되었음에도 불구하고 다음 79번 문제와 같이 유희적 요소가 가미된 문제도 있다. "집이 일곱 채 있고, 각 집에는 고양이가 일곱 마리가 산다. 고양이 한 마리는 쥐 일곱 마리를 잡아먹고, 쥐 한 마리는 보리 일곱 알을 먹는다. 보리 한 알로는 7헤카트(약 5리터의 양에 해당하는 옛 측정 단위)를 생산할 수 있다. 여기에서 열거된 모든 사물을 더하면 얼마일까?"[8]

이 수수께끼는 그후로 여러 번 반복해서 전해지며, 그중 잘 알려진 예로 "세인트 아이브스 수수께끼"(영국의 동요에 나오는 수수께끼로, 7명의 아내가 각각 7개의 보따리를 들고 있으며, 각 보따리에는 고양이 7마리가 들어 있고, 각 고양이에게는 7마리의 새끼 고양이가 있을 때 사람과 보따리, 고양이, 새끼 고양이의 수를 합하면 얼마일지 묻는다/옮긴이)가 있다(이 수수께끼는 산술이 필요 없다). 이는 조합에 관한 문제로, 실제 상황에 적용하기 위해서라기보다는 유희에 뿌리를 두고 있다. 질문 그 자체를 위한 질문인 것이다.

---

* 1/n 형태로 표시할 수 있는 분수. 1/2, 1/3, 1/4 등이 있다.

영국에서 수수께끼는 18세기 말과 19세기 초에 주류로 자리를 잡았다. 당시 인쇄 비용이 낮아지면서 잡지가 널리 보급되고 산업혁명 이후 호기심을 푸는 데에 시간을 쏟을 여력이 있는 시민들로 이루어진 '여가 계층'이 생겨나는 등, 유희로서 수수께끼를 풀 만한 여건이 무르익고 있었다. 이 시기에 "루이스 캐럴"이라는 필명으로 더 유명한 옥스퍼드 대학교의 수학자 찰스 도지슨은 수학과 관련된 수수께끼에 대한 10편의 재미있는 이야기(캐럴은 "매듭"이라고 불렀다)를 모아 『얽힌 이야기*A Tangled Tale*』를 집필했다. 각각의 이야기는 『이상한 나라의 앨리스*Alice's Adventures in Wonderland*』(이 이야기도 주의 깊게 살펴보면 수학에서 영감을 받은 수수께끼가 상당히 포함되어 있다)만큼이나 기발하다. 20세기에 들어 여가 시간을 위한 수수께끼가 큰 인기를 끌었으며, 그중 가장 유명한 예로 1957년부터 1982년까지 「사이언티픽 아메리칸*Scientific American*」에 마틴 가드너가 연재한 전설적인 "수학 게임" 칼럼이 있다. 다양한 분야의 수학자와 퍼즐 애호가들이 입을 모아 가드너가 고안한 수수께끼의 다채로움을 칭송했다. 아마도 가장 극찬을 보낸 사람은 언어학자 노엄 촘스키일 것이다. "마틴 가드너는 현 세대의 지적 문화에, 넓이와 이해의 깊이 그리고 통찰력 측면에서 가히 독보적인 공헌을 했다."[9]

최근 수십 년간 가장 특기할 만한 오락용 문제 풀이는 일본에서 탄생했다. 일본인은 독자적으로 난제를 개발하여 격자형 퍼즐이라는 독특한 장르를 대중화시켰다. 여러분도 이 퍼즐을 알고 있거나 한번쯤은 해보았을 것이다. 바로 스도쿠이다. 스도쿠는 일부 숫자가 채워진 3 × 3 상자의 3 × 3 격자로 이루어져 있다. 이 퍼즐을 풀기 위해서는 격자를 이루는 각각의 세로줄과 가로줄, 그리고 각각의 상자에 1에서 9까지의 숫자를 채워야 한다. 스도쿠는 원래 미국에서 만들어졌으나 이 게임을 대중이 자발적으로 참여하는 인기 게임으로 만든 것은 일본의 퍼즐 잡지 「퍼즐 통신 니코리」의 독자들이었다.* 이 잡지는 300개가 넘는 다양한 퍼즐을 실었는데 그 대부분은 독자들이 직접 만든 것이었다. 모든 퍼즐은 격자 형식에서 영감을 받는다. 작가이자 퍼즐 전문가인 알렉스 벨로스는 일본에서 이 퍼즐이 대중적인 인기를 끈 이유로 일본 문화의 디테일에 대한 집착, 미니멀리즘, 정제미, 장인 정신 때문이라고 설명한다.[10] 스도쿠의 규칙은 놀랄 만큼 단순하지만, 답을 찾으려면 논리적이고 우아한 추론이 필요하다. 이들 잡지에서는 퍼즐을 만드는 일을 통상적으로 컴퓨터에 맡긴다. 하지만 「퍼즐 통신 니코리」에 실린 모든 퍼즐은 사람이 직접 만든 것이다. 독자들은 퍼즐을 풀면서 격자를 하나하나 채워가는 동안에 '만든이의 손길'을 느낄 수 있다.[11]

수학자에게 수학을 하는 것은 대중들의 인식처럼 특정 주제를 형식적이고 딱딱하게 발표하는 것이라기보다는 퍼즐 팬들이 퍼즐을 푸는 활동과 좀더 비슷하다. 가드너는 유희 수학을 "놀이의 본령과 관련된 것이라면 무엇이든 포함하는" 수학으로 정의했다.[12] 주장하건대, 이러한 정의는 수학의 모든 측면으로 확장되어야 한다. 실용적인 목표를 가진 수학자든, 엄밀하고 형식적으로 개념을 증명하려는 수학자든, 문제 해결에서 즐거움을 느끼지 못하는 수학자를 찾기는 어

* 이 잡지의 창간자인 가지 마키는 경마광이었다. 1980년 창간호를 발행하면서 가지는 그해 '엡섬 더비'에서 우승한 말 니코리의 이름을 따서 잡지 이름을 정했다.

려울 것이다.

가장 진지한 형태의 수학을 포함해서 오늘날 우리가 당연하게 여기는 수학 대부분은 유희에서 그 뿌리를 찾을 수 있다. 그 자체로 흥미를 일으키는 단 하나의 문제로부터 방대한 새로운 개념이 생겨나 수학의 모든 가지로 뻗어나갈 수 있다.

쾨니히스베르크 다리와 그래프 이론

18세기 프로이센, 프레겔 강 유역에 위치한 작은 마을 쾨니히스베르크의 주민들은 일요일 산책길에 한 가지 질문을 놓고 고민에 빠졌다.[13] 이 마을은 프레겔 강에 의해서 네 부분으로 나뉘었고 각 부분은 7개의 다리로 서로 연결되었다. 주민들은 각 다리를 정확히 한 번만 건너서 네 개 지역을 모두 방문하며 도시를 한 바퀴 돌아볼 수 있는지 궁금했다. 이 수수께끼가 정확히 왜 생겨났는지는 알 수 없다. 어쩌면 상인들이 실용적인 목적으로 가장 효율적인 경로를 찾으려고 한 것일 수도 있다. 하지만 그보다 더 가능성이 높은 이유는 주민들이 끝내 해답을 찾지 못하자 문제 풀이 본능이 더욱 자극되었기 때문일 것이다. 주민들은 이러한 경로를 찾을 수 없었으며, 심지어 이 경로를 찾는 것이 가능하지 않은지조차 입증할 수 없었다.

이 수수께끼는 인근 도시 상트페테르부르크에 사는 수학자 레온하르트 오일러의 관심을 끌었다. 처음에 오일러는 이 문제를 사소하게 여기며 동료에게 "수학과는 거의 관계가 없다"고 쓰기도 했다. 그러나 오일러는 호기심을 떨칠 수 없었으며, 곧 이 문제가 "기하학이나 대수학, 심지어 산술 기술을 동원해도 풀 수 없어 보인다는 점에

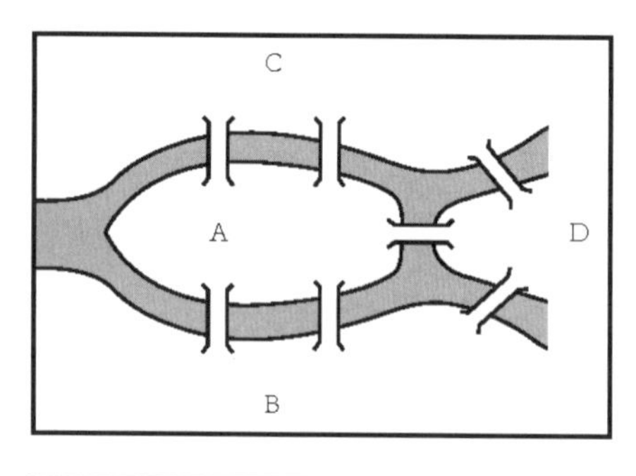

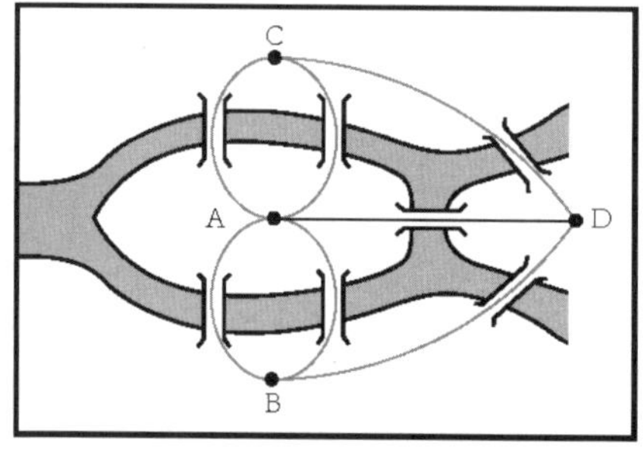

서 주목할 만한 가치가 있는 것 같다"고 시인했다. 오일러는 당대 수학에서 사용되는 기본 도구를 전부 동원해본 후에 이 수수께끼의 풀이가 새로운 수학적 개념의 창안을 이끌 수도 있음을 깨달았다.

오일러는 이 수수께끼는 기하학 문제로 보이기는 하지만 통상적으로 알려진, 측정과 계산으로 이루어진 기하학 문제가 아니며, 네 개의 영역과 그 영역을 연결하는 7개의 다리의 **위치**가 중요하다는 사실을 깨달았다. 오일러는 문제를 새로 구상하여 영역을 점(또는 노드)으로, 다리를 선으로 나타내보았다.

오일러는 이 수수께끼가 점과 선으로 이루어진 아래와 같은 그림

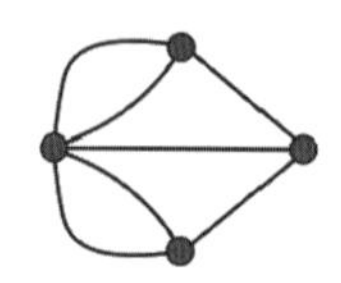

을 펜을 떼지 않고, 동일한 선을 두 번 긋지 않으면서 그리는 것과 같다고 생각했다.

여러분도 이러한 유형의 수수께끼를 본 적 있을 것이며 어떤 문제는 풀 수 없다는 사실도 알고 있을 것이다. 이제 오일러는 이 특정한 지도를 앞에서 설명한 방식으로 그릴 수 없는 이유를 입증하면 쾨니히스베르크를 한 번에 둘러보는 것이 불가능한 이유를 설명할 수 있다. 오일러는 각 점(영역)을 연결하는 선(다리)의 수가 중요하다고 생각했다. 여정이 시작되거나 종료되지 않는 아무 점이나 하나를 골라 생각해보자. 펜을 떼지 않고, 같은 선을 두 번 그리지 않고 여정을 마치려면 하나의 선이 점으로 들어갈 때마다 그 점에서 다른 선이 나와야 한다. 즉, 전체 여정에 있는 점들을 통과하는 선의 개수는 **짝수**가 되어야 한다. 그 자체에 2를 더하면 항상 짝수가 되기 때문이다. 연결된 선의 수가 **홀수** 개인 점이 있다면, 그 점은 여정의 시작점이나 종료점이 되어야 한다.

이제 쾨니히스베르크 지도를 다시 한번 보자. 네 개의 점 각각에 연결된 선은 모두 홀수 개이다. 너무 많다. 분명, 최대 두 개의 점만 여정의 시작점과 종료점이 될 수 있다. 바로 이런 이유로 쾨니히스베르크 주민들이 적절한 해답을 찾지 못했던 것이다. 그런 경로는 애초에 존재하지 않았다.

오일러는 이런 방식으로 수수께끼를 형식화하고 해답을 찾으면서 "그래프 이론"이라는 새로운 수학 분야를 탄생시켰다. 여기에서 그래프는 우리가 학교에서 그렸던 그래프가 아니라, 서로 연결되어 있는 선과 점의 배열을 말한다. 오일러는 그저 쾨니히스베르크 주민들을 위해서 문제 하나를 푸는 것에 그치지 않고, 서로 연결된 대상 집합을 연구하기 위한 완전히 새로운 개념과 도구를 발명했다. 그래프는 수학적 관점에서 매우 흥미로운 대상으로 밝혀졌다. 쾨니히스베르크 수수께끼의 해결 불가능성이 입증된 후에 오일러를 비롯한 후대의 여러 수학자들은 유사한 다른 문제를 탐구하기 시작했다. 그래프는 실제 세계의 모든 상황에서 다양한 유형의 네트워크 모델로서 등장한다. 그래프 이론은 인간의 뇌 구조, 결정의 원자 배열, 꿀벌이 만드는 육각형 격자, '인터넷'으로 알려진 컴퓨터의 초대형 무선 네트워크, 소셜 미디어의 친구 그룹, 전염병의 확산 등 다양한 현상을 탐구하는 데에 활용될 수 있다. 이후 그래프 이론은 방대한 연구 분야로 확장되어 활발히 연구되고 있지만, 그 시작은 동네를 산책하던 한 주민의 상상력에서 비롯된 단순한 수수께끼였다. 이 수수께끼가 학문이 되기까지는 그저 한 사람의 수학자가 이것에 흥미를 느끼고 체계화하는 일이 필요했을 뿐이다.

도박 문제와 확률

우연한 사건에 대한 연구인 **확률론**이 발전하게 된 계기도 퍼즐이었다. 확률이 항상 수학의 주류로 받아들여진 것은 아니다. 매우 확고하고 예측 가능한 자연 법칙을 추구했던 학자들에게 불확실성은 처치 곤란한 까다로운 개념이었기 때문이다. 확률론은 1654년 프랑스의 수학자 블레즈 파스칼이 또다른 수학자 피에르 드 페르마에게 보낸 유명한 편지에서 시작되었다.[14] 파스칼은 도박과 종교 사이에서 방황한 이중적인 인물이었다. 그러던 중, 동료가 제시한 다음과 같은 사고실험에 흥미를 느끼기 시작했다.

> 파스칼과 페르마가 앞뒤가 나올 확률이 같은 동전을 던진다고 생각해보자. 동전을 다섯 번 던져서 앞면이 나오면 파스칼이 점수를 얻고 뒷면이 나오면 페르마가 점수를 얻는다. 다섯 번 던지는 동안 점수를 더 많이 얻는 사람이 10파운드를 상금으로 받게 된다. 처음 세 번은 뒷면, 앞면, 앞면이 나왔다. 그런데 이 시점에서 (동전을 잃어버리는 바람에) 갑자기 게임이 끝났다.

파스칼을 괴롭힌 질문은 다음과 같다. 지금까지 관찰한 것을 고려했을 때 상금을 어떻게 나누는 것이 공정한가? 이 사고실험은 도박 상황을 가정하고 있으므로 상당히 비현실적으로 느껴질 것이다. 이런 식으로 게임이 중단되는 것을 상상할 수 있나? 이 수수께끼는 흥미를 돋우는 부분이 있었으며 결국 파스칼은 당대의 수학으로는 도달하기 어려운 새로운 해법을 찾기 시작했다. 이미 도박에 관한 책은 여러 권 나와 있었지만 감히 미래를 예측하는 책은 없었다. 그러나 이 모든 상황은 파스칼과 페르마가 주고받은 일련의 편지를 통해서 뒤바뀌었다. 상금 문제를 푸는 방법을 찾은 사람은 페르마이다. 그의 해법은 확률에 익숙한 지금이야 당연해 보일지 모르지만, 당시에는 미래 사건이 일어날 확률을 계산한다는 것 자체가 전례가 없는 일이었다.

페르마는 두 개의 동전이 어떻게 떨어지는지에 따라 네 가지 상황이 가능하다고 추론했다. 각각의 상황에서 누가 이길지도 결정할 수 있다.

앞앞 – 앞면 4번, 뒷면 1번 – 파스칼 승리

앞뒤 – 앞면 3번, 뒷면 2번 – 파스칼 승리

뒤앞 – 앞면 3번, 뒷면 2번 – 파스칼 승리

뒤뒤 – 앞면 2번, 뒷면 3번 – 페르마 승리

파스칼은 4번 중에서 3번 승리하여 상금의 4분의 3(7.50파운드)을 받고, 페르마는 못마땅하지만 나머지 4분의 1(2.50파운드)을 받게 될 것이다.

이 수수께끼가 풀린 후에 이제 확률은 주류로 부상할 태세를 갖추게 되었다. 그후 100여 년간 수학자들은 모든 유형의 불확실성을 처리하기 위한 심적 도구를 고안했다. 요한 베르누이는 가령 부동산 소유자가 실종된 이후 사망한 것으로 추정될 때, 재산을 분할하는 방법과 시기 등 다양한 법적 분쟁을 해결하는 데에 이 개념을 적용했다. 그의 동생 야코프는 "확률probability"이라는 용어를 만들어 사건의 발생 가능성을 계산하는 공식을 고안했다. 뒤를 이어 또다른 중요한 이론인 종형 곡선bell curve(키, 몸무게, 주가, 시험 점수 등 실제 세계의 다양한 분포 형태를 모델링하는 데 사용된다)과 베이즈 정리Bayes' Theorem(다른 사건의 발생을 바탕으로 특정 사건의 발생 가능성을 계산하는 데 사용된다)도 구체화되었다. 당시 영세 산업이었던 보험업계가 이 분야에 뛰어들어 위험 관리라는 신사업을 개척하고 이윤을 거두었다. 오늘날에는 이 같은 확률 개념을 AI의 전 영역에서 찾아볼 수 있다.

실제 세계에서 그토록 다양하게 활용되는 수학 중 많은 부분이 퍼즐책을 가득 채우는 수많은 사고실험에 뿌리를 두고 있다. 수학은 일단 개념이 확고하게 정립되고 한참이 지난 뒤에야 그 유용성이 드러나는 경우가 많다. 이러한 개념이 구체화되기 위해서는 그저 쉽게 풀리지 않을 것 같다는 이유로 특정 문제에 매료된 호기심 많은 수학자들이 있어야 했다.

수학 퍼즐이나 문제를 풀다 보면(수학자는 이 둘을 거의 구분하지 않고, 둘 다 똑같이 좋아한다), 더욱 광범위한 주제와 원리를 파악하고 그 배경이 되는 분야의 큰 그림을 그릴 수 있으며 그 과정에서 결국 더 많은 질문이 생겨나게 된다. 퓰리처 상을 수상한 역사학자 데이비드 해킷 피셔에 따르면, 질문은 "지성의 엔진, 즉 호기심을 통제된 탐구로 전환하는 두뇌 기계"이다.[15] 수학에는 생성 효과가 있다. 즉 한 가지 문제를 풀면 더 많은 문제들이 생겨난다. 수학은 많은 사람들이 주장하는 만큼 절대적이지 않다. 어떤 질문에 대한 답이 항상 정답 또는 오답인 것은 아니다. 새로운 정의, 개념, 정리로 이어질 수 있는 확장적인 질문이 좋은 질문이다. 여러 문제들이 공통적인 특성에 따라 서로 얽히고 연결될 때, 그래프 이론이나 확률론과 같은 넓고 심오한 분야가 탄생한다.

수학자는 그저 호기심만으로 수수께끼에 뛰어드는 문제 해결자이자 한편으로는 해당 분야의 문제를 아우르는 경향과 원리를 찾는 이론 구축자이기도 하다.[16] 수학자이자 물리학자인 프리먼 다이슨은 동물을 예로 들어 이 두 가지 접근방식을 설명한다.

새는 하늘 높이 날아올라 멀리 수평선 넘어 광활한 수학의 전망을 살핀다. 우리의 사고를 통합하고 각기 다른 분야의 다양한 문제들을 하나로 엮는 개념을 좋아한다. 개구리는 진흙 속에 살며 주변에서 자라나는 꽃들만 본다. 특정 대상을 자세히 살피며 한 번에 하나씩 문제를 푼다.[17]

새와 개구리 비유는 철학자 이사야 벌린의 외곬("중요한 사실 하나에 집중하는") 고슴도치와 박학다식("잡다하게 많이 아는") 여우의 구분을 떠올리게 한다.[18] 다이슨은 자기 자신은 개구리라고 밝히면서도 "수학의 세계는 넓고 깊다"는 점을 강조하며, "새는 폭넓게 보고, 개구리는 섬세한 세부를 볼 수 있으므로" 두 동물이 모두 필요함을 시사했다.

컴퓨터는 새보다는 개구리에 가깝다. 더 광범위한 개념과의 관련성은 고려하지 않고 개별 질문과 답변에만 집중하기 때문이다. 컴퓨터는 예상치 못한 놀라운 답을 내놓을 수 있지만 이러한 답변을 예상치 못한 답이거나 놀라운 답이라고 식별하거나 서로 다른 해법을 결합하여 통합 이론을 구축할 수 있는 기준틀이 없다.

컴퓨터가 언젠가는 세상에 완전히 새로운 질문을 던질 수 있을지도 불분명하다. 컴퓨터는 우리 인간이 제시한 질문만 다룰 뿐이므로, 오로지 문제 풀이 영역에서만 작동한다는 점에 대해서는 피카소가 옳았다. 우리는 쾨니히스베르크 문제를 풀기 위해서 컴퓨터에 가능한 배열을 확인하는 작업을 맡길 수는 있다. 하지만 로봇이 산책길에 이리저리 배회하다가 그처럼 자의적으로 보이는 문제를 떠올리고는 이 문제를 풀 수 없다는 사실을 확인하고픈 충동을 느끼며 그 과정에서 새로운 수학 분야를 개척하는 장면을 상상하기는 어렵다. 현대 AI 응용 분야의 확률론적 토대 또한 호기심 많은 사람들의 사고실험에서 나왔다. 언젠가 기계가 인간의 탐구심을 모방할 수 있게 된다고 해도, 기계가 수학 그 자체를 위해서 수학을 창조하게 되는 날이 올지는 알 수 없다.

우리의 '망원경과 우주선'이 가리키는 곳[19]

컴퓨터는 문제를 구상하지는 못하지만 나날이 복잡해지는 문제를 해결하는 데에는 도움을 줄 수는 있다. 대규모 데이터세트와 인간을 능가하는 컴퓨팅 성능에 힘입어 이제는 예산의 제약 내에서 휴대전화 패키지를 최적화하는 사소한 작업에서부터 넓게는 수많은 이해관계가 얽힌 대규모 기후 예측까지, 세계를 더 빠르고 신뢰성 있게 모델링할 수 있게 되었다. 여기에서 인간이 하는 일은 이러한 현상에 대한 합당한 모델을 개발한 후 이를 컴퓨터에 입력하고 그 출력물에 따라 가정을 평가하는 것이다.

실제 세계에서 연산의 세계로, 그리고 다시 실제 세계로 돌아오는 이 여정은 너무나 원대하여 수학자 콘래드 울프람은 이를 중심으로 전체 수학 교육을 개혁하는 프로그램을 개발하기에 이르렀다. 울프람은 이 프로그램을 "컴퓨터 기반 수학"이라고 부른다.[20] 그는 우리가 살고 있는 "연산 지식 경제"에서는 "무엇을 알고 있는가"가 아니라 "지식으로부터 무엇을 연산할 수 있는가"가 중요하다고 말한다.[21]

울프람의 커리큘럼에서 학생들은 1) 문제를 정의하고, 2) 계산할 수 있는 형태로 변환하고, 3) 답을 계산하고, 4) 결과를 해석하는 4단계 모델을 통해서 수학을 학습한다. 이 과정은 결과의 해석을 통해서 또다른 질문을 자극한다는 의미에서 순환적이다. 또한 세 번째 계산 단계는 자동적이고 즉각적으로 이루어지기 때문에 동일한 질문의 여러 가지 변형을 지체 없이 실험해볼 수 있다. 인지 작업을 어떻게 나눌지는 분명하다. 사람은 질문을 하고, 이를 연산 가능한 형태로 변환하고, 결과를 수용한다. 그러나 연산 단계 자체는 컴퓨터에 위임한다. 일단 인간이 어떤 문제를 풀지 마음을 정한 후 이를 연산 가능한 용어로 체계화할 수만 있다면, 해법을 찾는 일은 컴퓨터로부터 큰 도움을 받을 수 있다.

울프람의 접근법은 수학적 문제 풀이 절차를 상황에 맞춰 적절히 구성하고 특정한 실제 상황에서는 인간이 어떤 절차가 적절한지 평가한다는 점에서 상당히 바람직하다. 또한 이 프로그램은 학생들이 이러한 절차를 일정 부분 능숙하고 원활하게 수행할 수 있어야 한다는 점을 부정하지 않지만, 대부분의 표준 커리큘럼처럼 숙련도에만 매몰되지 않고 유용성을 보다 강조하는 것으로 보인다. 울프람은 수학은 실제로 직접 응용될 수 있는 분야에서만 그 유용성을 확인할 수 있다는 실용주의적 관점을 채택한다. 그러나 우리가 컴퓨터를 실제 세계와는 동떨어진 곳으로 데려가면 컴퓨터는 또다른 장점을 보여준다. 바로 우리의 심오한 호기심을 만족시켜주는 것이다.

모든 수학적 대상들 중에서 가장 호기심을 자극하는 것은 숫자 π이다. 적어도 기원전 2000년에 이미 π는 상수로 알려져 있었다. 다시 말해서, 원의 크기와 상관없이 원의 지름 대비 원주의 비율은 항상 일정하다. 셔츠 단추와 지구의 적도는 모두 지름 대비 원주의 비율이 동일하다(두 원 모두 완벽한 원이라고 가정한다).

따라서 주요 문명권에서는 기꺼이 π의 근사치를 구하고자 했다. "린드 파피루스"에는 π값을 대략 256/81, 즉 3.16으로 추정하는 절차가 나와 있다. 이 값은 실제 값의 1퍼센트 범위 이내이다. 그리스의 수학자 아르키메데스는 여기에서 한 단계 도약하여, 원을 많은 변을 가진 다각형으로 근사화하는 반복적인 방법을 활용했다. 중국에서는 5세기경 π를 소수점 7번째 자리까지 추적했다. 또한 20세기 초 수학을 선도한 인도의 위대한 수학자 스리니바사 라마누잔은 π를 무한의 합으로 엄청나게 근사하게 표현했다.

현대에는 연산 기법이 이 추격전에 뛰어들어 전율을 일으켰다. 1949년, 초기 전자 컴퓨터인 에니악ENIAC은 π를 소수점 2,000자리까지 계산하여 과거의 기록을 거의 두 배 가까이 뛰어넘었다. 2019년 3월 14일,[*] 구글은 직원 에마 하루카 이와오가 π를 종전 기록인 22조를 넘어 무려 31조4,000억 자리까지 계산했다고 발표했다. 이 31조4,000억 자리 숫자를 모두 암송하려면 약 33만2,064년이 걸린다. 구글은 이러한 계산을 수행하기에 최적의 장소였다. 이와오는 170테라바이트의 데이터(약 34만 곡의 노래 파일에 해당한다)를 25개의 가상 머신에 분산한 클라우드 컴퓨팅 기술을 활용했다. 계산은 121일간 지속되었

* 참고로 이날 발표한 것은 우연이 아니다. 미국에서는 월/일 형식으로 날짜를 표시하므로 3월 14일은 3.14로 나타낼 수 있다. 즉, 이 날은 모두가 가장 사랑하는 상수에 경의를 표하고자 매년 π를 기념하는 날이다.

다. 이 기록은 2020년 1월(50조)에, 그리고 2021년 8월(62조8,000억)에 다시 한번 깨졌으며, 앞으로도 계속 경신될 것으로 예상된다.

소수점 이하 숫자가 어디까지 이어질지 궁금한가? 실제로 사용할 때는 그리 멀리 가지 않아도 된다. 일반적으로는 π를 소수점 이하 두 번째 자리까지, 즉 3.14로 근사화하면 충분하다. 아르키메데스는 자신이 고안한 방법으로 소수점 이하 세 자리까지 계산했으며, 아이작 뉴턴은 16자리에서 멈췄다. NASA의 제트 추진 연구소에서는 행성간 항법을 위한 계산을 수행할 때, π의 15자리까지의 소수점만 사용한다. 일말의 비정확성도 허용하고 싶지 않은 열성적인 엔지니어는 은하수의 크기를 양성자 길이 단위로 포착하고자 할 때, π를 소수점 이하 39자리까지 근사화한다.

π의 소수점 뒷자리를 계속해서 추적하려는 이유는 확실히 실용적인 목적보다는 내적 동기 때문이다. π의 가장 매력적인 특성 중 하나는 소수점 뒷자리가 반복되지 않고 영원히 이어지는 무리수라는 점이다. π는 원의 수치적 표상으로서, 무한하고 해명할 수 없는 모든 것을 대변한다. 결코 완전히 사로잡을 수 없으므로 그 꼬리를 추적하는 일이 더 흥미로운 것이다. 이와오는 이를 한 문장으로 요약한다. "파이는 끝이 없으므로 더 많은 숫자를 찾아내고 싶게 만든다."[22] 즉, 파이는 정상이 없는 에베레스트와 같다. 미지의 경계를 향해 무한히 오를 수 있는 것이다. 실용적인 목적으로 π에 접근하는 사람들은 π의 근사치를 디버그 도구로 사용하기도 했다(두 프로그램이 π에 대해서 생성한 근사치가 서로 다르다면, 적어도 하나의 프로그램은 어딘가에 오류가 있음이 분명하다).[23] 또한 2021년 기록을 세운 스위스 팀은 이 근사치

가 "RNA 분석, 유체 역학 시뮬레이션 및 텍스트 분석"에 응용될 것으로 예상했다.[24]

기계가 더 똑똑해지면 새로운 유형의 질문이 등장할 수도 있다. 예를 들어 라마누잔 머신은 알려진 공식을 사용하여 π 등 수학적 상수를 계산한 다음 소수점 이하 처음 몇천 자릿수를 사용하여 완전히 새로운 공식을 예측하는 기계학습 프로그램이다.[25] 새로운 공식을 찾아내는 일은 단순히 기존 공식을 분석하는 것을 한 단계 뛰어넘는 수준이다. 프로그램이 찾아낸 공식 중 일부는 참일 수도 있고 일부는 거짓일 수도 있다. 다시 말해서 프로그램이 자동 추측을 제시하면(라마누잔은 이러한 수식을 찾아내는 것으로 유명했다) 사람이 이 식이 맞는지 검토 작업을 수행해야 한다.

보통 (너무 복잡해서 시각화하기 어려운) 복잡한 도형을 다루는 위상수학과 같은 분야에서도 컴퓨터의 패턴 매칭 능력이 활용되고 있다. 이미지 인식에서 효과가 입증된 접근방식을 사용하면 일부 도형의 형태를 잘 추측할 수 있다. 예를 들어, 인공 신경망에 수학적 매듭(끝이 풀려 있지 않다는 점을 제외하면 우리가 평소에 보는 매듭과 동일하다)의 목록을 입력하면, 인공 신경망은 각 매듭이 고차원 대상의 슬라이스 매듭(이것의 정의는 매우 기술적이므로 여기서는 자세히 정의하지 않겠다)이 될 수 있는지 신뢰성 있고 정확하게 예측했다. 유일한 예외는 '콘웨이 매듭'이라는 특정 매듭이었는데, 신경망은 이 매듭이 슬라이스 매듭인지에 대해 0.5의 확률을 반환했다.[26] 이것이 놀라운 이유는 수학자들도 콘웨이 매듭이 다른 매듭처럼 '비슬라이스'임을 증명하기 위해서 수십 년간 씨름해야 했기 때문이다. 이 추측은 이후 대학원생인 리사 피치릴로가 새로운 기법을 도입한 후에야 증명되었다. 이를 볼 때 신경망이 불확실한 결과를 반환한 것은 인간 수학자들이 이 특정 도형을 조사하기 위해서 오랫동안 고군분투했다는 점과 일치하는 것으로 보인다. 이 사례는 AI가 인간으로부터 문제 풀이의 주도권을 빼앗기보다는 인간이 연구할 만한 가치가 있는 대상을 찾아서 제시할 수 있음을 보여준다. 즉, 우리는 기계가 해결하지 못하는 문제를 면밀히 검토함으로써 연구의 새로운 방향을 정할 수 있다.

계산 그 이상의 질문

AI의 등장으로 컴퓨터가 전지전능의 수준에 도달했다고 생각할 수도 있다. 다비트 힐베르트는 1928년 어떤 질문이든 대답할 수 있는 컴퓨터라는 개념을 중심으로 "결정 문제Entscheidungsproblem"를 제시했다. 힐베르트는 주어진 공리 집합에서 특정 진술이 증명 가능한지 여부를 결정할 수 있는 단일 알고리즘이 있는지 물었다. 괴델의 불완전성 정리는 산술 규칙을 포함하는 모든 공리계에는 증명할 수도 반증할 수도 없는 진술이 존재한다는 것을 입증하여 힐베르트가 초기에 품고 있던 완전하고 일관된 수학 체계에 대한 희망을 깡그리 무너뜨렸다. 결정 문제는 증명 가능한 모든 진술을 목표로 삼는다. 힐베르트의 알고리즘이 존재한다면 주어진 진술을 알고리즘에 입력하기만 하면 된다. 그 진술이 증명 가능하다면 알고리즘은 증명 가능하다고 답하고 증명 방법을 내놓을 것이며, 증명 불가능하다면 알고리즘은 증명 불가능하다고 판단할 것이다. 이는 인간 수학자에게는 깊은 의미가 있으면서 동시에 악몽 같은 일이 될 것이다. 수학자 G. H. 하디는 조소하며 추측했다. "물론 그러한 [알고리즘은] 없으며 이는 매우 다행스러운 일이다. 만약 그랬다면 모든 문제를 푸는 기계적인 규칙이 있을 것이므로 수학자로서의 우리의 활동은 끝날 것이기 때문이다."[27]

하디의 말이 입증되기까지는 오래 걸리지 않았다. 컴퓨터과학의 선구자 앨런 튜링이 도움의 손길을 내민 것이다. 튜링은 결정 문제를 탐구하는 중에 연산 개념을 형식화했다. 그렇다. 현대 컴퓨팅의 기초는 추상적인 수학적 질문에서 출발했다. 튜링은 **알고리즘**, **프로그램**, **기계**와 같은 단어를 세심하게 정의함으로써, 모든 수학에 해답을 제시하고자 하는 힐베르트의 희망에 치명타를 가했다. 멈춰버린 컴퓨터 화면에서 그 유명한 모래시계 아이콘(또는 애플을 사용 중이라면 무지개 바퀴)을 넋 놓고 바라보며 조금 더 기다려볼지 아니면 전체 시스템을 재부팅해야 할지 고민해본 적이 있다면, 이런 상황에 어떤 식으로든 답을 알려주는 프로그램이 혹시 존재하지 않을지 궁금할 것이다. 1936년 튜링은 괴델의 불완전성 정리와 유사한 개념을 통해서 어떠한 단일 프로그램도 다른 프로그램이 영원히 실행되는지 또는 중지되는지를 결정할 수 없다는 것을 입증했다. 튜링은 그러한 프로그램이 존재한다고 가정한 뒤 이를 기반으로 또다른 프로그램, 즉 다음 상자 속 글을 작성했다.

이 상자 속 프로그램이 완료되면 영원히 실행한다. 상자 속 프로그램이 완료되지 않으면 중지한다.

그러면 상자 속 프로그램이 완료되거나 완료되지 않는 두 가지 가능성이 생긴다. 상자 속 문구에 따르면 프로그램이 완료되면 완료되지 않으며, 프로그램이 완료되지 않으면 완료된 것이다. 즉, 어느 쪽이든 모순에 부딪히게 된다(참이지만 증명할 수 없는 진술에 관한 괴델의 정리에 영감을 준 이발사의 역설이 떠오를 것이다. 튜링은 이를 컴퓨터 프로그램에 적용했다). 모순에 도달했으므로, 다른 프로그램이 영원히 실행될지 중지될지 결정할 수 있는 프로그램이 존재한다는 초기 가정은 거짓이어야 한다. 모래시계 아이콘이 끝내 어떤 운명에 처하게 될지에 관해서도 우리는 무지의 상태를 버텨야 한다.

이 문제는 '정지 문제'로도 알려져 있으며 수학에 직접적인 영향을 미쳤다. 정지 문제는 정수에 관한 수학적 진술로 구성할 수 있다. 또한 튜링에 따르면 다른 모든 프로그램이 정지하는지 여부를 결정할 수 있는 단일 알고리즘이 없는 것과 마찬가지로, 특정 수학적 진술이 참인지 여부를 판단할 수 있는 단일 알고리즘도 없다. 복수의 알고리즘으로는 개별 수학 문제, 심지어 전 영역의 수학 문제를 풀 수 있다. 하지만 하나의 알고리즘만으로는 모든 수학 문제를 풀 수 없다. 결국 '결정 문제'는 결정 불가능한 문제이다. 모든 문제를 해결할 수 있는 유일한 방법은 없으므로 수학자들은 계속해서 창의력을 발휘하여 새로운 문제 해결 방법을 고안해야 할 것이다.[28] 이것은 컴퓨터의 전지전능함이라는 이상에 가해진 첫 번째 타격이다.

다음 타격은 더 강력했다. 바로 컴퓨터의 물리적 한계에 관한 것이다. 우주의 물질량은 10^{54}킬로그램으로 제한되어 있다. 즉 컴퓨터의 연산 능력도 여기에 한정된다. 기계가 해결할 수 있는 문제라고 해도 요구되는 처리량이 컴퓨터가 감당할 수 있는 수준을 넘어선다면, 해답을 얻을 수 없다.

나는 여행을 별로 즐기지 않아 멀리 떨어진 여러 지역을 방문해야 하는 출장은 달가워하지 않는다. 신체적 피로는 물론이고 회사에서 부담하는 출장비를 줄이기 위해서 항상 총 이동 거리를 최소화할 방법을 찾는다. 영국 전역에 흩어져 있는 5개의 도시를 방문해야 한다고 가정해보자. 모든 도시를 방문한 다음에는 처음 출발했던 도시로 돌아와야 한다. 최단 경로를 찾으려면 어떻게 해야 할까? 각 도시 쌍 사이의 거리를 알고 있다고 가정하면 가능한 모든 경로를 확인하고 각 경로의 총 거리를 계산하는 알고리즘을 어렵지 않게 작성할 수 있다. 첫 번째 도시가 될 수 있는 도시는 5개이며, 그 다음으로 갈 수 있는 도시는 4개이며, 그 다음은 3개, 2개, 1개 순이다. 즉 가능한 경로는 5 × 4 × 3 × 2 × 1 = 120개가 된다. 이제 각 경로를 확인한 후 거리에 따라 순위를 매기면 짠, 경로를 결정할 수 있다.

다음으로는 미국으로 떠나 50개 주를 모두 돌아보는 엄청난 여행을 계획한다고 해보자. 이때 가능한 경로의 수는 50 × 49 × 48 × ⋯ × 1(줄여서 50!로 쓴다)개이다. 이 정도면 결코 작은 숫자가 아니다. 대략 숫자 3 뒤에 0이 64개나 붙는다. 성능이 뛰어난 슈퍼컴퓨터가 있어서 각 경로에 걸리는 시간을 계산하는 데 빛이 원자 하나의 길이를 가로지르는 시간밖에 걸리지 않는다고 해도 프로그램이 답을 도출하려면, 대략 우주의 나이를 수천조의 조 배로 곱한 만큼의 시간을 기다려야 한다. 즉, 가능한 모든 경로를 나열하는 방법은 현실적으로 한계가 있다. 계산해야 할 위치가 너무 많아서 컴퓨터가 따라잡을 수 없기 때문이다.

이처럼 관련 숫자가 커질수록 연산의 난이도가 급증하는 문제 유형을 **외판원 순회 문제**Travelling Salesman Problem라고 한다. 이 문제가 흥미로운 이유는 특정 경로가 지정된 예산 범위 내에 있는지는 상대적으로 빠르게 확인할 수 있기 때문이다. 그러나 해답이 있는지 확인하는 것과 그 해답을 찾는 것은 서로 다른 문제이다. 우리 모두 알다시피, 잃어버린 집 열쇠를 찾는 일은 매우 어렵기로 악명이 높다. 반면에 열쇠를 하나 건네주고 이것이 맞는지 **확인하는** 것은 훨씬 간단하다. 그저 자물쇠에 꽂고 잘 맞는지 확인만 하면 되기 때문이다.

여기에서 문제를 두 가지 범주로 나눌 수 있다. 첫 번째 범주는 적정한 시간 내에 **해결할** 수 있는 모든 문제를 포함한다. 이를 '다항식polynomial 시간'을 뜻하는 'P 클래스' 문제라고 한다. 다항식 시간이란 해법의 알고리즘의 실행 시간이 입력값 크기의 일정 제곱에 비례한다는 의미이다. 두 번째 범주는 그 해법을 쉽게 **확인할** 수 있는 모든 문제를 포함한다. 외판원 순회 문제와 잃어버린 집 열쇠 문제가 이 클래스에 속한다. 이 클래스 문제는 '비결정적 다항식non-deterministic polynomial 시간'이라는 의미로 NP 문제라고 하는데, 이렇게 불리는 이유는 좀더 과학적인 설명이 필요하다.

이 모든 것에서 핵심을 꿰뚫는 질문은 P 클래스와 NP 클래스가 실제로 하나의 동일한 문제인지 여부이다.[29] P 클래스에 속하는 모든 문제가 NP 문제임은 간단히 알 수 있다. 어떤 문제를 적정한 시간 내에 빨리 풀 수 있다면 후보가 되는 해법을 확인하는 것도 분명 적절히 빠를 것이다(최소한 그냥 문제를 푼 뒤 그 해답이 후보가 되는 해법과 일치하는지 확인할 수도 있다). 더 흥미를 끄는 질문은 모든 NP 문제가 P 클래스에 속하는지 여부이다. 즉, 어떤 문제의 해답을 쉽게 확인할 수 있다면 그 문제를 푸는 것도 쉬울까? 만일 그렇다면 외판원 순회 문제를 빠르게 푸는 방법이 존재한다는 뜻이다. 집 열쇠를 잃어버릴 때마다 금방 찾을 수 있는 방법이 있다는 것이다.

이 문제를 일반적으로 P 대 NP 문제라고 하는데, 어느 쪽이든 풀기만 하면 백만장자가 될 수 있다. 이 문제는 난이도는 물론이고 그 중요도로 인해서 클레이 수학연구소가 100만 달러의 상금을 건 7가지 밀레니엄 문제* 중 하나로 등재되어 있다. 불완전성 정리를 제시한 쿠르트 괴델은 P 대 NP 문제에서 중요한 역할을 했다. 이 문제에 대한 연구는 1956년 괴델이 전설적인 수학자 존 폰 노이만에게 보낸 편지로부터 시작되었다. 괴델의 불완전성 정리를 통해서 수학이 모든 문제를 풀 수 없음은 이미 입증된 바 있다. 즉, 일부 진술은 증명할 수 없다. 이제 NP 클래스에 속하지만 P 클래스에는 속하지 않는 문제가 있음을 보일 수 있다면, 이는 해법을 찾을 수 있는 문제라도 그중 일부는 실용적일 만큼 충분히 빨리 해법을 찾을 수 없다는 의미이다.

P와 NP가 동일한지(P = NP)에 대해서 어떤 답이 나오느냐에 따라 세상이 뒤바뀔 수 있다. 두 클래스가 동일하다면 복잡한 것으로 추정된 모든 문제가 갑자기 실제로 적용 가능한 알고리즘을 따르게 된다. 이는 세상에 좋은 소식이기도 하고 나쁜 소식이기도 하다. 긍정적인 측면으로 몇 가지 예를 들어보면 암 치료와 신장 공여자 교환 이식이

---

* 이 책을 쓰는 시점에는 이 문제들 중 푸앵카레 가설만 증명되었으나(2003), 이 가설을 증명한 러시아의 수학자 그리고리 페렐만은 이 상을 거부한 것으로 유명하다.

가속화되고, 법의학 분야에 혁신을 가져오며, 기업은 엄청난 물류 비용을 절감할 수 있다. 반면에 사이버 보안 분야에는 재앙이 될 수 있다. 온라인 뱅킹에서는 데이터의 개인정보 보호를 위해서 매우 큰 숫자는 소인수로 분해하기 어렵다는 특성을 이용하는데, 이 문제는 NP 클래스에 속하는 것으로 알려져 있다(즉, 두 개의 소수가 있으면 금방 곱하여 그 결과가 주어진 목표와 같은지 확인할 수 있다). P = NP라면 가장 보안이 철저한 데이터도 해킹에 취약해질 수 있다. 수학자들도 이 재앙을 피할 수 없다. 괴델 또한 이 점을 알고 있어서, 만일 P = NP라면 "예-아니요 질문에 관한 수학자들의 정신적 연구는 기계에 의해서 완전히 대체될 수 있다"고 언명했다.

그러나 대다수의 견해는 결국 P는 NP와 같지 않다는 것이며, 세상은 평소대로 흘러갈 것이다. 양자 컴퓨터의 등장으로 수행할 수 있는 계산이 기하급수적으로 늘어나면서 새로운 범주의 복잡도가 출현하면 우리의 지평도 달라지겠지만,[30] 전체적인 그림은 크게 변하지 않을 것으로 보인다. 이러한 NP 문제를 풀기 위해서는 보다 창의적이고 총체적인 접근법이 필요할 것이다. 무차별 대입만으로는 적절한 시간 내에 문제를 해결할 수 없기 때문이다.

수학은 개방형 문제에서 진가를 발휘한다. 확인하기는 쉽지만 해결하기 어려운 문제가 있다는 사실은 그처럼 깔끔한 문제도 지저분하게 만들어버린다. 수학과 컴퓨터과학 전 분야의 학자들은 정확한 계산 도구로는 답을 찾을 수 없는 문제에 대해서 **효과적인 근사치**를 찾고자 전념하고 있다. 확정적인 정확한 답을 찾기는 힘들지만 근사치로도 충분할 때가 많다. 결국 회사에서는 절대적으로 가장 저렴한 출장 경로 대신에 그저 적정한 수준에서 저렴한 경로라면 수용하지 않을까?

P 대 NP 문제로 인해서 이제 질문을 생각해내는 인간의 능력과 그 질문에 답하는 컴퓨터의 능력 사이에서 끝없는 추격전이 펼쳐지고 있다. 만일 몇몇 NP 문제가 P 클래스에 속하지 않는 것으로 판명된다면, 이는 인간의 마음이 얼마나 멀리까지 뻗어나갈 수 있는지, 즉 기계의 연산 능력을 초월할 수 있을 만큼 확장될 수 있는지에 대해서 많은 것을 알려줄 것이다.

다시 스도쿠로 돌아가보자. 대부분의 컴퓨터는 9개의 숫자로 이루어진 기본 형식의 스도쿠는 쉽게 풀 수 있다. 후보 해답을 쉽게 확인할 수 있으므로 NP 문제이다. 행과 열, 상자만 확인하면 된다. 이 문제는 P 클래스이기도 하다. 가능한 옵션이 얼마되지 않으므로 무차별 대입 기법으로도 적정한 시간 내에 답을 찾을 수 있기 때문이다. 그러나 스도쿠를 가령 25 × 25 크기로 확장하면 문제는 좀더 흥미진진해진다. 규칙은 이전과 동일하지만 이번에는 모든 열과 행, 상자 각각에 1부터 25까지의 숫자를 채워야 한다. 이 문제는 여전히 NP 클래스에 속하지만 컴퓨터는 무한한 시간 동안 윙윙거리며 예측할 수 없는 수많은 가능성을 시험해야 할 것으로 보인다. 이러한 **거대 스도쿠**는 아마도 P 클래스에 속하지 않을 가능성이 매우 높다. 표준적인 스도쿠도 우리의 두뇌 훈련에 좋다. 하지만 우리는 무차별 대입 기법을 거부하고 더 큰 버전의 스도쿠에 도전함으로써 사고 능력에서 컴퓨터를 누르고 진정한 승리를 거둘 수 있다. 우리의 뿌리 깊은 호기심이 기계의 능력을 뛰어넘을 수 있다는 의미이기 때문이다.

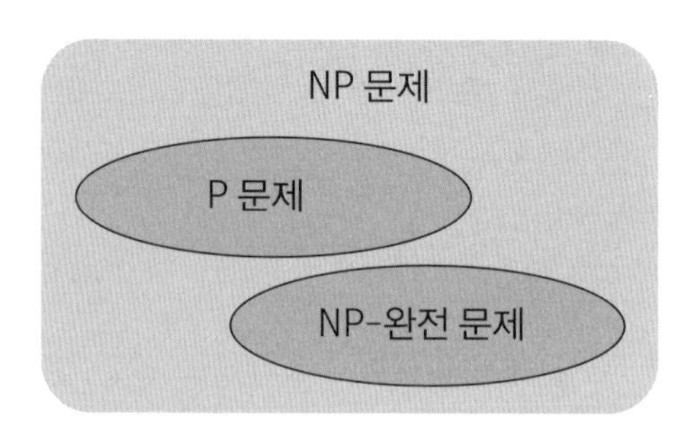

P, NP, NP-완전 클래스를 그림으로 나타낸 것이다. 하나의 NP-완전 문제가 P 클래스에 속하는 것으로 입증되면, 세 클래스는 모두 실제로 동일하다.

거대 스도쿠에 관한 또 하나의 놀라운 사실은 이 문제가 NP 클래스 내에서도 'NP-완전 문제'라는 더 구체적인 클래스에 속한다는 것이다(외판원 순회 문제도 NP 완전 문제이다). 이 클래스에 '완전'이라는 이름이 붙은 이유는 모든 NP 문제는 적정한 시간 내에 NP-완전 문제로 환원될 수 있기 때문이다. 이 문제들 중 하나라도 적정한 시간 내에 풀 수 있다면, 모든 NP 문제를 적정한 시간 내에 풀 수 있으므로 결국 P = NP가 성립한다는 것을 보일 수 있다. 즉, 거대 스도쿠를 풀 수 있다면, 그 부산물로 다른 모든 NP 문제도 빠르게 푸는 방법을 알아낼 수 있다.

컴퓨터가 근시간 내에 거대 스도쿠를 풀 수 있을 것 같지는 않으며, 수학자도 마찬가지이다. 설령 풀게 되더라도 우리가 크게 염려할 것은 없다. 수학자 조던 엘렌버그가 말했듯이, "우리는 컴퓨터가 할 수 없는 일을 알아내는 데 매우 능숙하다. 미래에 지금 우리가 알고 있는 모든 정리를 컴퓨터로 증명할 수 있게 되더라도 우리는 컴퓨터가 풀지 못하는 다른 문제를 찾아낼 것이고, 그것은 바로 '수학'이 될 것이다."[31]

컴퓨터가 새로운 지식의 한계를 향해 나아가는 가운데 생겨나는 그 모든 복잡성은 결국 인간이 관리해야 할 것이다. 컴퓨터의 역할은 해답을 찾는 데 그칠 뿐, 어떤 질문이 가장 흥미로운지, 어떤 질문은 인간만이 풀 수 있는지, 어떤 질문은 더 확장해야 하는지 결정하는 것은 여전히 인간의 몫이다. 컴퓨터는 우리의 탐험을 돕는 훌륭한 도구가 될 수 있지만, 여정을 계획하는 것은 결국 우리 인간이다.

어릴 적 습관을 떠올리며

유형 성숙neoteny이라는 근사한 용어는 성인이 어린 시절의 일부 특징을 간직하는 것을 말한다. 성인이 되는 길목에서 우리는 끊임없이 질문하는 습관을 잃어버리는 것 같다. 미리 지정된 질문에 답하는 데만 초점을 두는 정규 학교 교육은 많은 문제점을 안고 있다. 사회 비평가 닐 포스트먼은 수십 년 전에 이 문제를 인식하고 (비록 수사적이지만) 의문을 제기했다. "그렇다면, 인간에게 허용된 가장 중요한 지적 기술을 학교에서 가르치지 않는 것이 이상하지 않는가?"[32] 20세기 브라질의 교육학자이자 운동가인 파울루 프레이리는 학교를 은행에 비유하며 교사는 학생이 머릿속에 지식을 "예치할" 것을 바라고, 학생은 수동적으로 이 예금을 받아 저장하고 제출하는 상황이 너무 빈번하다고 말했다.[33] 활동가 프레이리에게 이것은 "억압의 이데올로기"에 해당한다. 학생들이 질문을 하지 못하도록 막고 호기심을 억누르는 행위는 "인간을 스스로의 의사 결정으로부터 소외시키는 '폭력' 행위"이기 때문이다. 이는 학생이 스스로 생각하고, 스스로 질문하고, 스스로 선택한 관점을 발달시킬 수 있는 주체성을 빼앗는다.

다행히도 어른들 또한 호기심 많은 어린 시절의 자신으로 돌아갈 수 있다. 비록 약간의 자극이 필요하기는 하지만 말이다. 연구에 따르면 사람들은 "아이들처럼 생각하는 법"을 배울 수 있다고 한다. 한 연구에서는 두 그룹의 성인을 대상으로 창의성을 테스트했다. 한 그룹의 성인들은 스스로를 "학교에 가지 않고 쉬는 날을 즐기는 일곱 살짜리 아동"이라고 생각하도록 하고, 다른 그룹은 스스로를 성인으로 생각하도록 했다.[34] 아이가 되었다고 생각하도록 한 첫 번째 그룹의 성인은 더 창의적인 발상을 떠올리는 등 "보다 유연하고 유동적인 사고방식"을 보여주었다. 비즈니스 업계에서는 고용주들이 "새로움에 흥미를 느끼는 사람"을 찾으면서 "호기심 지수(CQ)"라는 유사 개념이 IQ와 같은 기존의 지능 측정 지수의 자리를 넘보고 있다.[35] 아마도 마틴 가드너 같은 사람을 채용하고 싶은 모양이다.

진보적인 교육자들은 지식을 **소비하는** 것과 지식을 **창조하는** 것 사이의 차이를 강조하고자 한다. 이러한 노력은 "질문하기"를 학교 학습의 중심에 두는 것에서 시작된다. 프레이리는 학생과 교사가 상호 탐구와 숙고를 통해서 "지속적으로 사실을 밝혀내는" 방식으로 서로를 이끌어주는 "문제제기 방식의 교육"을 촉구했다. 이러한 방식은 새로운 것이 아니다. 소크라테스 시절부터 철학자들은 가르침이란 비판적으로 생각할 수 있는 힘, 즉 (무엇보다도) 스스로 생각할 수 있는 힘을 갖추도록 하는 것이라고 명시하며 강의보다는 대화에 기반한 교육을 추구했다. 소크라테스식 대화는 집요한 질문을 바탕으로 학생들이 자신이 알고 있는 지식에 대해서 깊이 성찰하도록 한다.

AI가 우리 일상에 점점 더 깊이 침투함에 따라 이제 지식의 소비와 창조를 구분하는 일은 우리 모두에게 중요해졌다. 프레이리가 학교 수학의 연산 패러다임을 은행에 비유한 것은 정확한 비유이다. 그는 대안으로 이 책에서 설명한 것과 같은 유형의 수학이 어디로 나아가야 할지 그 방향을 모색한다. 우리는 AI의 노예가 되어 알고리즘과 자동화된 의사결정에 모든 것을 맡기며 아무런 숙고 없이 이러한 기술을 소비하는 길을 택할 수 있다. 또는 이러한 기술이 어떻게 작동하는지, 어떤 위험을 수반하는지, 평등과 정의에 어떤 위협이 되는지 파악하는 길을 택할 수도 있다. 즉, 우리는 치열하게 호기심이라는 본능을 고수하며 AI가 인간의 목표를 따르기 위해서는 어떻게 AI를 설계해야 하는지 포기하지 않고 계속해서 질문함으로써 이른바 '기계 시대'의 공동 창조자가 될 수 있다.

이것이 바로 수학의 유희적 특성이 그토록 중요한 이유이다. 우리는 퍼즐과 문제의 해법을 찾음으로써 단지 만족감만 얻는 것이 아니라 본질적으로 흥미로운 '질문'을 던지는 우리의 능력을 더욱 발전시킬 수 있다. 도시를 통과하는 특정 경로를 찾을 수 있는지, 끝나지 않은 게임의 상금을 어떻게 나눌 수 있는지 같은 아주 사소한 질문이라도 공통된 요소를 하나로 엮으면 하나의 학문 분야를 탄생시킬 수 있다. 여러 하위 분야를 포함해서 AI 분야 그 자체는 아직 초기 단계에 있다. 우리가 어떤 질문을 던지느냐에 따라 이 분야의 발전은 크게 달라질 것이다. 정말로 중요한 것은 AI가 어떠해야 한다는 결정론적인 '규범'을 거부하고, 이러한 기술을 설계하고 구현하는 방식을 구성할 수 있는 힘은 결국 인간에게 있다는 사실을 인식하는 것이다. 예를 들면 우리는 예측 모델의 효과를 평가하면서 전반적인 정확도에 대해서 질문할 수 있지만 모델에서 오류가 발생한 부분에 초점을 맞춰 이러한 오류로 인한 결과를 조사하여 누가 가장 큰 영향을 받는지, 자동화와 공정성을 어떻게 절충할 수 있는지 질문할 수도 있다. 질문을 통해서 우리는 우리가 만든 모델, 우리가 내린 결론, 이 모델이 우리 사회에 미치는 영향에 대해서 매우 많은 정보를 이끌어낼 수 있다.[36]

컴퓨터는 우리의 질문을 확장하고 더욱 풍성하게 만듦으로써 우리 호기심 많은 인간의 동맹이 될 수 있다. 앞에서 살펴보았듯이, 「퍼즐 통신 니코리」가 독자들의 참여를 토대로 흥미로운 유형의 격자식 퍼즐을 새롭게 고안한 후에 각 퍼즐의 사례들을 만드는 작업은 컴퓨터에 아웃소싱한 것에서도 이러한 예를 볼 수 있다. 심지어 컴퓨터는 어떤 퍼즐과 게임을 '흥미롭다'고 간주할 수 있는지도 알려줄 수 있다. 그 예로, 1,500년의 역사를 거치며 변화를 거듭한 체스의 규칙을 살펴보자. 예를 들면, 퀸이 원하는 방향으로 여러 칸을 이동할 수 있다는 규칙은 1400년대에 이르러서야 만들어졌다. 이제 딥마인드 기술은 체스나 바둑과 같은 게임을 마스터한 후 또다른 규칙 세트 탐색에 활용되고 있다. 이러한 프로그램에 각기 다양한 규칙에 따라 체스를 수백만 회 실행하도록 하는 것은 어렵지 않은 일이다. 그런 다음 게임 패턴을 평가하여 어떤 규칙 조합이 가장 흥미진진한 게임을 이끌어내는지 확인할 수 있다.[37]

그러나 컴퓨터도 몇 가지 질문에는 답하지 못한다. 이 장에서는 수학적 문제의 렌즈를 통해서 컴퓨터의 근본적인 한계는 물론이고 실질적인 한계도 몇 가지 살펴보았다. 물리적 세계의 지저분한 속성은 기계가 전지전능해질 수 없도록 만드는 또다른 요인이다. 가령 자율주행 자동차가 대중화되기 위해서는 치명적인 상황에 직면했을 때, 알고리즘이 어떤 선택을 내려야 하는지 파악하기 위해서 철학과 윤리학으로부터 통찰을 얻어야 한다. 철학자들은 "트롤리 문제"와 같은 사고실험을 통해서 한 집단(일반적으로 수가 더 많은 집단)을 위해서 다른 한 집단의 사람들을 희생시키는 것이 어느 때에 정당화될 수 있는지 고민해왔다. 그러나 여기에서 명확한 답을 찾기는 힘들다. 가장 어려운 질문은 다양한 상황을 모두 고려해야 하는 질문이다. 수천 년 동안 인간은 삶과 죽음, 윤리, 도덕, 종교, 법과 관련된 수수께끼 속을 헤맸다. 기계가 조만간 이러한 수수께끼를 풀 것 같지는 않다. 어떤 질문은 컴퓨터의 정확한 이진 언어로는 답할 수 없고, 어떤 질문은 그 자체로 컴퓨터가 의미 있는 답변을 내놓기에 적합하지 않다. 더 위험한 것은 우리가 질문을 컴퓨터가 처리할 수 있는 방식으로 변형하거나 심지어 희석하여 컴퓨터에 입력한 후에 이들이 내놓은 답을 맹목적으로 따르는 것이다.

가장 난해한 질문이 가장 중요한 질문인 경우가 많다. 이러한 질문은 우리가 우리의 세계관을 되돌아보고, 핵심 신념과 가치를 조사하도록 만들며, 모호함과 불확실성을 즐길 수 있도록 한다. 때로는 정답이야말로 컴퓨터에 요구할 수 있는 최악의 답변이 된다.

제2부

작동하는 방식

6
조율

속도가 과대평가되는 이유, 흐름에 올라타기,
'하룻밤 자면서 생각하기'의 지혜

인간과 컴퓨터가 시간 제약을 두고 계산 능력을 겨룬다면, 과연 우리 중에 감히 나서려는 사람이 있을까? 아트 벤저민은 예외이다. 자칭 "수학술사mathemagician"인 벤저민의 숫자를 이용한 놀라운 묘기는 청중을 실망시키는 일이 거의 없었다. TEDx 강연에서도 벤저민은 계산기와 경쟁하며 머릿속으로 빠른 속도로 숫자를 곱하는 모습을 보여주었다.[1] 당연히 벤저민은 지원자들이 간이 계산기에 숫자를 입력하기도 전에 두 자리 숫자의 곱셈을 마쳤다. 물론 여기서 멈출 이유는 없다. 그는 점점 더 큰 숫자를 제곱하여 마침내 다섯 자리 숫자를 제곱하는 것으로 마무리했다. 청중의 흥미를 돋우기 위해서 벤저민은 머릿속으로 생각하는 내용을 큰 소리로 말하며 "가벼운 내일"과 같은 기묘한 문구를 중얼거리는데, 이런 문구는 아마도 각 계산 단계의 기준점이 되는 것으로 보인다. 당연하게도 벤저민은 정답을 줄줄 읊으며 청중에게 인사한 후 득의만면하게 무대를 떠난다. 그러나 눈치 빠른 시청자는 벤저민이 마지막 순간에 경주를 멈춘 것을 알아차릴 수 있을 것이다. 그는 자신이 쇼의 피날레에서 보여준 복잡한 묘기가 계산기에는(심지어 가장 단순한 계산기라도) 상대가 되지 않는다는 것을 알고 있다. 하물며 초당 200경 회의 계산을 수행하는 IBM의 서밋Summit 슈퍼컴퓨터를 상대한다면,[2] 벤저민은 쇼를 시작하지도 못할 것이다.

디지털 시대는 급격한 변화의 소용돌이에 휩싸여 있다. 이를 따라잡기 위해서는 우리도 속도를 높여야 한다. 하지만 계산과 같은 의식적인 처리 작업에 관한 한 인간은 결코 컴퓨터를 따라잡을 수 없다. 예를 들면 주식 시장에서 컴퓨터는 마이크로초 이내에 거래를 체결하는데, 이 속도는 아트 벤저민을 비롯해서 그 누구도 따라잡을 가망이 없다. 사람의 뇌는 화면 속 정보를 처리하고 관련 버튼을 클릭하여 주식을 사고 팔기는 고사하고, 그저 자극에 반응하는 데만 0.5초가 걸린다. 자동 계산의 속도는 정신을 차리지 못할 만큼 빨라서 우리가 그 잠재적 부작용을 분석할 수 있는 시간도 주지 않는다. 2010년 플래시 크래시('갑작스러운 붕괴'라는 뜻으로 주가가 일시적으로 급락하는 현상을 말한다. 2010년 5월 6일 알고리즘 거래에서 컴퓨터 프로그램의 매물 폭탄으로 미국 다우 지수가 순식간에 9퍼센트 폭락하는 사건이 발생했다/옮긴이) 당시 미국 주식 투자자들은 1조 달러에 가까운 가치가 36분 만에 사라지는 것을 목격했다.[3] 그후 이러한 급락이 어떻게 발생할 수 있었는지에 대한 추측과 분석이 이어졌다. 몇 개월에 걸친 조사 결과, 미국 규제 당국은 뮤추얼 펀드인 와델 앤드 리드Waddell & Reed에서 일어난 매도 주문을 폭락의 원인으로 지목했다. 크래시 당일 오후 2시 32분, 이 펀드는 자동화된 알고리즘 트레이딩 프로그램을 통해서 'E-미니'로 알려진 선물을 매도했다. 이에 따라 투자자의 일일 포지션이 그해 들어 가장 크게 변화했으며 트레이더들이 잇달아 매도하기 시작했다. 시장은 곧 반등해 당일 시작 가격의 3퍼센트 이내에서 마감되었지만, 이 사건은 오로지 속도 때문에 알고리즘에 의존하는 트레이더에게 경종을 울렸다.

뇌를 컴퓨터에 비유하는 것은 사람의 뇌를 지나치게 과대평가하는 것으로 보일 수 있다. 사람은 한 번에 짧은 문장 하나를 처리할 수 있는데(대략 초당 40-60비트 속도), 그것이 전부이지 않는가. 인간이 컴퓨터의 속도로 계산할 수 있다면 얼마나 좋을까. 그러나 사람은 사실 작업 유형에 따라 혼자 처리할 수 있는 양 그 이상을 해낸다. 우리는 우리 주변에서 일어나는 일들을 처리하는 데 경탄스러울 만큼 능숙하다. 너무 자연스럽게 처리하므로 거의 의식하지도 못할 정도이다. 우리는 눈앞의 풍경을 볼 때 대상의 상대적 밝기와 같은 특정 세부 사항은 의식할 수 있지만, 전체 조도의 정확한 양과 같은 다른 특징은 무의식적으로 처리한다.

뇌는 병렬로 작동하는 수천 개의 프로세서로 이루어져 있으며, 각 프로세서는 수백만 개의 신경섬유를 통해서 정보를 전달한다. 약간 과장되게 비유하면 뇌의 '웹캠'이라고 할 수 있는 망막은 0.5밀리미터 두께의 제곱센티미터에 1억 개의 신경세포가 밀집되어 있어 1,000만 상점像點, point image을 처리할 수 있다.[4] 뇌 전체의 처리 능력은 약 1페타플롭petaflop, 즉 초당 1,000조 번의 연산을 수행할 수 있는 것으로 추정된다.[5] 그런 의미에서 뇌는 슈퍼컴퓨터에 비유해도 무방하다.[6]

뇌는 12와트에 불과한 평균 에너지 소비량으로 이 모든 것을 관리한다. 이에 비해 노트북은 약 100와트를 소비한다. 뇌는 무차별 대입 처리 기기와는 비교할 수 없을 정도로 탁월한 다목적성과 효율성을 갖추도록 설계되었다.

반면에 컴퓨터는 비교적 단순하다. 속도가 느린 컴퓨터는 용납되지 않는다. 빠르면 빠를수록 좋으며 여기에 예외는 없다.[7] 또한 소프트웨어 개발자가 시스템을 평가할 때 무엇보다 중요하게 생각하는 지표가 하나 있는데, 바로 **가동 시간**uptime이다. 이는 시스템이 구동 중 (또는 '깨어 있는') 상태인 시간의 비율에 관한 지표로, 개발자는 이 지표를 이상적으로는 100퍼센트까지 끌어올리기 위해서 엄청난 노력을 기울인다. 가동 시간은, 아직은 컴퓨터에 무의식적인 층이 없다는 암묵적 인식을 보여준다. 서로 다른 의식 단계 사이에 이동이 없는 것이다. 인간의 경우에는 그림이 좀더 복잡하다. 이전 장에서도 반복적으로 살펴보았듯이, 인간은 사고방식이 여러 가지이다. 우리는 수를 근사적으로 감지할 수 있지만 정확한 계산을 위한 기능도 갖추고 있다. 문제를 차근차근 체계적으로 추론할 수도 있지만 재빠른 직관과 충동에 따라 처리하기도 한다. 인간의 사고는 빠른 한편 느리고, 의식적인 한편 무의식적이며, 그 사이에는 알 수 없는 수많은 층들이 놓여 있다.

뇌가 기업이라면, 그 본사는 각 반구 가장 앞쪽에 있는 엽lobe에 자리해 있다고 말할 수 있다. 뇌의 이 영역은 **전전두 피질**prefrontal cortex로 알려져 있으며 포유류에서만 발견된다. 인간에게서 이 영역은 행동의 명령 및 통제 중추 역할을 한다. 전전두 피질이 없다면 우리는 환경 신호가 주어졌을 때 그저 자동 반응에 모든 것을 맡겨야 할 것이다. 이 영역은 우리의 생각을 감독하고, 행동을 계획하며, 결정을 내리고, 목표에서 벗어났을 때 오류를 감지하는 역할을 하는 뇌의 주요 영역 중 하나이며, 이 모든 역할을 통칭하여 '실행 기능'이라고 한다. 실행 기능은 매우 체계적으로 이루어지며 생각을 하향식top-down으로 관리하는 것처럼 보인다. 그러나 실행 기능이 원활히 작동하려면 애초에 이 생각들을 붙들 수 있는 몇 가지 방법이 필요하다. 생각의 그물망은 우리의 무의식 깊숙한 곳을 중심으로 펼쳐져 있다. 각 신경세포의 발화와 함께 형성되는 여러 생각들은 우리 의식의 주목을 받기 위해서 서로 경쟁한다. 이 경쟁이 어떻게 진행되는지, 가장 기발한 생각이 어떻게 인지적 그물망을 뚫고 나와서 우리 마음의 가장 앞자리를 차지하게 되는지에 대한 연구는 이제 막 시작되었을 뿐이다.

인간은 컴퓨터와 달리 메타 인지능력이 있다. 즉, 우리는 어떻게 생각해야 할지 생각하고 스스로의 심적 행동을 조절함으로써 12와트로 최대한의 출력을 이끌어낼 수 있다. 우리가 가장 창의적인 작업을 수행하고, 가장 까다로운 문제를 풀며, 빠른 속도로 발전하는 컴퓨터를 견제하려면 디지털 시대에 걸맞은 새로운 내러티브를 만들어 뇌의 여러 사고방식을 포용할 수 있어야 한다. 우리는 언제 속도보다 인내와 절제를 우선시해야 하는지 배우고, 뇌의 본질적 기능으로서 '정지 시간downtime'을 인지해야 한다. 이처럼 자신을 성찰하고 자신의 사고방식을 섬세하게 조정하는 능력을 이 책에서는 **조율**temperament이라고 하겠다. 능숙함과 속도가 자주 혼동되고는 하는 수학 교육에서 조율 능력은 특별한 의미가 있다.

속도에 대한 추종 넘어서기

우리는 속도를 추앙한다. 특히 계산에서는 더욱 그렇다. 아트 벤저민이 인정을 받은 것은 숫자를 재빨리 처리하기 때문이다. 일부에서는 암산이 컬트적 인기를 끌기도 한다. 수학의 왕국은 가장 뛰어난 신민에게 수학적 천재라는 명예로운 수식어를 약속한다.[8]

텔레비전 쇼 프로그램으로도 안성맞춤이다. 영국은 텔레비전 경연 형식으로 최고의 영재를 찾고자 했다. 「차일드 지니어스Child Genius」[9]는 기대에 찬 부모의 격려와 대회장으로 향하는 아이들의 박진감 넘치는 드라마로 가득하다. 수학 라운드는 예상대로 무난한 형식으로 진행된다. 시간 제한과 함께 산수 문제가 제시되고, 때때로 궁지에 몰린 참가자들은 눈물을 흘리기도 한다. 2008년, 나는 영국에서 오랜 기간 방영된 게임 쇼 「카운트다운Countdown」의 시리즈 우승자로서 시간 제한 문제에 도전해본 경험이 있다. 우리는 30초 이내에 애너그램(철자 바꾸기 게임/옮긴이)과 산술 문제를 풀어야 했다. 1초가 지날 때마다 그 유명한 시계가 재깍거리며(조급하게 반복되는 바-다, 바-다, 바-다-다-둠 붐! 소리는 물론) 우리를 압박했다.[10] 흥미로운 경험이었지만 내 수학 실력을 알리는 데는 최악이었으며, 친구와 가족들에게 내가 복잡한 계산에 몰두하며 하루를 보내는 사람이라는 인식만 강화시키는 모양새가 되었다.

빠른 암산에 대한 집착은 전 세계에 속성 암산 방식이 만연해 있는 것에서도 확인할 수 있다. 인도에서는 1965년에 스리 바라티 크리쉬나 티르타지의 책 『베다 수학*Vedic Mathematics*』이 출간된 이후 베다 셈법을 이용한 숫자 놀이가 각광을 받았다. 이 소박한 교습서는 학생들에게 "아마도 가장 정교하며 효율적인 수학 체계"를 가르쳐줄 것을 약속한다.[11] 대단히 용감한 주장으로 보이지만 책의 내용은 속도에 중점을 둔, 일부 계산에만 적용되는 부자연스러운 정신적 곡예라는 흔한 주제를 변형한 것에 지나지 않는 듯하다. 각자 독립적인 개별 장 중에는 소수점 이하 열아홉 자리까지 제곱근을 계산하는 절차를 소개한 부분이 있다. 티르타지는 자신의 방법이 고대 힌두교 경전에서 유래한 16개의 공식 또는 수트라sutra에서 도출한 것이라고 주장했다(이 주장은 여러 차례 반박된 바 있다).[12] 그의 방법은 고대 베다 전통에서 찾을 수 있는 수학의 풍부하고 다면적인 특성을 크게 훼손한다. 베다 경전은 다양한 수학적 주제를 탐구하는데, 그중에는 직각삼각형에 대한 초기 해석(훗날 피타고라스의 정리로 알려지게 된다)이나 원의 제곱에 대한 기하학적 근사치(이 또한 그리스에서 유래한 것으로 알려져 있다)[13] 등 티르타지의 산술적 기교보다 훨씬 심오한 내용의 수학이 담겨 있다.

트라첸버그Trachtenberg 계산법도 유사하다.[14] 이 방법은 나치의 강제 수용소에 수감된 동안 마음을 다잡기 위해서 이 산법을 고안한 러시아의 유대인 엔지니어 야곱 트라첸버그의 이름을 따서 명명되었다. 안타깝게도 이 계산법은 그 놀라운 기원에도 불구하고 난해한 추상화의 덫에 빠져 있어 오직 전문 엔지니어만이 그 의미를 제대로 파악할 수 있을 정도이다. 어쩌면 영화 「어메이징 메리」에서 맥케나 그레이스가 연기한 가상의 인물 메리 애들러와 같은 '천재'는 쉽게 이해할지도 모른다. 이 영화에서 수학 신동은 트라첸버그 계산법을 이용해서 자신의 수학적 재능을 발휘한다.

이러한 계산법은 말 그대로 암산을 빨리한 대가로 보수를 받던 '인간 컴퓨터'의 시대에나 통용되었을 것이다. 기술의 궤적이 자동화 방향으로 나아가게 되면서 인간 컴퓨터는 노동 시장에서 쫓겨났으며, 이제 베다나 트라첸버그와 같은 계산법, 벤저민과 같은 수학술사, 심지어 「카운트다운」의 우승자도 그 기교 때문에 놀라움을 자아낼 뿐 그 이상은 아무것도 없다. 개념적 계산법으로서 암산은 수학적 지능의 원리를 밝히는 데는 그다지 큰 역할을 하지 못한다. 최악의 경우 암산은 수학적 지능이 계산 속도일 뿐이라는 오해만 영속시키게 된다. 이러한 관점은 인간에게 적용하기에 부적절하다.

그렇다고 속도를 완전히 무시해야 한다는 말은 아니다. 어떤 기술이든 그것에 숙련되기 위해서는 가장 기본적인 기술을 숙달할 필요가 있다. 나는 운전대를 잡았을 때, 가장 괴로운 학습 경험을 했다. 아무리 시간이 흘러도 (문자 그대로 그리고 비유적으로) 변속 기어를 다룰 수 없을 것만 같았다. 기어를 바꿀 때마다 확인해야 할 사항들이 너무 많았다. 현재 속도, 전방 도로 상황, 가속 페달 위에 놓인 오른발의 압력, 레버 손잡이에 표시된 각 기어 번호의 위치 등……몇 시간 동안이나 연습한 후에야 (인정하고 싶은 수준 이상으로) 최소한의 의식적인 노력으로 기어를 변경할 수 있을 만큼 익숙해졌다. 이러한 기본 기술이 자연스러워지면, 운전할 때 다른 세부사항에도 주의를 기울일 수 있다.

주의를 '해방시킬' 필요성은 누구에게나 적용된다. 인지 심리학 분야는 인간 뇌의 중요한 특징을 밝혀냈다. 개략적으로 말하면 우리의 뇌는 장기 기억과 작업 기억이라는 두 가지 형태로 생각을 관리한다.* 장기 기억은 우리의 잠재의식 속에 내장되어 있는 기억으로, 우리가 원할 때 소환할 수 있다. 우리가 각 단어를 구성하는 개별 문자에 의식적인 주의를 거의 기울이지 않고도 수월하게 문장을 읽을 수 있는 이유가 바로 장기 기억 덕분이다. 작업 기억은 완전히 반대이다. 작업 기억은 정보를 조정하기 위한 의식적 사고방식의 일종으로, 실행 기능과 매우 밀접한 관련이 있다. 작업 기억은 단기적 문제 해결을 위한 마음의 포스트잇이다. 작업 기억이 그토록 중요한 이유는 그 크기가 대단치 않기 때문이다. 인간은 한 번에 최대 4-7개의 의식적인 생각만 저장할 수 있다(초보 수준에서 운전대를 잡았을 때 주눅이 든 것도 당연했다). 우리 뇌가 한 번에 처리할 수 있는 **인지 부하량**은 제한되어 있다. 따라서 우리는 여러 단계의 계산을 머릿속에서 손쉽게 해치우는 사람들을 보면 감탄하게 된다. 모든 분야의 전문가들은 어마어마한 연습을 통해서 자신의 기술의 토대가 되는 과정이 익숙하고 자연스러워지도록 신경 연결을 재구성한다. 즉 의식적으로 주의를 기울일 필요가 없으며 따라서 작업 기억을 가동하지 않아도 되는 것이다. 이것이 바로 운동 기능과 관련하여 자주 듣게 되는 '근육 기억muscle memory'이다.

많은 교육자가 인지 부하 측면에서 학생들의 머릿속에 이 모든 절차를 주입하는 방식의 교육을 정당화한다. 마음에 여유 공간을 만들어 문제의 보다 복잡한 측면에 집중할 수 있도록 하는 것이 목표라

* 이 설명을 문자 그대로 받아들여서는 안 된다. 기억은 컴퓨터처럼 우리 뇌의 개별 저장소에 물리적으로 저장되는 것이 아니라 분산된 표상으로 존재한다.

면, 사실과 방법은 장기 기억의 구덩이 깊은 곳에 파묻은 후 원할 때 소환할 수 있도록 하는 것으로 목적을 변경할 수 있다. 학교에서 공연히 구구단을 외우도록 하는 이유도 만일 곱셈을 할 때마다 매번 직접 계산하느라 애를 써야 한다면, 작업 기억의 빈 자리가 금방 소진되어 더 깊이 생각할 수 없게 되기 때문이다.

디지털 계산기가 있으면 모든 짐을 내려놓을 수 있지 않을까 생각할 수도 있다. 우리의 마음을 자유롭게 하기 위해서 계산의 부담을 컴퓨터에 떠넘기는 것만큼 좋은 방법이 있을까? 그러나 이런 방법은 인지 부하를 줄이는 데는 큰 도움이 되지 않는다. 계산기에 숫자를 입력하기 위해서는 여전히 의식적인 노력이 필요하기 때문이다. 이는 이 책의 전반부에 반복적으로 등장한 자동화의 역설을 일깨워준다. 즉 우리가 기계에 일을 맡기기 위해서는 기계의 핵심 능력에 관여할 수 있어야 한다.[15] 우리 또한 특정 수준의 계산 능력을 갖출 필요가 있다.

단, 속도를 지나치게 중시하는 태도는 경계해야 한다. 모든 학습이 개별 사실을 흡수한 후 재빨리 기억하는 것으로 축소된다면, (이전 장에서 다룬 다섯 가지 원칙과 같은) 지능의 다른 측면은 주변으로 밀려나게 된다. 우리는 자동적으로 답하도록 요구받으면 생각할 겨를도 없이 가장 먼저 떠오르는 답변을 선택하고는 한다. 아무 생각 없이 계산을 할 때 얼마나 터무니없는 답변을 내놓게 되는지 살펴보았다. 즉 우리는 암산을 할 때도 일정 수준은 의식적으로 인식하고 있어야 한다. 속도를 높이기 위해서 수에 대한 감각을 희생해서는 안 된다. 수 감각은 개념의 다양한 표상을 발달시키고 논증을 통해서 추론하는 데에 중요한 역할을 한다. 실제로 속도는 특정 사실과 절차가 서로 어떻게 관련되어 있는지에 대해 보다 자유롭게 탐구하는 과정에서 부산물로 얻을 수 있다.

빠른 계산의 부작용

다음 세 가지 질문에 최대한 빨리 답해보자.

> 야구 방망이와 공의 총 가격은 1,100원이다. 방망이는 공보다 1,000원 더 비싸다. 그렇다면 공의 가격은 얼마일까?

> 호수에 수련 잎이 피어 있다. 매일 수련 밭의 면적은 두 배씩 커진다. 수련이 호수 전체를 덮는 데 48일이 걸린다면, 호수의 절반이 수련으로 덮이는 데는 얼마나 걸릴까?

> 의사가 희귀 질환에 대한 새로운 검사를 받을 것을 제안했다. 이 질병은 인구의 약 2.5퍼센트가 앓고 있으며 검사의 정확도는 80퍼센트이다. 건강이 염려가 된 당신은 검사를 받기로 한다. 그런데 안타깝게도 당신은 이 질병에 대해서 양성 판정을 받았다. 이러한 정보를 바탕으로 할 때 당신이 이 질병에 걸렸을 확률은 얼마인가?

여러분이 방금 풀어본, 빠른 속도가 요구되는 이러한 유형의 수학 문제는 전혀 의도하지 않은 결과를 낳을 수 있다는 위험 경고를 동반

해야 한다. 제3장에서 이런 경고 중 하나인 **인지 편향**을 이미 살펴보았다. 제3장에서 보았듯이, 신속한 사고방식(또는 '시스템 1' 사고방식. '시스템 2'의 느린 사고방식에 대비된다)은 특히 미묘한 사실을 다룰 때 논리적 불일치를 일으킬 수 있다. 수학은 미묘함으로 가득 차 있으므로, 약간이라도 추론이 필요한 문제를 풀 때는 시간을 다투는 것이 오히려 해가 되는 경우가 많다.

처음 두 개의 문항은 인지 성찰 테스트Cognitive Reflection Test에 나오는 문제로, 2005년 한 심리학 연구에서 사람들이 세부 사항에는 크게 고심하지 않고 문제를 푸는 경향이 있음을 보여주기 위한 근거가 되었다.[16] 사람들에게 빨리 답하라고 압박하면 많은 사람이(어쩌면 여러분도) 첫 번째 문제에는 100원, 두 번째는 24일이라고 답하는 경향이 있다. 사실 정답은 각각 50원과 47일이다. 두 문제 모두 약간만 고심하거나 즉각적으로 머리에 떠오르는 답변이 정답이 맞는지 잠시 숙고해보면 쉽게 답을 연역할 수 있다.

세 번째 문제는 확률에 관한 여러 놀라운 진실들 중 하나와 관련이 있다. 정답은 9퍼센트 남짓으로, 대부분이 예상하는 것보다 훨씬 낮은 수치이다(우리는 먼저 이 질병은 매우 희귀하므로 양성 반응이 나와도 걱정할 필요가 없다는 사실을 간과하는 경향이 있다. 이는 '기저율 무시base rate neglect'로 알려진 인지 편향이다). 확률은 인간을 끊임없이 시스템 1 편향에 빠지게 만드는 주범이다. 그러나 진실은 우리의 즉각적인 인식과 전혀 다른 경우가 많다. 바로 이러한 이유로 교육자이자 작가인 수닐 싱은 확률을 "악마의 수학"이라고 부른다.[17]

다른 인지 편향과 마찬가지로, 지식과 지능만으로는 이러한 사고 오류에서 벗어나기 어렵다. 하버드와 MIT 졸업생 중 절반 이상이 방망이/공 문제에서 실수를 저지른다. 보다 우려되는 점은 의료 전문가의 85퍼센트 이상이 진단 문제를 풀지 못했다는 것이다.[18]

방망이/공 문제는 일단 제대로 생각해보면 상대적으로 간단한 산수 문제이므로, 뺄셈을 인정 수준으로 모델링하면 된다. 호수 문제는 기하급수적 증가의 기초적인 응용이다. 그리고 확률 문제는 한 사건에 대한 정보가 주어졌을 때, 다른 사건이 일어날 가능성을 계산하는 공식인 베이즈 정리에 의존한다. 수학으로부터 우리는 다양한 문제를 해결할 수 있는 도구를 찾을 수 있지만 즉각적인 답만 찾으려고 들면 수학의 잠재력은 허무하게 사라지고 만다. 인간의 뇌는 정확한 계산, 기하급수적 증가 또는 베이즈 정리와 같은 개념을 쉽게 직관하지 못한다.* 이처럼 세계에 대해서 후천적으로 습득한 모델을 이용하고 우리의 잘못된 직관을 침묵시키기 위해서는 사고 처리 속도를 늦춰야 한다. 수학자 이언 스튜어트가 조언했듯이, "확률에 관해 가장 중요한 점은 확률을 직관하지 않는 것"이다.[19] 다시 말해서 주의 깊고 신중한 추론을 통해서 사고를 이어가야 한다. 스튜어트의 조언은 수학의 가장 구석진 자리까지 확장될 수 있다. 즉 시스템 1 오류를 방지하기 위한 가장 효과적인 방법은 속도를 늦추는 능력이다.

수학 공포증maths anxiety을 겪어본 사람이라면 누구나 이 조언을 반

---

* 베이즈 추론(새로운 정보를 바탕으로 믿음을 갱신하는 일)과 베이즈 정리의 정확한 공식(확률 추정치를 산출하는 일) 사이에는 중요한 차이가 있다. 우리는 느슨한 의미의 베이즈 추론을 항상 사용하고 있지만 어떤 사건이 실제로 일어날 확률을 직관하는 데는 어려움을 겪는다.

가운 지침으로 여길 것이다. 수학 공포증이란 수학을 접할 때 두려움을 느끼는 사람들에 대한 기술적 진단으로, 다른 과목보다 수학에서 더 현저히 나타나는 증상이다. 수학 성취도가 낮은 학생만 수학 공포증을 느끼는 것은 아니다. 한 연구에 따르면,[20] 수학 공포증을 겪는 학생의 4분의 3 이상이 학교에서의 성적이 '보통에서 우수함'인 것으로 나타났다. 수학 공포증의 주요 원인 중 하나는 속도에 대한 집착이다. 수학이 시간 제약 아래에서의 수행 능력으로 축소되면 수학은 속도가 곧 등수인 치열한 경쟁의 장이 되고 만다. 속도와 정확성을 바탕으로 하는 학교 수학 훈련은 학생들을 수학에서 멀어지게 만드는 근본 원인인 경우가 많다. 여기에는 괴로운 역설이 숨어 있다. 앞에서 살펴본 것처럼, 이 훈련은 수학적 사실을 장기 기억에 저장하기 위한 수단으로, 이러한 훈련을 통해서 우리는 제한된 작업 기억에 여유 공간을 만들고 문제를 좀더 깊이 고민한 후 해결할 수 있다. 하지만 바로 이 작업 기억은 훈련으로 인한 스트레스 때문에 꽉 막히게 된다. 편도체amygdala는 뇌의 측두엽 깊숙한 곳에 있는 아몬드 모양의 핵 군집으로, 감각 입력을 처리할 수 있도록 뇌의 다른 부분으로 전달하는 감정 필터 역할을 한다. 곧 실패할 것이라는 생각이 들면 편도체는 이러한 입력을 뇌의 반응 영역인 '맞서거나, 도망가거나, 얼어붙거나' 영역으로 보낸다. 또한 뇌는 스트레스를 받으면 코르티솔을 분비하는데, 코르티솔은 정보가 기억되기 위해서 통과해야 하는 관문인 해마에 난입하게 된다.

뇌의 스트레스-반응 기전으로 인해서 결국 의식적 사고가 이루어지는 제한된 공간이 금방 차버리고 우리의 마음에는 당면한 문제를 처리할 여지가 거의 남지 않게 된다. 심한 경우에는 심리학자 시안 베일록이 공식화한, 스포츠에서 사용되는 용어인 **질식할**chocking 듯한 감각에 빠질 수도 있다.[21] 실패에 대한 두려움으로 인한 질식은 학습을 통한 생산적인 사고 능력을 마비시킨다. 빠른 속도로 정답을 찾다 보면 이처럼 불필요한 두려움을 유발할 뿐만 아니라 수학을 전문 수학자들도 인지할 수 없는 형태로 왜곡시킬 수 있다. 스피드 체스 게임에서는 신중함보다 속도가 더 중요하듯이, 수학을 질문에 빠르게 답하는 능력으로 축소시키면 수학 지능의 본질을 상실하게 된다. 시간 제약을 받으면 문제 해결 방식은 완전히 새로운 양상을 보인다. 이때 수학 지능은 익숙한 기법의 인출과 실행으로 축소되며, 그 자체로는 이전 장에서 살펴본 수학적 전망으로 이어지지 못한다.

지난 장들에서 살펴본 바와 같이, 인간에게 지식은 복잡하게 연결되어 있는 동시에 굉장히 심오하고, 엄격한 절차를 따르는 동시에 개방적이다. 인간의 뇌를 무딘 처리 기계로 대체하게 되면, 이제 수학은 탐구적인 이해 형성 학문으로서의 특성을 잃게 된다.

수학자는 시간을 들이는 것에 불만이 없다. 고故 마리암 미르자카니는 자신이 수년간 고심해야 비로소 이해할 수 있는 깊은 문제에 이끌리는 생각이 느린 사람이라고 자랑스럽게 밝힌 바 있다. 미르자카니가 말했듯이, "몇 달 혹은 몇 년이 지나면 문제의 완전히 새로운 측면을 보게 된다."[22] 어떤 문제는 10년 넘게 답을 찾기 위해서 애썼지만 결국 해답을 찾지 못하기도 했다. 또다른 수학자이자 필즈 상 수상자인 티머시 가워스는 다음과 같이 말했다. "수학에 가장 심대한 공헌을 한 사람은 토끼가 아니라 거북이인 경우가 많다."[23] 수학에서 가장 심오하고 보상이 가장 큰 문제를 풀려면 천천히 풀어야 한다.

신경 끄기

컴퓨터는 수학 공포증을 겪지 않는다. 연산량이 어마어마하게 많지 않은 한, 정보 과부하가 문제가 되는 경우는 거의 없다. 속도를 늦추는 것은 오히려 역효과를 낼 수 있다. 그렇게 해도 컴퓨터가 정보를 처리하는 방식이나 문제 해결 방법에는 아무런 차이가 없기 때문이다. 인간은 뇌의 기이한 생물학적 특성을 보상하기 위해서 무던히 애써야 하지만 컴퓨터에는 이러한 특성이 적용되지 않는 것으로 보인다. 같은 이유로, 컴퓨터는 인간이 사고 속도를 급격히 변화시키는 과정에서 얻는 이점을 누리지 못한다. 인간은 생각의 속도를 늦춤으로써 불안과 편견으로부터 스스로를 보호할 수 있다. 또한 느린 사고는 가장 창의적인 업적을 이루는 길을 열어주기도 한다.

때때로 우리는 불현듯 통찰력을 얻기도 한다. 이전에는 꽉 막혀 있던 생각이 갑자기 제자리를 찾아가고 신의 비밀이 밝혀지는 것이다. 이와 같은 통찰의 순간이 그저 순전히 운으로만 찾아오는 것은 아니다. 통찰은 연마를 통해서도 얻을 수 있다.

오랫동안 수학자들은 창의적인 문제 해결법에는 신비로운 요소가 있는 것은 아닌지 의심해왔다. 프랑스의 수학자 앙리 푸앵카레는 자신의 창의적인 사고 과정을 선택의 관점에서 설명했다.

책의 앞부분에서 발명은 곧 선택이라고 말한 바 있다. 하지만 이 단어가 어쩌면 전적으로 정확한 것은 아닐 수도 있다. 선택이라는 단어는 많은 상품들을 앞에 놓고 하나씩 살펴보고 고르는 구매자를 떠올리게 한다. 반면, 발명에서는 훑어보아야 할 상품이 너무 많아서 평생이 걸려도 전부 살펴보지 못할 정도이다. 이는 실재하는 어떤 상태가 아니다. 심지어 발명가의 머릿속에는 '아무 쓸모도 없는 조합'이라는 개념 자체가 존재하지 않는다.[24]

정보를 조합하는 방법은 무궁무진하며, 그중 일부 조합은 다른 조합보다 더 효용이 높고 흥미롭다. 새로운 통찰로 이어지는 창의적 사고는 우리가 알고 있는 지식들의 조합 가운데 가장 기발하며 때로는 전혀 예상치 못한 조합에서 나온다. 푸앵카레의 말처럼, 이는 의식적인 상태만으로는 이룰 수 없는 일이다. "수학적 창의성에서 무의식이 어떤 작동을 한다는 데는 논란의 여지가 없는 것 같다."

창의적인 사상가들은 종종 무의식적 사고의 힘에 경의를 표하고는 한다.[25] 그래픽 디자이너 폴라 셰어에게 창의적 사고는 뒤죽박죽 섞여 있는 생각을 일관된 순서로 정렬하는 슬롯머신과 유사하다. T. S. 엘리엇은 시인의 마음은 파편화된 생각을 조화로운 아이디어로 변화시킨다고 말했다. 독일의 대학자 고트프리트 라이프니츠는 음악이 주는 즐거움을 '무의식적 계산'의 관점에서 설명했다.

프랑스의 또다른 수학자 자크 아다마르는 푸앵카레의 성찰을 보다 상세히 설명하며, 문제 해결은 의식과 무의식 사이를 오가는 네 가지 단계로 이루어진다고 말했다.[26] 첫 번째 단계에서는 마음을 준비시키는preparing 의식적 작업이 이루어진다. 다음 단계는 배양

incubation으로, 아이디어 사이의 새롭고 참신한 연결 고리를 찾기 위한 무의식적 메커니즘이 작동한다. 대부분의 무의식적 생각은 가라앉은 채 남아 있지만, 가끔씩 아이디어가 번뜩 튀어나와 의식으로 스며든다. 아다마르는 이를 **깨달음**illumination이라고 불렀다. 마지막으로 새로운 통찰을 **입증하는**verifying 또다른 의식적인 단계가 이어진다. 간단히 말해서, 의식적으로 흥미로운 질문을 하기 위해서 애쓴다면 그 다음부터는 우리 뇌가 무의식적으로 작동하여 어려운 답을 찾을 것이라고 믿고 맡길 수 있다. 알베르트 아인슈타인은 아다마르에게 보낸 편지에서 "조합 놀이"가 "생산적 사고의 본질"이라고 지적하며 다음과 같이 결론을 내렸다. "당신이 완전한 의식이라고 부르는 것은 결코 완전히 도달할 수 없는 극한적 상황인 것 같습니다."[27]

감히 푸앵카레, 아다마르, 아인슈타인 모두를 한 번에 거역할 만큼 용감한 사람이 있을까? 심지어 이들의 이론은 신경과학에 의해서 입증되고 있다. 새로운 견해에 따르면, 우리의 뇌는 수학적 문제 등 어떤 문제에 직면했을 때 여러 후보군을 면밀히 조사한다. 뇌의 좌반구와 우반구는 의식 너머 그 어딘가에서 우리의 인식과 경쟁하는 아이디어를 생성한다.[28] 여기서 좌뇌는 가장 분명한 상관관계를 찾는 반면, 우뇌는 새로운 해결책을 쫓는 것으로 알려져 있다. 뇌가 두 반구 사이를 중재하고 분명한 아이디어와 덜 분명한 아이디어 중 어떤 아이디어를 의식 위로 올려야 하는지 결정하기 위해서는 일종의 판단 메커니즘이 있어야 한다. 대뇌 피질 아래에 위치한 깃 모양의 영역인 전대상 피질anterior cingulate cortex이 이러한 역할을 담당하는 뇌 부위 중 하나이다.

무의식에 개입하는 직접적인 방법으로 수면이 있다. 헝가리의 수학자 포여 죄르지는 수학과 학생들에게 문제가 복잡하게 얽혀 있을 때는 "하룻밤 자면서 생각해볼 것"을 조언했다.[29] 심리학자 하워드 그루버는 이 조언을 확장하여 창의적 사고를 위해서는 침대Bed, 버스Bus, 목욕Bath의 '3B'를 활용할 것을 권장했다.[30] 이 세 가지는 우리 마음을 안정시키고 문제에 마음을 쓰는 일을 잠시 멈추도록 해서 잠재의식 깊은 곳에 새로운 연결이 형성되도록 한다. 토머스 에디슨은 굉장히 계획적으로 이러한 아이디어를 활용했다. 에디슨은 의식과 무의식 사이에서 가장 심오한 통찰력을 끌어낼 수 있는 최적의 상태를 모색하던 중 낮잠을 일종의 기술로 발전시킨 것으로 알려져 있다. 그의 방법은 볼 베어링을 여러 개 들고 잠을 자는 것이다. 볼이 바닥에 떨어지며 쨍그랑 소리가 나면 깊은 잠에 빠지기 바로 직전의 적절한 순간에 깰 수 있다.

"하룻밤 자면서 생각해볼 것"이라는 격언에는 강력한 신경학적 근거가 있다.[31] 한숨 눈을 붙이고 몸이 휴식을 취하는 이 소중한 시간 동안에도 우리 뇌는 전날의 사건을 재생하고 이를 기억으로 전환하는 등 계속 활동하고 있다. 우리는 기억할 수 있는 것보다 더 많이 경험하므로 두 가지 뇌파 기능에 따라 전날 활성화되었던 모든 신경 회로를 능동적으로 분류하여 한 뇌파는 특정 기억을 강화하고 다른 뇌파는 나머지 후보 기억들을 가지치기한다. 우리가 얼마나 기억하는지는 수면의 양 및 질과 상관관계가 있다. 기억의 **유형** 측면에서 보면, 숙면은 지식('선언적 지식declarative knowledge'이라고도 한다)의 통합을 촉진하는 반면, 각성 상태의 렘(급속안구운동Rapid Eye Movement) 수면 단계는 루틴과 운동 기술('절차적 기억procedural memory')을 강화한다. 뇌에서 떠다니던 생각들 사이에서 완전히 새로운 연결이 생겨나는 것도 주로 렘 수면 단계이다.

수면과 학습을 연결시키는 경향은 광범위하게 퍼져 있으므로 대부분의 언어권에서 "하룻밤 자면서 생각해볼 것"이라는 문구를 찾아볼 수 있을 정도이다. 영향력 있는 자기계발 전문가들이 잠을 포기해야 한다고 주장하며 아주 이른 아침에 달성해야 하는 일들을 나열하는 것을 듣고 있으면 항상 당황스럽다. 때로는 오전 6시 이전에 의식적으로 행할 수 있는 가장 유용한 일은 아무것도 하지 않는 것으로 나타나기도 했다. 몇몇 철학자들이 강조했듯이 (성서의 말씀과는 달리) "구하지 말라, 그리하면 얻으리라."

"하룻밤 자면서 생각해볼 것"은 영감을 찾는 내 학생들에게, 그리고 나 자신에게 해줄 수 있는 유일한 조언인 경우가 많다. 우리 모두는 '단어가 혀끝에서 맴도는' 현상(설단 현상)을 경험해본 적 있다. 의식적으로는 아무리 생각해도 좀처럼 떠오르지 않던 이름이 전혀 기대하지 않은 순간에 불현듯 떠오르기도 한다. 여러 심리학 연구에 따르면, 문제나 퍼즐을 풀 때 도무지 해답이 떠오르지 않으면 계속 그것만 붙들고 있기보다는 그냥 마음을 엉망진창인 채로 두는 것이 최선의 방법이라고 한다. 게으름은 생각보다 더 자주 통찰로 이어지는 길을 열어주고는 한다.[32]

창의적인 마음은 의식과 무의식 상태 사이를 기민하게 탐색한다. 의식은 우리가 과제에 깊이 집중할 수 있도록 하고, 무의식은 더 이상 과제에 신경을 쓰지 않는 상태에서도 자유롭게 생각할 수 있는 여지를 준다. 중요한 것은 이러한 몰입과 성찰의 단계를 오가면서 일단 아이디어가 뿌리를 내릴 수 있도록 한 후에 이 아이디어를 휘저으며 우리가 새로운 연결 고리를 만들 수 있도록 하는 것이다.

이런 식으로 새로운 발견을 하게 되면 우리는 형언할 수 없는 기쁨 또는 최소한 안도감을 느끼게 된다. 통계학 교수인 토머스 로옌은 이러한 순간을 "일종의 은총과도 같다"라고 말한다. "우리는 오랫동안 문제를 해결하기 위해서 애썼다. 그러다 어느 날 갑자기, 우리 신경세포의 신비로움을 시적으로 표현하자면, 천사가 내려와 좋은 아이디어를 알려주었다."[33]

어려움을 받아들이기

수학에 관한 어떤 일화도 고난의 시간 없이는 끝나지 않는다. 인간의 능력 밖이라고 여겨졌던 문제를 풀기 위해서 자신의 연구 경력을 전부 바친 앤드루 와일스만큼 이러한 고난을 잘 아는 사람도 없을 것이다. 와일스는 페르마의 마지막 정리*를 증명함으로써 수학의 새로운 분야를 열고 이전에는 생각하지 못한 방식으로 각 분야를 연결했다. 그의 비밀은 다음과 같다.

조금 자란 아동이나 성인이 되어 수학을 시작할 때 스스로 다스려야

* 페르마의 마지막 정리는 n이 2보다 큰 정수일 때 n의 거듭제곱에 대해서 $x^n + y^n = z^n$ 방정식을 만족하는 0이 아닌 정수는 존재하지 않는다는 정리이다. 수학자들은 350년 이상 이 정리를 증명하지 못했다.

> 하는 문제들 중 하나는 꽉 막힌 상태를 받아들이는 것입니다. 사람들은 이러한 상태에 결코 익숙해지지 못하고 엄청난 스트레스를 받곤 하죠.……그러나 막다른 길에 몰렸다고 실패한 것은 아닙니다. 그것은 과정의 한 부분입니다.……우리[수학자]는 수학 문제를 푸느라 끙끙 앓는 3학년 학생들과 전혀 다르지 않습니다.……그저 우리는 훨씬 더 큰 난관에도 대비할 마음가짐이 되어 있을 뿐이죠. 우리는 그러한 좌절에는 단련되어 있습니다.[34]

세드리크 빌라니는 자신의 주요 정리(이 연구로 2014년 마침내 필즈상을 수상했다)를 증명하기 위한 탐구 과정을 차트로 정리하여 수학자들이 가장 심오한 통찰을 얻기까지 얼마나 고군분투하는지를 실시간으로 기록했다.[35] 이 기록(빌라니는 자신의 연구 내용을 공유하는 것을 두려워하지 않는다)에는 복잡한 수학과 꽉 막힌 통로에서 돌파구를 찾기 위한 지극히 인간적인 투쟁이 나란히 서술되어 있다. 여기에는 빌라니가 암흑 속을 헤매는 과정은 물론이고, 실패 가능성을 가늠하며 동료들과 주고받은 긴장된, 때로는 체념한 이메일도 담겨 있다. 수학자 실비아 세르파티는 짧은 회고록에서 수학 연구를 등산에 비유했다. 세르파티는 비록 좌절의 순간이 있더라도 수학 문제를 푼 후에 그 정상에서 바라보는 풍경은 거기까지 오르는 동안 흘린 땀만큼의 가치가 있다고 말한다.[36]

심리학적 측면에서 깨달음을 얻는 과정을 고찰한 후 이 과정에서 처할 수 있는 어려움에 어떻게 대처할 수 있는지 연구한 문헌은 매우 많다. 심리학자 캐럴 드웩은 지능이 유동적이며 우리가 원하는 만큼 스스로 통제할 수 있다는 개념, 즉 성장 마인드셋growth mindset이라는 개념을 대중화했다.[37] 성장 마인드셋의 반대편에는 지능이 불변한다는 개념인 고정 마인드셋fixed mindset이 있다. 드웩은 30여 년의 연구를 통해서 성장 마인드셋이 학생들의 시험 성적에서부터 경쟁이 치열한 운동선수의 경기력에 이르기까지 모든 분야에서 성과 향상으로 이어진다는 사실을 밝혀냈다. 이와 관련된 개념으로 **그릿**grit이 있다. 그릿은 "초장기 목표를 달성하기 위해 동기와 노력을 계속 이어가는 근성"으로 정의할 수 있으며,[38] 좌절을 겪은 후에도 꾸준함을 유지하는 성향을 말한다. 그릿에 대한 연구는 마인드셋만큼 심화되지는 않았지만 이 역시 학업 등 삶의 성과에 대한 예측 인자로 입증되었다.

심리학에서의 이러한 연구는 뇌의 작동방식에 관한 최근의 연구 성과와 일치한다. 문제를 의식적으로 통제하려고 애쓰지 않고 숨어 있는 사고 과정에 기대는 능력은 마인드셋이나 그릿과 같은 심리적 특성과 밀접한 관련이 있다. 우리 스스로 더욱 성장할 수 있으며 지금까지 찾을 수 없었던 연결고리를 찾을 수 있다고 믿는다면, 문제에 대해서 잠시 잊고 속도를 늦출 가능성이 더 높아진다. 문제와의 고투는 우리의 무의식적 사고 메커니즘에 아이디어가 자리를 잡고 가장 독창적인 아이디어가 떠오를 수 있는 여지를 제공하게 되므로 참신함과 통찰의 자양분이 된다.

성장 마인드셋은 또한 **신경가소성**neuroplasticity을 떠오르게 한다. 학습 중에는 신경세포가 생기고 신경세포 간의 시냅스 연결이 강화되며 새로운 연결이 생기고 사용하지 않는 연결은 가지치기되어 결국 뇌 구조가 재배선되는 결과로 이어진다. 런던의 택시 운전사들이 런던에서 길을 익히기 위해서 수년간 학습한 결과 해마가 커졌다는 연구 결과를 생각해보라. 성장 마인드셋을 믿는다는 것은 우리가 우리 뇌의 설계자라는 개념을 받아들인다는 의미이다.

컴퓨터는 우리처럼 스스로 배선을 변경할 수 없다. 오늘날의 인공 신경망은 신경세포들의 연결 강도의 강화 또는 약화라는 아이디어를 기반으로 구축된다. 그렇다고 연결을 가지치기하거나 완전히 새로운 연결을 만드는 일은 전혀 생각할 수 없다. 또한 컴퓨터에 지침을 내리는 모델이나 절차에 치명적인 결함이 있는 경우, 소위 '국소 최적해local optimum'에 갇히게 되어 최상의 상황에서도 해답을 찾기 어려울 수 있다. 이때는 전원을 껐다가 다시 켜는 것도 아무런 도움이 되지 않는다. 컴퓨터는 전원을 내린 동안에는 어떤 방식으로든 학습하거나 발달하지 않기 때문이다. 전원을 켜자마자 다시 원래의 막다른 골목을 향해 달려간다. 이들을 좌절에서 구할 수 있는 유일한 방법은 그 기반이 되는 모델을 재구축하는 것이다. 즉 인간의 개입은 불가피하며 이 모든 문제를 해결하기 위해서는 또다시 인간이 숙면을 취하는 수밖에 없다.

수학에 중독되는 순간

그리스의 과학자 아르키메데스는 일반적으로 과학적 계시의 순간과 목욕통, 공공장소에서의 자발적인 나체 노출 등의 일화로 잘 알려져 있다. 우리는 "유레카!"의 순간을 통해서 아르키메데스의 일상을 상세히 들여다볼 수 있다. 아르키메데스의 수학에 대한 애착을 더 잘 보여주는 보다 흥미로운 일화가 있는데 바로 그의 죽음이다. 역사가 플루타르코스는 기원전 212년 로마의 시라쿠사 공방전에 대한 기록에서 이 순간을 묘사했다.

> 아르키메데스는 혼자서 도형을 그리며 어떤 문제를 푸는 중이었다. 그는 로마인이 침입했다거나 도시가 점령되었다는 사실은 알지 못한 채 문제에서 눈을 떼지 못하고 골똘히 생각에 빠져 있었다. 그런데 갑자기 한 병사가 그에게 다가와 함께 마르켈루스(로마의 장군/옮긴이)에게 가야 한다고 명령했다. 이에 아르키메데스가 문제를 해결하고 증명하기 전까지는 가지 않겠다고 거부하자, 병사는 그만 격분하여 칼을 뽑아 그를 해치웠다.[39]

아르키메데스는 문제 풀이의 마력에 사로잡힌 수많은 사람들 중 한 명이다. 결말이 항상 극적이었던 것은 아니지만,* 이러한 사람들은 문제를 푸는 데 너무 몰두한 나머지 주변에서 무슨 일이 일어나는지 전혀 알아차리지 못하는 경우가 많다. 2004년 11월, 「타임스*The Times*」의 "독자 편지" 난에는 짧은 불만 사항이 게재되었다. "담당자

---

* 19세기의 의사 파울 볼프스켈의 경우, 수학 문제에 푹 빠진 덕분에 생명을 구하기도 했다. 일설에 따르면 볼프스켈은 젊은 여성에게 구혼했다가 거절당한 후 자살을 결심했다고 한다. 그는 자살을 감행할 날짜를 정하고 그날 자정에 자살할 계획이었다. 그날 저녁 볼프스켈은 도서관에서 페르마의 마지막 정리(당시에는 아직 증명되지 않았다)에 관한 논문을 우연히 발견했다. 볼프스켈은 이 논문을 읽는 데 몰두하여, 얽히고설킨 근거들을 숙고하는 데 저녁 시간을 모두 허비했다. 그는 이 문제에 사로잡힌 나머지 시간 감각을 잃었으며, 결국 스스로 정한 종말의 시간마저 놓치고 말았다.

님, 스도쿠 퍼즐에 경고문을 표시해주세요. 겨우 첫날인데 벌써 지하철 역을 놓치는 바람에 내리지 못했습니다. 감사합니다. 브렌트포드에서 이언 페인 드림." 이언 페인만 스도쿠의 피해자가 된 것은 아니었다. 2008년 6월, 오스트레일리아 법원에서 마약에 대한 재판이 진행되는 동안 배심원 12명 중 5명이 심리를 듣는 대신 스도쿠를 하고 있었다는 사실이 드러난 후 재판이 중단되었다.[40] 스도쿠는 초기의 새로운 열풍 단계를 지나 숫자광들은 물론이고 일상적인 문제 해결자들도 끌어들여 이제는 전 세계인이 일상적으로 즐기는 게임으로 확고히 자리 잡았다. 오로지 추리력에만 의존하는 이 게임에 수백만 명의 선수들이 완전히 빠져든 것이다.

이전 장에서 살펴보았듯이, 우리가 퍼즐에 끌리는 이유는 퍼즐이 우리가 아는 것과 모르는 것 사이의 아리송한 정보 격차를 메우기 때문이다. 그렇다면 퍼즐을 푸는 동안 무엇이 우리를 계속 몰입하게 만들까? 「뉴욕 타임스*The New York Times*」의 십자말풀이 편집자이자 자칭 스도쿠 중독자인 윌 쇼츠는 스도쿠의 규칙이 얼마나 간단한지 말한다. "10초면 규칙을 배울 수 있다. 그러나 스도쿠를 풀기 위한 논리를 구축하기는 까다롭다."[41] 스도쿠에 매료된 사람들에게 스도쿠는 분명 풀 수 있는 문제이지만 푸는 보람을 느낄 수 있을 만큼 어렵다.

문제가 얼마나 어려운지는 돌파구가 보이는 순간에 어떤 경험을 하며 어떤 감정을 느끼는지를 통해서 알 수 있다(아르키메데스의 죽음이 '유레카'의 순간보다 그에 대해서 더 많은 것을 알려준다고 말한 것도 이런 이유이다). 해답을 찾는 과정은 길고 험난할 수 있으며, 불완전함을 완전함으로 변모시키기 위해서 애쓰는 과정에서 우리는 좌절과 동요 그리고 쾌락을 한꺼번에 느낄 수 있다. 심리학자들은 우리가 매우 흥미로운 문제에 직면하여 해답을 좇는 데 몰두하는 상태에 대해서 용어를 고안하고 의미를 부여했다.

최적 경험과 플로

시간과 공간의 감각을 모두 잃어버릴 만큼 어떤 활동에 깊이 몰입한 적이 있는가? 소파에 앉아 책을 읽거나, 하이킹을 하거나, 친구와 저녁을 먹다 보면 어느새 몇 시간이 훌쩍 지나가고는 한다. 우리 모두는 좋은 삶을 추구하기 위해서 이러한 **최적 경험**optimal experience을 얻으려고 노력한다. 심리학자 미하이 칙센트미하이는 "사람들이 어떤 활동에 깊이 빠져들어 다른 것은 중요해 보이지 않는 상태"의 몰입 상태를 나타내기 위해서 "플로flow"(한국에서는 '몰입'으로 번역되었다/옮긴이)라는 용어를 사용했다.[42] 플로는 일상의 모든 순간에 일어날 수 있다. 칙센트미하이는 선원의 머리카락을 스치는 바람의 느낌, 새로운 작품이 탄생하는 것을 보는 화가, 아이가 처음으로 자신의 미소에 반응하는 것을 본 아버지에 대해서 이야기한다(나는 얼마 전에 마지막 일을 겪었는데 분명 인생에서 얻을 수 있는 최적 경험이라고 확인할 수 있었다).

성과 측면에서 플로는 사람이 자신의 능력을 최대한 발휘하는 방법이라고 말할 수 있다. 백핸드를 치는 로저 페더러, 우아하게 평원을 달리는 마라톤 선수, 결코 박자를 놓치지 않는 댄스팀 등, 우리는 이런 사람들이 자신의 영역에서 매우 복잡한 행동을 원활히 통제하는 모습을 보며 감탄한다. 이들에게 플로란 지상의 모든 힘을 자신의 통제하에 두는 신명의 순간이다.

칙센트미하이는 "의식이 질서를 가지고 움직일 때" 최적 경험을 얻을 수 있다고 말한다. 이 장의 앞부분에서 인간의 독창성은 의식의 여러 층위를 넘나드는 과정에서 발생한다는 사실을 살펴보았다. 플로는 우리가 성과를 극대화하기 위해서 고도로 집중하는, 매우 의식적인 활동을 말한다. 우리는 외부의 신호를 차단하고 당면한 과제에 모든 의식적 에너지를 쏟아부을 때 가장 몰입감 있는 경험을 할 수 있다. 칙센트미하이에 따르면, "이 순간의 집중력은 매우 강하므로, 관련 없는 것에 주의를 빼앗기거나 문젯거리에 대해서 고민할 여유가 없다." 그는 매우 확고한 낙관주의자로, 플로란 우리가 스스로 이끌어갈 수 있는 상태라고 믿는다. "일반적으로 어렵지만 가치 있는 일을 성취하기 위해서 자발적으로 노력하면서 몸과 마음을 자신의 한계까지 끌어올릴 때 최고의 순간을 경험할 수 있다."

플로 상태는 과제의 난이도가 우리의 역량과 정확히 일치할 때에만 도달할 수 있다. 그 과제가 자신의 현재 상태를 넘어 역량을 더욱 키울 수 있는 것으로 보일 때, 즉 도전적이지만 달성할 수 있는 과제일 때 우리는 그 과제에 더 깊이 몰입하게 된다. 반면, 자신의 역량이 과제의 난이도를 훨씬 능가할 경우에는 시시함을 느낀다. 이러한 과제만 과도하게 수행하면 지루함을 느낄 수밖에 없다. 같은 일을 반복하는 것을 좋아하는 사람은 아무도 없다. 같은 작업을 반복할 경우 피상적인 정복감을 느낄 수는 있지만 안전지대에 머무르는 것만으로는 아무런 즐거움도 누릴 수 없다. 우리는 스스로 감당할 수 있는 것

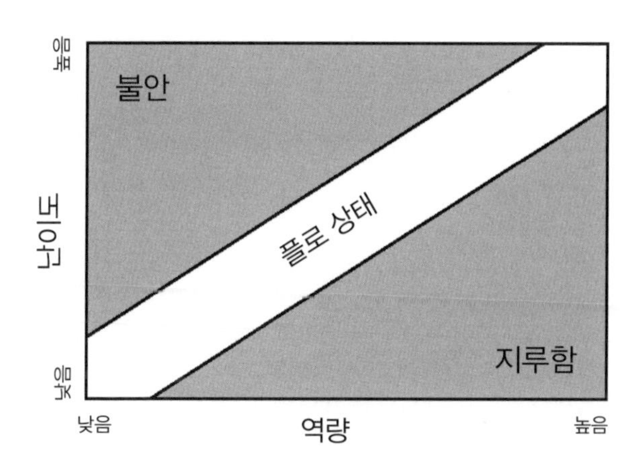

보다 훨씬 어려운 과제가 주어졌을 때 불안을 경험한다. 이 경우, 문제와 해결책 사이의 간극을 메우는 데에 필요한 지식이나 역량이 부족하므로 얻을 수 있는 것도 없다.

난이도–역량의 틀은 수학 체험에 대한 두 가지 상반된 방식을 이해하는 데 유용하다. 수학적 지식은 서로 얽혀 있으므로, 마치 젠가 탑에서 블록을 하나씩 제거할 때마다 탑이 불안정해지는 것처럼, 한 주제에 대한 이해에 약간의 빈틈이 있으면 이 구멍은 시간이 지남에 따라 점차 커져서 여러 방향으로 퍼질 수 있다. 예를 들어, **인수와 배수**에 대한 지식에 빈틈이 있는 경우 분수의 기초를 이해하기 어려울 수 있으며, 이 어려움은 이후 분수 용어로 표현되는 **확률**과 같은 주제를 공부할 때 더욱 증폭된다. 카오스 이론에 따르면, 마치 나비의 사소한 날갯짓이 지구 반대편에 토네이도를 일으키는 것과 같이, 작은 행동도 시간이 지나면 엄청난 효과를 가져올 수 있다. 지식의 중대한 빈틈을 메우지 않은 채 방치하면 학습은 결국 혼란으로 이어지게 된다. 지식의 작은 빈틈이 폭발적으로 커지면 우리가 수학과 고군분투하며 겪는 어려움도 과장된 인상을 남기게 된다. 다른 한편에서는 수많은 학생들이 본질적으로 정형화된 계산을 수없이 반복적으로 수행하면서 수학의 지루함에 대해서 토로한다(기계에 계산을 맡겨야 하는 또다른 이유이다. 즉, 기계는 지루함에 면역이 되어 있다). 정형화된 계산에 안주하기에 인간은 너무나 호기심이 많고 너무나 유능하다.

취미로 혹은 전공으로 수학을 공부하는 학생들은 자주 플로 상태에 빠지고는 한다. 수학은 다층적인 개념과 퍼즐로 가득하기 때문이다. 새로운 개념에 대해서 궁리하고 한 번에 한 단계씩 개념적 도약을 이룰 때마다 환희가 찾아온다. 우리는 새로운 문제 해결 전략과 사고 모델을 갖추면서 자신이 점점 더 똑똑해지고 있음을 느낄 수 있다.

그렇다고 해서 말처럼 쉽지는 않다. 플로는 대체로 우리가 어려움에 대처한 결과로서 찾아온다. 우리가 문제를 풀지 못해 곤경에 빠지는 경우는 두 가지이다. 첫째, 관련 배경 지식이 부족할 때, 둘째, 해결책을 찾기 위해서 통찰력을 발휘해 새로운 방식으로 지식을 결합해야 할 때이다(물론 둘 다 해당되는 경우도 있다). 플로에 도달하기 위해서는 우리의 지식과 역량 수준을 평가하여 두 가지 모두를 충족하는 적합한 문제를 찾기 위한 피드백 루프가 필요하다. 심리학자 안데르스 에릭슨은 전문성 개발에 필요한 수천 시간의 '의식적인 연습deliberate practice'의 핵심 조건들 중 하나로 피드백을 꼽기도 했다. "의식적인 연습에는 피드백을 받고 그 피드백에 따라 활동을 수정하는 것이 포함된다. 이러한 피드백의 대부분은 교육 과정 초기에 진행 상황을 주시하고, 문제를 지적하고, 문제 해결 방법을 제시하는 교사나 코치로부터 얻을 수 있다."[43]

교육계에서는 코치를 '지도교사tutor'라는 다른 이름으로 부른다. 알렉산드로스 대왕을 가르쳤던 아리스토텔레스는 일대일 교습의 고전적인 모델을 확립했다. 아리스토텔레스는 리세움에 도서관을 지을 때 지도교사는 학생들의 지식을 확장하고 오개념을 바로잡기 위해서 학생의 지식 수준을 파악할 필요가 있음을 자세히 설명한 서적을 많이 비치했다. 더 최근 연구로, 1980년대 벤저민 블룸의 연구에 따르면, 일대일 '개인' 과외를 받은 학생은 기존과 같은 방식으로 단체로 교육을 받은 학생보다 훨씬 뛰어난 성과를 거둔 것으로 나타났다.[44] 간단히 말해, 지도교사는 학습자가 학습의 구성 요소로서의 지식을 체계적으로 습득할 수 있도록 도와준다. 또한 학생이 스스로 오류를 파악하고 수정하여 사소한 실수를 성장의 발판으로 삼을 수 있도록 돕는다. AI 연구에서 가장 유망한 분야인 딥러닝이 이러한 자체 교정 개념을 전제로 한다는 것도 주목할 만하다. 딥러닝 알고리즘은 자체 오류에 노출되면 이 정보를 사용하여 매개변수를 자동으로 조정한다. 인간도 자체 교정이 가능하다. 그러나 우리의 실수를 찾아내고 다음 단계로 나아가기 위해서는 지도교사나 코치의 도움이 필요할 때도 있다. 지도교사는 학습자가 학습에 적극적으로 참여하고 항상 최적화된 과제에 도전하도록 학습자의 역량을 최대한 발휘할 수 있는 문제를 선택하고, 최근에 습득한 지식을 가장 창의적인 방법으로 적용할 수 있는 충분한 기회를 제공함으로써 학습자를 유도하고, 자극하고, 일깨워야 한다.

비디오 게임은 몇 년 동안 이 모델을 채택해왔다. 가장 몰입도가 높은 게임은 최적화된 도전에 맞춰 설계되었다. 처음에는 플레이어에게 배경 기술이 거의 없는 상태를 가정하여 게임이 시작되지만, 레벨이 높아짐에 따라 조금씩 어려운 도전 과제가 주어지면서 플레이어는 점차 새로운 기술을 갖추게 된다. 매순간 우리는 조금 더 어려운 관문에 도달하므로 결국 밤을 새우며 가상의 게임 세계를 여행하게 된다.

훌륭한 코치의 자질 중 하나는 학생들이 자립할 수 있도록 돕는 것이다. 에릭슨이 지적했듯이, "학생들은 오랜 시간을 들여 경험을 통해서 스스로를 살피고, 실수를 발견하고, 그에 따라 조정하는 방법을 배워야 한다." 초보가 전문가가 되는 여정도 이와 같은 방식으로 이해할 수 있다. 스스로의 기술에 숙련되어갈수록 외부의 피드백 루프에 덜 의존해도 되는 것이다. 우리는 스스로 진단하고, 스스로 학습 과정을 설계하고, 적절한 난이도의 과제를 파악하는 방법을 배운다. 우리는 지식의 습득을 조절한다. 이러한 훈련 과정에서는 무엇을 언제 배울지를 현명하게 선택할 필요가 있다. 때로는 새로운 지식을 습득하는 것을 미루고, 잠시 멈춘 뒤 이미 알고 있는 내용을 돌아보며 해결법을 찾아야 할 때도 있다. 비디오 게임과 지도교사는 암묵적으로 학습자의 역량을 극대화하기 위해서 학습자의 현재 역량과 학습 시기를 적절히 제약한다.

장애물의 제약

전문 수학자가 아직 풀리지 않은 문제에 도전할 때 겪는 고난은 해답에 닿을 수 없을지도 모른다는 가능성에서 비롯된다. 수학자 에드워드 프렌켈은 수학 문제를 나중에 어떤 그림이 될지 알 수 없는 직소 퍼즐에 비유한다. 수학자의 고통은 그림이 나올지조차 알 수 없는 불확실성에서 나온다.[45] 이미 해답을 찾은 기존 문제에 도전하는 것과는 또다른 어려움이 있는 것이다.

옛날의 문제 풀이자들은 오늘날처럼 전 세계의 모든 정보에 즉시 접근할 수 있는 상황은 상상도 못 했을 것이다. 그러나 정보에 대한 무차별 접근에는 단점이 있다. 창의적인 사고는 제약에서 나온다. 즉 부족한 지식으로부터 인지적 이점이 생기는 경우가 있다. 퍼즐도 정답을 먼저 알려준다면 (문제 풀이의 즐거움은 물론이거니와) 사고 훈련으로서의 가치를 잃고 만다. 인터넷은 그 어떤 기술보다 모두의 지식 접근성을 높이는 데에 기여했다. 그중에서도 가장 혁혁한 기여를 한 것은 구글과 그 기업의 제품이다. "전 세계의 정보를 체계화하기 위해서" 설립된 구글의 검색 엔진은 오늘날 인터넷 사용자들에게는 기적과도 같다. 니컬러스 카는 "구글은 우리를 멍청하게 만드는가"라는 도발적인 제목의 글에서 우리의 집중력을 저해하는 요인으로 인터넷을 지목했다.[46] 카는 인터넷이 제공하는 정보가 '신의 선물'이라는 점은 인정하지만, 정보가 한입에 베어먹을 수 있는 크기로 너무 순식간에 제공된다는 사실에 우려를 표했다. 이는 우리의 정신적 습관에 영향을 주어 문제에 완전히 몰입하기보다는 대충 훑어보게 만든다. 요점만 빠르고 쉽게 파악하려고 하면 인내와 성찰과 같이 플로에 도달하는 데 중요한 요소들을 희생시켜야 한다.

골치 아픈 문제가 발생하면 우리는 불확실성과 씨름하게 되는데, 이때 인터넷을 이용하면 빠른 검색을 통해서 순식간에 해결책을 찾아낼 수도 있다. 문제 풀이가 마음의 단련이라는 그 목적을 이루려면 알려진 답안을 찾아보고 싶은 충동을 어떻게든 억눌러야 한다. 구글은 지식의 원활한 전달을 위해서 고안되었을 뿐, 우리의 코치는 될 수 없으며 우리의 학습 경험에 대해서도 아는 바가 전혀 없다. 오로지 정답을 제공한다는 단 하나의 목표만을 차갑고 정확하게 추구할 뿐이다.

물론 이러한 문제는 인터넷이 등장하기 이전에도 존재했다. 거의 모든 퍼즐 책은 독자에게 완벽한 경험을 제공하기 위해서 맨 뒤쪽에 해답을 수록한다. 그러나 문제와 해답 사이의 장애물이 사라지면 의도치 않게 퍼즐 제공자의 의도가 훼손된다. 독자가 해답을 펼쳐보지 않기를 바란다는 것은 보통 인간에게는 부족한 것으로 간주되는 '의지력'이라는 새로운 변수가 추가됨을 의미한다.[47] 이런 이유로 나는 퍼즐 책에서 답안 페이지 부분을 찢어서 분리한다. 이는 문제 풀이에 제약을 걸기 위한 나만의 방식으로, 이러한 제약은 문제 풀이 경험을 좀더 풍부하게 만드는 노력과 고군분투에서 필수적인 요소이다.

구글은 단순히 해답 제공에만 그치지 않는다. 사용자가 검색어를 작성할 때에도 개입한다. 기계학습에서 가장 유망한 분야 중 하나는 AI의 성배로도 널리 알려진 자연어 처리natural language processing이다. 텍스트를 분석하여 의미를 파악할 수 있게 되면서 이 기술은 우리가 검색어를 완전히 입력하기도 전에 우리의 생각을 자동 완성하는 데 사용되고 있다. 텍스트 예측 기술은 이미 우리의 생활에 깊이 침투해 있으므로, 아마도 우리 모두가 한 번은 기계가 자동 추천한 내용을 순순히 받아들인 적이 있을 것이다. 이는 지도 교습으로부터의 변화를 의미한다. 지도교사가 학생의 모든 생각에 관여하면서 학생이 스스로 아이디어를 구상할 기회를 거의 주지 않는다면 이러한 지도교사는 비판받아 마땅하다. 한때 맞춤법 검사 도구는 작성자가 다른 문구를 고려할 수 있도록 돕기 위한 수많은 제약들이 내장되어 있어 진정한 피드백 도구로 간주되었으나, 이제 이 도구는 오만불손한 자동 수정 기능으로 대체되었다.

정보 기술은 기적보다는 코치가 되어야 한다. 기꺼이 사용자가 더 궁금한 점을 찾아볼 수 있도록 기회와 피드백을 주는 방식으로 답변을 제공해야 한다. 최고의 온라인 학습 콘텐츠는 (정답을 숟가락으로 떠먹여주는 것이 아니라) 사용자가 자신의 실수를 돌아볼 수 있도록 유도하는 프롬프트와 구조를 갖춘 대화형 콘텐츠여야 한다. 계산기조차 사용자의 학습 요구를 자극하도록 만들 수 있다. QA MA 계산기('빠른 근사치 속셈[Quick Approximate Mental Arithmetic]'의 약자로 '얼마일까?'라는 뜻의 히브리어에서 유래했다)[48]는 사용자에게 답을 암산한 후 그럴듯해 보이는 추정치를 입력할 것을 요청한다. 추정치가 '합당하다'고 판단되면(무엇이 합당한지의 정의야말로 QA MA 알고리즘의 핵심이다) 화면에 정답이 표시된다. 반면에 QA MA에서 합당한 것으로 간주되는 범위를 벗어나는 값을 입력하면 사용자에게 다른 값을 추정해볼 것을 요청하는 메시지가 표시된다. 지식을 잠시 보류하는 것이 정보화 시대에는 낡은 아이디어로 보일 수 있지만, 목적에 맞춰 수행할 수만 있다면, 정보를 수동적으로 소비하는 대신 능동적인 학습 참여를 유도할 수 있다.

내면에서 시작되는 동기

종이 클립을 두려워할 이유는 없다. 미래의 기계가 인간의 지능 수준을 넘어설 때 어떻게 행동할지에 대한 철학자 닉 보스트롬의 으스스한 사고실험을 접하기 전까지는 말이다.[49] 보스트롬은 클립을 제조하는 것이 주요 목표인 초지능을 상상해볼 것을 제안한다. 이러한 목표는 충분히 무해해 보인다. 그러한 지능이 자체적으로 하위 목표를 설정하여 의도치 않은 결과를 초래할 가능성을 떠올려보기 전까지는 말이다. 어쩌면 이 초지능은 거대 클립 제조시설을 세우기 위해 지구의 모든 물질을 사용할지도 모른다. 심지어 생산된 클립의 수를 추적하기 위해서 전 우주를 슈퍼컴퓨터로 만드는 수준까지 나아갈 수도 있다. 이 사고실험은 다소 엉뚱하게 들릴 수 있지만 기계가 문제 해결을 위해서 보이는 고도의 집착을 상기시킨다는 점에서 유익하다.

이 장에서는 우리 인간도 문제에 대해서 생산적인 집착을 보일 수 있다는 점을 증명하고자 했다. 우리의 생물학적 기반은 사고와 문제 해결 과정에서 무수한 걸림돌로 작용한다. 즉 지루함과 불안에 시달리며 일을 그르치는 것은 기계가 아니라 인간이다. 그리고 우리의 심적 역량을 평가할 도구를 갖춘 것도 기계가 아니라 우리 인간이다. 우리는 생각의 속도와 문제의 난이도를 조절하여 가장 생산적인 플로 상태에 도달할 수 있다. 우리는 기술을 활용하여 플로 상태에 도달할 수 있지만, 이는 지식에 대한 충동을 억제할 때에만 가능하다.

플로에 도달할 수 있을지, 어떤 플로를 경험하게 될지는 우리를 이끄는 원동력이 무엇인지에 따라 달라진다. 기계는 동기가 부여된 개체가 아니다. 기계 그 자체가 아니라 인간에 의해서 지정된 수학적 모델에 따라 오류를 최소화할 수 있는 옵션을 계산하도록 프로그래밍되어 있을 뿐이다. 컴퓨터를 작동시키려면 '전원' 스위치를 누르기만 하면 된다. 최소한 현재 우리가 파악한 바에 따르면 인간의 마음은 이러한 프로그래밍 방식을 넘어선다. 우리의 '전원' 스위치는 우리 안에 있다. 우리가 어떤 문제를 숙고하는지는 의식과 무의식 수준에서 우리가 어떤 문제에 관심을 가지는지에 크게 좌우되기 때문이다.

우리는 문제를 풀기 위해서 피나는 노력을 기울이기도 한다. 답을 얻게 되면 어마어마한 만족감이 따라오기 때문이다. 인간은 일상에서 외부의 보상과 처벌에 반응하도록 조건화되어 있지만 이러한 방식으로는 최상의 잠재력을 이끌어내지 못한다. 칙센트미하이에 따르면 우리는 '내재적' 동기에 따라 문제를 풀 때 플로 상태에 도달할 가능성이 더 높다. 이런 상태에서는 외부의 강요에 따라 행동할 때보다 더 깊이 문제에 몰두하기 때문이다. 창의적인 작업에서 인간은 외적 동인보다 내적 동인에 의해서 더 크게 움직인다.[50] 내적 동인은 우리가 어려움에 직면했을 때도 빠르게 회복하여 가장 참신한 아이디어를 낼 수 있는 원동력이 된다. 강화 학습 등 AI 연구자에게 인기가 높은 당근과 채찍 방식은 인간 지능에 관한 한 가지 중요한 통찰을 간과하고 있다. 즉, 우리는 단순히 과제를 완료하는 것이 아니라 그 과제의 수행을 목표로 삼을 때, 더 생산적이고 창의적이 되며 더 큰 고양감을 느낀다는 것을 말이다.

7
협동

결코 어울릴 것 같지 않은 수학자 듀오, 개미의 지능적 움직임,
슈퍼 수학자에 대한 탐구

인간과 기계를 대결 구도에 두면 기술의 발전 궤적을 놓치게 된다. 이러한 깨달음은 인간이 계산 능력에서 기계를 앞지르거나 능가할 수 있다는 엉뚱한 바람에서 나온 것은 아니다. 이미 배는 완전히 떠났다. 실리콘으로 된 우리의 적이 인간의 지능을 무의미하게 만들 준비가 되었다는 의미도 아니다. 대신 우리가 알게 된 것은 기계가 매우 강력한 사고 파트너가 될 수 있다는 점이다. 기계는 우리와는 매우 다른 형태의 지능을 가지고 있기 때문이다. 기계는 세상을 보는 또다른 렌즈를 제공하여 우리가 세상을 이해하는 방식을 확장한다.

이 책의 제1부에서는 인간과 기계의 사고방식에서 차이를 보이는 수학 지능의 다섯 가지 원칙을 살펴보았다. 기계와는 다른 인간만의 특징을 찾으려고 시도한 결과, 인간과 기계 사이의 미묘한 관계도 확인할 수 있었다. 즉 인간만의 지능이라고 생각하는 부분도 기술을 활용하여 증폭시킬 수 있다. 결국 이것이 바로 증강현실이 의미하는 바이다. 기계가 이처럼 효과적인 인지적 동맹이 될 수 있는 것은 기계는 인간과 다르게 생각하기 때문이다.

"서론"에서 언급한 카스파로프의 인간-기계 협업 공식에 따르면, 기계와 인간이 특정 과제를 위해서 효과적으로 협업했을 때 그 인지적 결과물은 인간과 기계 각각의 기여도를 합친 것보다 더 뛰어나다. 카스파로프 공식의 기본 원리는 **상보성**complementarity이다. 같은 이유로 인간과 인간이 협업할 수 있는 범위도 방대하다. 실제로 우리 각자의 사고방식은 놀라울 정도로 다양하기 때문이다.

가능하지 않을 법한 조합[1]

케임브리지의 수학자 G. H. 하디는 수학적 사실을 발견했다고 주장하는 젊은이들의 편지를 자주 받고는 했다. 1913년에 받은 한 통의 편지도 처음에는 별반 다르지 않아 보였다. 이 편지는 다음과 같이 시작한다.

> 친애하는 교수님, 제 소개를 하자면 저는 마드라스 항만 신탁 사무소의 회계 부서에서 연봉 20파운드를 받으며 서기로 일하고 있습니다. 저는 이제 막 스물세 살이 되었습니다.

다음으로 이 서기는 수와 관련된 '놀라운' 여러 사실들로 넘어간다. 이 편지에는 11장에 걸쳐 120가지가 넘는 수학적 사실이 적혀 있었으며, 그중 대부분이 모호한 단어로 작성되어 있었다. 일부는 비록 형식적인 증명은 없었지만 하디 자신이 논문으로 쓴 정리와 얼핏 유사한 부분이 있었다. 몇몇 결과는 놀라웠으나, 가령 모든 양의 정수를 더하면(1 + 2 + 3 + ⋯) −1/12이 된다는 주장과 같은 몇몇 주장은 터무니없어 보이기도 했다. 이처럼 엉뚱한 주장부터 글쓴이의 초라한 약력까지, 이 편지에 하디의 관심을 끌 만한 내용은 거의 없었다. 편지는 다음과 같이 끝맺이했다.

> 저는 가난하므로 교수님께서 혹시 여기에 가치 있는 내용이 있다고 말씀해주시면 제 정리를 발표하고 싶습니다. 경험이 미천한 저에게 교수님께서 어떤 조언이라도 해주시면 정말 감사하겠습니다. 귀찮게 해드려 죄송합니다. 감사합니다, 교수님.
>
> S. 라마누잔.

스리니바사 라마누잔은 1887년, 당시 아직 영국의 통치하에 있었던 인도 마드라스에서 태어났다. 그는 열 살에 이미 뛰어난 성적과 천재적인 기억력으로 학교에서 두각을 나타냈다. 한 교사는 어린 라마누잔의 수학적 재능을 "측정이 불가능하다"고 표현했다. 라마누잔은 장학금을 받아 대학에서 수학을 공부할 수 있었지만 당시 학업을 지속할 기회는 희박했으므로 마드라스 항구의 회계사로 일하게 되었다. 직장에서 그는 인간 컴퓨터로 일했으나 집에 돌아와서는 계속해서 고급 수학을 공부했다.

라마누잔은 열여섯 살에 처음 접한 대학교 교재에서 영감을 얻었다. 이 교재는 복잡한 사실과 공식을 아무런 증명 없이 제시하는 등 압축적인 것으로 유명했다. 이러한 방식은 조숙한 인도 소년에게 깊은 인상을 남겼다.

결국 라마누잔은 상사의 눈에 들었으며, 상사는 이 젊은 사무원을 영국 주재원들에게 소개했다. 그들은 라마누잔이 "위대한 수학자가 될 그릇"인지 "숫자 신동과 비슷한 머리를 가진 것"인지 판단할 수 없었다. 전자라고 판단한 주재원들은 고국의 수학자들에게 연락을 취했지만 성공하지는 못했다. 라마누잔은 이에 굴하지 않고 영국의 저명한 수학자들에게 직접 편지를 보내기로 결심했다. 그러나 대부분의 수학자들은 그에게 관심을 보이지 않았다. 하디에게 편지를 쓸 때도 큰 희망은 품지 않았다.

이 시도도 거의 실패할 뻔했다. 하디 역시 이 편지를 아마추어의 횡설수설 정도로만 생각했다. 그날 저녁식사를 하러 가는 중에도 그는 라마누잔의 편지를 다시 들춰볼 생각은 하지 않았다. 그러나 그의 무의식에는 무엇인가가 응어리져 있었다. 하디는 이 편지에 겉으로 보이는 것 이상의 무엇인가가 있을지도 모른다는 느낌을 떨쳐버릴 수 없었다. 하디는 자신의 동료인 존 리틀우드에게 도움을 구했다. 라마누잔의 편지를 좀더 면밀히 들여다보면서 이들은 이 편지에 어떤 심오한 수학이 담겨 있음을 깨닫기 시작했다. 훗날 하디는 라마누잔의 노트를 가득 채운 이상한 공식들에 대해서 "이 공식들은 사실일 수밖에 없었다. 누구도 이러한 공식을 떠올릴 만큼의 상상력은 없기 때문이다"라고 말하기도 했다. 다음날 이들을 만난 철학자 버트런드 러셀은 "하디와 리틀우드는 제2의 뉴턴을 찾았다며 흥분한 상태였다. 마드라스에서 연간 20파운드를 버는 힌두교도 서기가 바로 그 사람이었다"라고 회상했다. 이제 하디는 수수께끼의 서기를 케임브리지로 데려오기로 마음먹었다.

하디는 라마누잔의 정리에 엄청난 찬사를 보낸 후 말했다. "자네가 이룬 일의 가치를 제대로 판단하려면 먼저 자네 논증 중 몇 가지에 대해 증거를 제시해야 한다네." 라마누잔의 답변은 지극히 솔직하고 정직했다. "제 증명법을 알려드렸다면 교수님도 [내 접근법을 거부했던] 런던의 교수와 마찬가지 반응을 보이셨을 겁니다." 1 + 2 + 3 + 4 + ⋯ = −1/12이라는 주장에 대해서 라마누잔은 "이렇게 말했다면 교수님은 곧바로 제가 가야 할 곳은 정신병원이라고 하셨겠지요"라고 말했다.

라마누잔이 한 달간의 항해 끝에 1914년 4월 마침내 런던에 도착한 후, 하디와 라마누잔은 서로 날선 대화를 나누며 협업을 시작했다. 라마누잔은 여행을 준비하면서 서양식 옷을 입고 수저로 식사하는 법을 배웠다. 하지만 하디가 이 새로운 제자가 자신의 수학 방식에 적응하도록 설득하는 데는 훨씬 더 큰 노력이 필요했다.

일반적인 기준으로 볼 때 하디는 최고의 수학자였다. 하디는 케임브리지 트라이포스 시험(케임브리지 대학교에서 수학과 학생을 대상으로 고급 수학 실력을 겨루는 시험/옮긴이)에서 4등을 차지한 후(하디 스스로가 생각한 자신의 진정한 순위에서 세 계단 아래였다) 유럽 대륙에서 인기를 얻고 있던 '순수' 수학의 보다 형식적이고 엄격한 접근방식에 몰두하기 시작했다. 하디는 '추한 수학'에는 어떠한 여지도 주지 않았고 '영원한' 진리를 수학적 탐구의 정점으로 생각했다. 하디의 논문이 항상 혁명적인 결과를 가져온 것은 아니지만, 그의 논문은 수학적 논증을 작성하는 방법의 모범으로 간주되었다. 하디는 정교한 증명을 장인 정신의 발현으로 여기며 이에 자부심을 느꼈다. 그는 수학자의 역할은 선대 학자들이 도달한 지식의 지평을 조금씩 점진적으로 확장해가는 것이라고 말하며 자랑스러워했다. 수학적 발견이란 계속된 진보의 여정이었다. 그 여정은 갑작스러운 발견으로 인해서 변경되지 않으며, 특히 경험적 발견은 더욱 그러했다.

이와는 대조적으로, 힌두의 브라만으로 자란 라마누잔은 지적 성장기에 지속적으로 영성의 영향을 받았다. 그에게 수학은 신앙의 규칙적인 도약에 기반을 둔 전일론적인 위업이었다. 그는 산술에 대한 뿌리 깊은 직관과 경이로운 재능을 바탕으로 수식을 다루는 데에 환희를 느꼈다. 놀라운 공식을 발견하면 자신이 섬기는 힌두교의 여신 나마기리에게 그 공을 돌리며 여신이 자신의 입을 통해서 그 식을 세상에 알리고자 한다고 생각했다.

엄밀함을 추구하는 하디와 공식을 전파하는 신의 대리인 라마누잔이 신경전을 벌인 것도 당연했다. 하디는 공식이 수학적 진리를 도출하는 토대가 될 수 있는지 의심스러워했다. 어떤 공식이 참인지는 일반화된 증명을 통해서만 성립되어야 한다. 그는 신념의 도약에도 익숙하지 않았으며 영성에 기대는 사람은 더더욱 아니었다(오히려 신이 존재하지 않음을 증명하고자 하는 사람이었다). 하디는 수학의 수용 기준에 한 치의 빈틈도 허용하지 않았다. 그는 라마누잔이 무한대의 합과 같이 엄격한 정의가 필요한 것으로 생각되는 개념들을 아무렇게나 대강 다룬다며 꾸짖었다.

하디는 라마누잔의 노트에 있는 수많은 식을 조사하면서 이 모든 식을 하나로 연결하는 어떤 지배적인 내러티브(아마도 대정리)가 있을 것이라고 추측했다. 그러나 라마누잔은 그러한 장대한 목표는 없다고 선언했고, 하디는 크게 실망할 수밖에 없었다. 하디로서는 고상한 비전 없이 그처럼 복잡한 개념들을 구상할 수 있다고는 생각조차 할 수 없었기 때문이다. 반면 라마누잔의 입장에서는 모든 논증을 정당화해야 한다는 것이 이상하게 느껴졌다. 유럽인들은 자신의 논증을 확신하지 못해서 그처럼 집요하게 모든 단계를 확인하려고 드는 것일까?

시간이 지나면서 두 사람은 서로의 방식을 받아들이게 되었다. 하디는 라마누잔에게 형식적인 지침을 강요하지 않으려고 의식적으로 노력했다. 이는 젊은 천재를 의기소침하게 만들 뿐이라는 사실을 깨달았기 때문이다. 이러한 타협은 효과가 있었다. 두 사람은 결국 서로의 지적 차이를 좁혔으며, 훗날 하디는 라마누잔과의 협력을 자신의 인생에서 "가장 낭만적인 사건"이라고 표현했을 만큼 서로의 관계를 발전시켰다. 심지어 하디는 노년기에 접어들 무렵 전체론적 사고의 미덕을 강조하기도 했는데, 이러한 정서는 인도인 동료로부터 얻게 된 것이 분명하다. 하디는 라마누잔의 공식 뒤에 숨어 있는 목적은 이 젊은 천재가 직관적으로만 파악할 수 있으며, 라마누잔이 이를 형식 용어로 표현하는 데에 어려움을 겪는다는 사실을 받아들인 것으로 보인다.

전 세계가 제1차 세계대전의 공포에 직면한 가운데 라마누잔도 결핵에 걸리면서 케임브리지에서의 짧은 체류도 끝나고 말았다. 라마누잔의 삶 또한 그리 길지 않았다. 그는 1920년 인도로 돌아간 직후 사망했다. 라마누잔과 하디의 협업은 라마누잔의 편지를 시작으로 6년 동안 이어졌다. 이들의 많은 발견은 계속해서 수론에 대한 탐구를 자극했으며, 일부는 라마누잔이 사망하고 한참 후에야 실용적인 가치가 있는 것으로 밝혀지기도 했다(하디는 이 사실을 별로 달가워하지 않았을 수도 있다. 자신의 연구 결과에는 유용성이 없다고 자랑스럽게 주장했기 때문이다). 예를 들어 오늘날의 울프람 알파와 같은 프로그램은 π의 자릿수를 계산하기 위해서 라마누잔의 공식을 명시적으로 사용한다.

하디와 라마누잔은 두 사람이 서로 협력할 때 어떤 일이 가능한지를 보여주는 예이다. 특히 두 사람이 완전히 다른 관점을 가지고 있으며 각자의 사고방식을 통해서 서로를 보완할 수 있는 경우 이 둘의 재능을 결합하면 엄청난 결과를 이룰 수 있다. 그렇다면 n이 2보다 클 때 무슨 일이 벌어질까? 특정 문제에 대해서 여러 사람이 머리를 맞댈 때 협력의 잠재력이 더 커지는 이유는 무엇일까?

창발 : 전체가 부분의 합보다 클 때

지능에 대한 오래된 개념은 19세기의 역사가 토머스 칼라일의 "위대한 인간Great Man"으로 대표되는 개인을 중심에 두고 있다.[2] 그러나 외로운 늑대만 칭송하다 보면 그러한 위업이 여러 사람들의 협동을 바탕으로 이루어졌다는 사실은 놓치게 된다. 시스티나 성당의 눈부신 천장화에 대한 공로는 오로지 미켈란젤로가 독차지한다. 작업을 진행하기 위해서 자신의 감독하에 13명의 화가를 동원했음에도 말이다. 심지어 피렌체의 라우렌치아나 도서관 작업 당시에는 200명이 넘는 조수를 두기도 했다. 역사학자 윌리엄 E. 월리스는 이 거장을 CEO로 칭하며, 그의 업적은 조직화된 기업가 정신의 승리라고 적절히 표현했다.[3] 토머스 에디슨의 발명도 결코 혼자만의 것은 아니었다. 그는 뛰어난 직원들이 받아야 할 찬사를 가로채는 데에 많은 노력을 기울였다. 중대한 문제일수록 고독한 방랑자의 기지보다는 집단의 무기가 필요하다.[4] 최근에는 '집단 지성'이라는 아이디어가 인기를 얻고 있다. 한 집단의 과제 수행 능력을 예측할 때, 각 개인의 지능을 단순히 합산하는 것보다 집단 전체의 지능을 평가하는 것이 더 나은 경우가 많다.[5] 그렇다면 이러한 집단은 단순히 모여 있기만 하는 사람들과 어떤 점에서 다를까? 이에 대한 답을 찾기 위해서 곤충의 세계를 한번 살펴보자.

합리적인 기준에서 개미는 그리 똑똑하지 않다. 인간의 뇌는 세포가 860억 개인 반면에 개미는 보잘것없게도 25만 개로 이루어져 있으며 사고, 성찰, 계획 능력은 기대할 수 없다. 그럼에도 불구하고 많은 개미들이 뭉쳐 군집을 이루면 분명히 영리한 행동이 나타난다. 개미가 집락을 이루면 엄청난 일이 가능해진다. 먹이를 찾고 스스로 번식할 수 있다. 곰팡이 농장을 가꾸고 '가축'을 키울 수 있다. 심지어 전쟁을 벌이고 스스로를 방어할 수도 있다. 개미 한 마리 한 마리는 비할 데 없이 우둔한데 어떻게 이런 일이 가능할까?

군집은 매우 간단한 규칙에 따라 운영된다. 그 예로 개미 군집에서 역할을 분배하는 방식을 살펴보자.[6] 개미 군집에서 일개미, 관리인, 병사, 채집꾼이 각각 전체 군락의 4분의 1씩 균일하게 차지한다고 가정하자. 개미 두 마리가 만나면 이들은 더듬이로 냄새를 확인해서 상대방의 역할을 확인할 수 있다. 하는 일이 다르면 냄새도 다르기 때문이다. 개미는 페로몬 흔적의 패턴을 인식함으로써 다른 직업을 가진 개미와 마주친 비율도 추적할 수 있으며, 이 정보를 활용하여 자신이 해야 할 일을 결정한다. 예를 들어 개미핥기가 나타나 채집꾼 개미를 모두 잡아먹어 군집의 균형이 깨진 경우를 상상해보자. 일개미는 계속해서 다른 개미와 마주치지만 이제 만나게 되는 개미는 관리인 아니면 병사일 것이다. 일개미는 매번 상호작용을 거치면서 채집꾼이 부족하다는 사실을 알아차리게 되고, 결국에는 그 일을 자신이 하게 될 것이다. 따라서 군집 내 직업의 균형은 저절로 회복된다. 개미들은 최상위에 있는 여왕개미로부터 명령을 받는 것이 아니다(여왕개미는 주변에 있는 개미로부터 먹이와 돌봄을 받을 수는 있지만 멀리 떨어진 개미와 물리적으로 소통할 수 있는 방법은 없다). 대신 개미들은 방대한 상호작용 네트워크를 통해서 정보를 수집하여 군집의 생산성을 높이는 데에 기여한다.

개미는 사회적 곤충(여기에는 꿀벌, 말벌, 흰개미 등이 포함된다)으로 알려져 있다. 사회적 곤충은 지구의 곤충 생물량 중 절반 이상을 차지할 정도로 크게 번성했으므로 그러한 이름을 얻었다. 결국 개미는 그렇게 우둔한 것은 아닌 셈이다.

개미 군집은 **창발**emergent 행동의 한 예이다. 창발은 "복잡한 시스템의 자기 조직화 과정에서 새롭고 일관된 구조, 패턴 및 속성이 발생하는 현상"을 말한다.[7] 창발은 개미 군집을 넘어 다양한 현상을 설명할 수 있다.[8] 예를 들면, 시장에서 수요자와 공급자의 다양한 행동이 결합되어 가격이 결정되는 방법, 물의 개별 분자가 결합하여 축축함과 같은 속성이 생기는 방식, 인간 뇌의 860억 개 신경세포로부터 집단적으로 복잡한 생각과 기억, 심지어 의식이 생겨나는 방식도 창발을 통해서 설명할 수 있다. 기계학습 프로그램에서는 아직 이러한 창발 거동이 나타나지 않았으나, 이 프로그램 또한 마찬가지로 가장 단순한 요소들을 조합하면 더 높은 차원에서 새로운 행동이 등장한다는, 상향식 지능 구축이라는 개념에 기반한다.

창발은 단순히 우둔함을 개선하기 위한 장치만은 아니다. 인간과 같은 지적 존재는 동일한 원리를 적용하여 네트워크를 통해서 복잡한 문제를 해결할 수 있다. 이때 첫 번째 요건은 수이다. 즉, 문제 해결에 관해서는 그 어떤 사람도 혼자가 아니다. 사람들은 일상적인 대상에 대한 자신의 지식을 과대평가하는 경향이 있는데, 심리학에서는 이를 "설명 깊이의 착각"이라고 부른다.[9] 여기에서 자주 등장하는 예가 지퍼이다. 사람들에게 지퍼의 작동 원리를 설명할 수 있는지 물어보면 사람들은 대개 자신이 실제로 설명을 통해서 입증할 수 있는 것보다 더 많은 지식을 가지고 있다고 공언한다. 세상 만물의 작동 방식의 풍부한 세부 사항을 못 본 척 넘어가는 것은 인간의 본성이자 인지적 인색함의 산물이다. 우리는 세상에 대해서 실제로 아는 것보다 더 많이 안다고 생각하는 경향이 있다. 지퍼의 예와 같이 실제로 어떤 현상을 설명해야 할 상황이 되면, 그제서야 우리는 주변에 얼마나 많은 지식이 적재되어 있는지 깨닫게 된다. 우리가 해결해야 하는 문제는 우리 뇌의 소박한 저장 용량에 비할 수 없이 매우 복잡한데, 이는 우리가 필요한 지식에 접근하기 위해서는 우리의 신체와 환경은 물론이고, 다른 사람에게 더 의존해야 함을 의미한다. 다른 사람들과 협력하는 것은 정신적 과제를 수행하는 데에 필요한 인지적 노동을 분담하는 하나의 방법이다.

집단이 개인을 능가한다는 개념은 역사적으로 다양한 근거에 의해서 뒷받침된다.[10] 1907년 한 박람회에서 전시된 황소의 무게를 맞히는 대회가 열려 787명이 참가했다(최근에는 이 실험을 약간 변형하여 항아리에 담긴 젤리빈의 개수를 맞히는 실험을 진행했는데 결론은 동일했다). 통계학자 프랜시스 골턴은 즉흥적으로 이 대회를 하나의 실험으로 보고 관람객의 추측을 분석해보았다. 추정치의 분포를 살펴본 골턴은 그 결과가 자신이 예측한 것과 상당히 유사하게 종 모양 곡선을 이루고 있음을 확인했다(추정치 대부분은 곡선의 중앙값 부근에 위치하며 최저치나 최대치에는 몇 개의 값만 위치한다). 놀랍게도 군중의 추정치 평균은 거의 정답에 적중했다. 즉 피험자들은 평균적으로 1,197파운드*로 추정했는데, 이는 실제 황소의 무게와 1파운드밖에 차이가 나지 않았다. 골턴은 "이 결과를 볼 때 민주적 판단은 예상했던 것보다 그 신뢰성이 더 높은 것으로 보인다"라고 결론지었다. 사람도 개미와 마찬가지로 무리를 이룰 때 개개인의 지능을 총합한 것보다 더 지능적인 행동을 보일 수 있다.

그러나 숫자만으로는 협동의 생산성을 높이는 데에 충분하지 않다. 창발적인 행동은 공짜로 생겨나지 않는다. 단순히 여러 요소들을 한데 모은다고 해서 생겨나는 것이 아니다. 아프리카코끼리는 신경세포가 인간보다 3배나 많지만, 말을 하거나 시를 쓰거나 수학적 증명을 공식화하지 못한다. 이러한 각 요소들을 연결하는 구조가 훨

* 골턴은 이상치로 인한 왜곡을 피하기 위해서 중심 경향치의 척도로 중앙값을 채택했다.

씬 더 중요하다. 인간의 지능은 신경세포 개수의 함수인 만큼이나 구조의 함수이기도 하기 때문이다.[11] 잘못 설계된 네트워크는 재앙적인 결과를 초래할 수도 있다. 자연학자들은 커다란 개미 무리가 그저 원을 그리며 돌고 또 돌다가 죽는 현상을 발견했다. 생물학자들이 "원형 선회circular mill"라고 부르는 이 현상은 개미들이 자신의 군집에서 분리되어 다음의 단순한 규칙을 따를 때 벌어진다. 바로 **선두의 개미를 따르라**이다. 원형 선회는 한 무리의 개미가 모종의 이유로 무리에서 이탈할 때에만 중단되며 다른 개미들은 이를 따른다. 모든 개미가 생각없이 비생산적인 규칙을 따르게 되면 그 결과는 의도치 않은 대량 자멸이다. 집단 행동은 개미 군집 내에서 역할을 분담하는 것은 물론, 개미들을 죽음을 향해 꾸준히 행진하도록 이끄는 등 긍정적인 방향 혹은 부정적인 방향으로 작용할 수 있다.

개미와 마찬가지로 인간도 서로에게 영향을 미쳐 집단적으로 해를 끼칠 수 있다. 또다른 실험[12]에서는 피험자에게 번호가 없는 선을 보여준 후 번호가 있는 선과 일치하는 선을 표시하도록 했다. 피험자들이 단독으로 과제를 수행하도록 했을 때는 정답률이 높았다. 그러나 실험실에 들어온 배우 5명이(피험자는 이들이 배우라는 사실을 모른다) 과제를 수행하며 똑같은 오답을 내자, 피험자들은 잠시 망설이다가 답을 했는데, 약 3분의 1이 꼭두각시의 오답에 굴복하는 등 정답률이 크게 낮아졌다. 이 사례는 제3장에서 논의한 것처럼 우리에게 편향이 생기는 이유를 보여준다. 우리의 추론은 설득의 역학 관계에 의해서 형성되는 경우가 많은데, 이는 우리의 생존이 무리에 소속되는 일에 큰 영향을 받기 때문이다. 심리학자 어빙 재니스는 "응집력 있는 작은 집단의 구성원들이 비판적 사고와 현실 검증reality testing을 방해하는 여러 가지 공유된 환상과 관련 규범을 무의식적으로 발달시킴으로써 단결을 유지하려는 경향"과 같은 사회적 현상을 설명하기 위해서 "집단 사고groupthink"라는 용어를 고안했다.[13] 협업은 다른 사람의 심적 상태를 추론함으로써 더욱 촉진된다. 우리는 오류가 있는 주장이라도 그것이 다수의 견해를 대변한다면, 기꺼이 의문을 제기하기를 회피한다. 인간 또한 개미들의 죽음의 행진에 상응하는 행태를 보이는 것이다.

다양성이 중요한 이유

사람과 사람의 협업이라는 양날의 검을 우리에게 유리한 쪽으로 사용하려면 어떻게 해야 할까? 이를 위해서는 **의견의 다양성**이 중요하다. 다양한 의견은 "알려진 사실에 대한 별난 해석일지라도 각자가 일부 개별적인 정보를 가지고 있을 때" 생겨난다.[14] 이런 경우 각 사람들의 독립적인 판단을 결합하면 큰 효과를 거둘 수 있다. 그러면 각 견해에 포함된 오류는 상쇄되고 공론의 장에 참여한 사람들은 각자의 고유한 인생 경험을 바탕으로 소소한 정보를 기여할 수 있다. 정육점 주인은 자신이 마지막으로 도축한 소를 떠올릴 것이다. 열렬한 소 애호가는 마침 어딘가에서 소의 평균 무게에 관해 읽었을 수 있다. 매일 고기를 먹는 사람들은 한입에 먹을 수 있는 만큼의 양만 알 것이다. 채식주의자는 참고할 만한 정보가 전혀 없으므로 직관에 호소할 것이다. 황소의 무게를 맞히기에 완벽한 인생 경험은 없으므로 정확한 추측을 내놓을 수 있는 사람은 없다. 그러나 한 집단이 충분히 다양한 인원으로 구성되어 있다면 방대한 집단 지식의 풀이 갖춰지므로 개별 오류는 상쇄되고 결국 전체적인 평균 추정치는 놀랄 만큼 정확해질 수 있다.

설명 깊이의 착각에서 벗어나기 위해서 다른 사람의 정보를 활용하고자 한다면, 이러한 정보가 단순히 우리 자신의 정보를 모방한 것이 아닌지 확인해야 한다. 다른 사람으로부터 얻는 정보는 우리의 세계관을 단순히 증폭하는 것이 아니라 확장하는 것이어야 한다. 같은 생각을 가진 동질적인 그룹은 이미 공유하고 있는 일련의 편협한 생각을 활용하는 경향이 있지만, 이질적인 그룹은 서로 다른 관점을 결합하여 마음의 지평을 확장할 수 있다. 분자 수준에서도 마찬가지이다. 우리의 소화기관만 해도 각각의 주요 식품군을 소화하고자 다양한 단백질을 사용한다. 예컨대 탄수화물은 아밀라아제, 지방은 리파아제를 이용해 분해한다. 모든 식품을 분해할 수 있는 단 하나의 단백질은 없다. 우리 몸은 이 모든 단백질의 총체적인 역량을 활용한다.[15]

이러한 '인지적 다양성'은 협동 집단의 소중한 자산이며,[16] 다양한 관점을 필요로 하는 학제 간 문제에서는 특히 더 중요하다. 진화론적 관점에서 볼 때 인지적 다양성은 인류의 생존에 필수적인 요소이다. 어떤 사회든 구성원들을 새로운 발견으로 이끌어가는 다양한 모험가들은 물론, 위험 회피 성향의 사람들과 그 사이 어디쯤에 있는 다양한 성향의 사람들이 있어야 한다. 새로운 영역의 개척과 이미 확보된 자원의 활용 사이에서 적절한 균형을 맞춰야 하기 때문이다.

인지적 다양성이 높은 집단일수록, 즉 정보를 처리하는 관점과 방식이 다양할수록 각 개인의 부분합을 능가하는 집단 지성이 출현한다(특히 여성의 비율은 집단의 성과를 더 잘 예측하는 요인인 것으로 드러났다).[17]

코로나19 팬데믹을 예로 들면, 팬데믹에 효과적으로 대응하기 위해서 공중보건, 역학, 바이러스학, 면역학, 1차의료, 집중치료, 행동과학, 경제정책 등 다양한 분야의 전문가들이 참여했다. 바이러스의 위력에 대한 새로운 증거들이 쏟아지자 수학적 모델 전문가들도 참여해서 다양한 예측 시나리오를 제시했다. 영국에서는 수학자들이 큰 인기를 끌었다. 팬데믹 직전, 총리의 최측근인 도미닉 커밍스는 자신의 블로그에, 공무원 사회에 보다 과학적인 사고를 불어넣기 위해서 "기이한 기술을 가진 괴짜와 부적응자"를 채용할 것이라고 밝혔다. 이때 커밍스는 수학적 사고방식을 가진 데이터 과학자를 염두에 두고 있었다. 따라서 정부의 "긴급 상황에 대한 과학 자문 그룹(SAGE)"에 데이터 과학자들이 대거 참여한 것도 당연했다. 아마 여러분은 이것이 괴짜들에게는 희소식이었을 것이라고 생각할 수도 있다. 그러나 (대부분 스스로를 괴짜라고 생각하지 않는) 수학자에 대한 이러한 열광의 이면에서 코로나19 대응 방식의 다원성이 희생된 것으로 보인다. 「네이처」에 게재된 한 기사에서 22명의 발기인은 데이터 기반 예측의 정확성에 과도한 신뢰가 쏠리고 있음을 시사하며, 미심쩍은 정책을 정당화하기 위해서 수학적 모델을 정치화한 것을 따끔하게 질책했다.[18] 이 기사는 수학적 모델링은 여러 관련 학문 중 하나일 뿐이며, 전 세계적인 팬데믹과 같이 복잡하고 다면적인 문제에 대해서 수학적 모델링을 다른 모든 영역보다 우선시해서는 안 된다는 점을 명확히 밝혔다. SAGE 팀에 바이러스학자, 면역학자, 집중치료 전문가가 없다는 사실이 밝혀지면서(또한 23명의 팀원 중 여성은 7명에 불과했다) 정부의 대응 메커니즘이 소수의 선택된 관점에 의해서 제한되고 있다는 우려가 제기되었다.[19] 결국 인지적 다양성의 격차를 해소하기 위해서 대안적 대응 그룹이 구성되었다.[20]

코로나19 모델은 그 자체로 다양성의 힘을 활용한다. 역학자들은 '앙상블 예측'을 자주 활용하는데, 이 모델은 그 이름에서도 알 수 있듯이 여러 모델들을 결합하여 예측을 내놓는다. 여기에서도 '군중의 지혜' 메커니즘을 활용하여, 각 모델에 발언권을 주고 각각의 예측에 투표할 수 있도록 하여 최종적인 예측을 내린다. 앙상블 모델은 개별 모델에 어느 정도 차이가 있을 때, 부분 모델보다 우수한 성과를 내는 경향이 있다. 앙상블 모델은 어떻게든 각 모델의 가장 좋은 부분을 흡수하는 동시에 불규칙한 행동을 제거한다. 코로나19에 대한 개별 모델은 각 모델 제작자의 데이터와 가정에서 유도된다. 수학자(또는 괴짜)가 다른 전문가보다 더 나은 성과를 내는지는 중요하지 않다. 더 중요한 것은 다양한 모델 제작자 그룹을 한데 모아 특정한 단일 그룹보다 더 나은 예측을 내리는 것이다.[21]

AI에서도 앙상블 모델이 자주 사용되며, 다양한 알고리즘을 조합했을 때 개별 알고리즘보다 더 높은 성능을 발휘한다. 비슷한 맥락에서, 규칙이 하드 코딩된 구식 기호주의 AIsymbolic AI와 최신식 기계학습 알고리즘을 조합하는 하이브리드가 진행되고 있다. 이 둘은 지능 자동화에 서로 상당히 다른 방식으로 접근하지만, 이 두 가지를 결합하면 둘 중 하나만 사용할 때보다 더 우수한 성과를 내는 것으로 (또한 인간 지능을 더 잘 반영하는 것으로) 알려지고 있다.

인지적 다양성의 힘은 특정 상황에 대해서 각 모델이 어마어마하게 다양한 표상을 제시할 수 있다는 점에서 온다. 즉, 놀랄 만큼 풍부하고 다채로운 사회문화적 유산을 물려받은 우리 인간은 문제 해결을 위해서 서로 힘을 합칠 때 더욱 번성할 수 있다. 제2장에서 셈하기 시스템과 같은 수학적 구성물이 우리의 경험과 환경을 배경으로 형성된다는 사실을 살펴보았다. 심리학자 리처드 니스벳은 우리가 세상을 보는 방식에 문화가 얼마나 큰 영향을 미치는지 보여주는 실험을 수행했다.[22] 예를 들면 서구인과 동아시아인은 서로 다른 방식으로 주의를 기울이는 것으로 나타났다. 피험자에게 기차, 숲속의 호랑이, 산으로 둘러싸인 비행기 등 다양한 삽화를 보여주자 미국인은 특정 대상에 초점을 두는 반면, 일본인은 배경의 세부 사항에 좀더 주목하는 만큼이나 전체적인 그림도 파악하고자 하는 경향이 있었다. 마찬가지로, 문화와 정보 처리 사이의 상호작용을 조사하기 위해서 피험자들이 착시 현상에 어떻게 반응하는지 살펴본 연구도 있다.

아래의 그림에서 가운데에 있는 2개의 원을 생각해보자.[23] 선진국 출신의 참가자들은 오른쪽 원이 더 크다고 (잘못) 답할 가능성이 높다. 사실 두 원의 크기는 같다. 바깥쪽 원을 없애면 이러한 착시도 사라진다. 착시는 안쪽 원과 바깥쪽 원의 상대적 크기를 고려하기 때문에 생겨난다. 보다 '전통적인' 사회에서 온 참가자들은 추상에 토대를

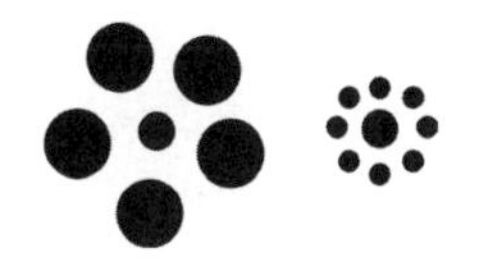

두는 경향이 낮으므로 가운데 원과 바깥쪽 원의 관계에 영향을 덜 받는다. 즉 전통 사회에서 온 참가자들은 이 질문의 정답률은 훨씬 더 높으나 추상에 의존해야 하는 문제(가령 IQ 테스트에 빈번히 등장하는 문제)를 풀 때는 이러한 경향이 뒤바뀐다.[24]

여기에서 중요한 것은 사물을 보는 특정 방식이 다른 방식보다 더 우월하다는 것이 아니라, 상호 보완적인 관점을 통해서 문제에 대한 공동의 이해를 더욱 확장할 수 있다는 점이다. 다문화주의에 대해서라면 이것만은 확실하다. 우리는 다양한 삶의 방식과 존재에 노출됨으로써 더 풍부한 심적 모델로 태피스트리를 구성하고 천편일률적인 사고 습관에서 벗어날 수 있다.

아이러니하게도, AI 모델을 다각화하려는 그 모든 기술적 노력에도 불구하고 AI 분야 그 자체는 여전히 편협하게 대표되고 있다. 기계학습 분야의 실무자 중 80퍼센트 이상 남성이며,[25] 구글, 페이스북, 마이크로소프트의 직원 중 흑인의 비율은 5퍼센트 미만이다.[26] AI 개발자의 빈약한 다양성이 이 기술에 내재된 편향과 어떤 관계가 있을지는 쉽게 알 수 있다. 그러나 지금까지 빅테크 기업들은 이러한 우려에 대해서 임시방편으로 대응해오고 있다. 잘 알려진 사건 중 하나로, 구글의 팀닛 게브루는 구글 검색 엔진에서 사용하는 자연어 모델의 차별적 특성을 강조한 논문을 공동 작성했으나 사내에서 논문 검토가 이루어진 후에 사직서를 제출해야 했다.[27] 소수의 목소리를 침묵시키는 것은 일부 혁신가의 의견은 반영하지 않은 채 AI에게 우리의 잠재적 편향을 세계에 투영하고 증폭시킬 수 있도록 허가하는 것과 같다.

다시 한번 라마누잔과 하디의 협업이 얼마나 일어나기 힘든 일이었는지 생각해보자. 한 사람은 힌두교 브라만이었고 다른 한 사람은 강경 무신론자였으며, 한 사람은 교과서의 색다른 공식에 매료되었고 다른 한 사람은 유럽의 엄격한 패러다임에서 영감을 받았으며, 한 사람은 전체론적으로 사고했고 다른 한 사람은 형식적인 증명을 요구했다. 두 수학자는 서로 다른 성장 배경과 환경, 교육 경험을 바탕으로 세계에 대해서 각자 고유한 표상을 만들고 동일한 문제를 해결하는 데에 이를 적용했다. 이들은 그토록 상이한 배경을 바탕으로 서로의 세계관을 보다 풍부하게 만들 수 있었다. 전혀 일어날 법하지 않은 협업이었기 때문에 더욱 강력했던 것이다.

과학이 협업으로 향하는 길

과학은 다양한 역할과 관점이 필요한 공동의 학문이다. 대중문화에서의 묘사와는 달리, 과학은 지하 실험실에 고립된 채 다음 시대를 선도할 혁신을 찾는 고독한 천재의 전유물이 아니다. 애초에 어떤 문제가 해결할 가치가 있는지 집단적으로 정의하기 위해서는 동료 커뮤니티가 필요하다. 해답이 제시되면 검토위원회를 소집하여 제출된 논문이 발표할 가치가 있을 만큼 정확하고 통찰력이 있는지를 판단해야 한다. 예컨대 과학자 개인에게 가장 높은 영예인 노벨 상이나 수학 분야에서 그에 상응하는 상인 필즈 상도 전문 심사위원단의 인정을 받아야만 수상할 수 있다. 이제는 어떤 과학자도 단독 연구로는 명성을 얻지 못한다.

아이작 뉴턴의 유명한 말처럼 모든 과학자는 "거인의 어깨 위에 서서", 즉 이전 세대가 마련해놓은 토대 위에서 연구하고 그 자신도 새로운 토대를 닦는다. 오늘날 풀 만한 가치가 있는 대부분의 문제는 학제 간 융합적인 성격을 띠므로 다양한 해결 전략을 가진 과학자들로 구성된 팀이 필요하다. 1960년대까지 추적한 연구는, 연구 실적이 가장 높은 과학자와 가장 유명한 과학자(가령 노벨상 수상자)가 가장 협력적인 과학자이기도 하다는 사실을 보여주었다.[28] 사회과학자 에티엔 벵거가 잘 표현했듯이, "오늘날 복잡한 문제를 해결하기 위해서는 다양한 관점이 필요하다. 레오나르도 다빈치의 시대는 끝났다."[29]

많은 경험적 증거에 따르면 요즘은 과학이 점점 더 협업화되고 있다. 2007년 켈로그 스쿨의 브라이언 우지와 벤저민 존스 교수가 웹오브사이언스Web of Science 데이터베이스에 게재된 약 2,000만 편의 논문을 분석한 영향력 있는 연구에 따르면, 1950년대 이후 "팀으로의 전환"이 눈에 띄기 시작했다. "팀은 점점 더 두각을 나타낼 뿐만 아니라 그 수도 매년 더 증가했다. (중략) 또한 대부분의 분야에서 가장 영향력 있는 논문을 발표하는 팀이 점점 더 늘어났다."[30] 펍메드PubMed 데이터베이스에서 생의학 및 생명과학 분야의 논문을 분석한 결과, 논문 1편당 저자 수는 1913년부터 2013년까지 5배 증가했으며, 2034년에는 논문당 저자의 수가 평균 8명에 달할 것으로 예측된다.[31] 이 연구에서는 대형 강입자 충돌기Large Hadron Collider나 인간 게놈 프로젝트Human Genome Project와 같은 이른바 '거대 과학' 프로젝트의 부상을 예시로 든다. 대형 강입자 충돌기를 예로 들면, **힉스 입자**Higgs boson의 경우 이 입자의 존재를 처음 가정한 개인(피터 힉스)의 이름을 따서 명명된 점은 다소 아이러니하다. 힉스 입자의 존재를 "입증한" 2편의 논문에는 수십 개의 기관과 국가를 대표하는 5,000명 이상의 저자들이 참여했기 때문이다(각각의 논문은 약 30쪽 분량인데, 그중 저자 목록만 약 19쪽에 달한다).[32] 힉스가 이 공로로 노벨상을 수상한 것은 당연하지만 입자 발견을 실현시키기 위해서 협력한 수천 명의 엔지니어, 이론가, 실험실 기술자들도 그 역할을 인정을 받고 있다. 많은 사람들의 전문 지식이 요구되는 대규모 협업을 설명하기 위해서 **하이퍼저자**hyperauthorship라는 용어가 고안되기도 했다.[33]

수학 역시 지난 세기 동안 협업이 급격한 증가 추세를 보였다. 공동 저자가 참여한 논문의 비율은 1940년대에 28퍼센트에서 1990년대에 81퍼센트로 증가했다.[34] 개별 저자당 평균 공동 작업자 수도 0.49명에서 2.84명으로 늘었다. 20세기 헝가리의 수학자 팔 에르되시는 수학에서 협업을 가장 강력하게 옹호한 사람 중 한 명이다. 에르되시는 수학 문제에 최고의 경의를 표했다(그리고 커피도. 수학자는 커피를 정리로 바꾸는 기계라는 명언을 남기기도 했다). 문제 해결은 개인적인 방식으로 이루어지는 것이 아님을 인식한 에르되시는 여행 가방 하나만 들고 전 세계를 여행하면서 적극적으로 동료 문제 해결사를 찾았고, 그 과정에서 500명 이상의 공동 작업자를 확보했다(그가 공동 저자로 참여한 많은 논문이 그의 사후에도 계속 발표되고 있다). 실제로 그는 공동 저자로서 상당히 많은 작업을 남겼으므로 이 헝가리 학자와의 '공저 거리'를 의미하는 **에르되시 수**Erdös number로 수학자들을 식별할 수 있을 정도이다. 가령 에르되시와 공동으로 논문을 쓴 학자는 에르되시 수가 1이며, 에르되시와 공동으로 논문을 쓴 학자와 공동으로 논문을 쓴 학자는 에르되시 수가 2인 식이다. 에르되시 수는 수학에서의 "케빈 베이컨 수"(헐리우드에서 한 배우가 케빈 베이컨과 어느 정도 떨어져 있는지 나타내는 수)라고 할 수 있다.*

수학자 윌리엄 서스턴은 수학 연구의 목적이 결국은 협업과 관련된다고 했을 정도이다. "요컨대, 수학은 기존의 아이디어와 새 아이디어에 생명을 불어넣어 이해의 폭을 확장하는 수학자들의 살아 있는 커뮤니티에서만 존재한다. 수학의 진정한 만족은 다른 사람들로부터 배우고 그러한 배움을 다른 사람들과 나누는 데에서 나온다. 우리들 모두는 몇 가지 개념은 명확하게 이해하고 있지만 대부분의 경우에는 어렴풋이 알고 있을 뿐이다."[35]

수학 지능은 사회 구조와도 관련이 있다. 우리는 자신의 신념을 다른 사람에게 설득하기 위해서 합당한 근거를 든다. 우리는 다른 사람들이 어떻게 생각하고 행동하는지에 대한 모델을 만들고, 이해하기 까다로운 개념을 전달하기 위해서 지식 표상을 구성한다. 우리는 다른 사람의 흥미를 유도할 수 있는 질문을 하고 대답한다.

답을 찾는 과정에서 스스로 고립된 채 문을 걸어 잠그는 수학자는 거의 없다. 앤드루 와일스는 그런 점에서 예외일 수도 있다. 그는 페르마의 마지막 정리를 증명하기 위해서 장장 7년간 칩거한 것으로 유명하다. 하지만 와일스도 언젠가는 대중 앞에 나서야 한다는 사실을 알고 있었다. 그는 근거를 발표하고 동료들이 자신의 증명을 면밀히

* 베이컨은 워낙 다양한 영화에 출연했으므로 특정 배우가 몇 다리를 거치면 베이컨이 출연한 영화에 연결되는지 알아맞히는 게임도 있다. 일반적으로는 6다리 이내에 연결 고리를 만들어야 한다.

조사할 수 있도록 일련의 강의를 진행했다(그의 논증에 오류가 없는지 밝히는 데 또 1년이 걸렸다). 와일스는 지난 358년간 증명을 찾기 위한 과정에서 축적된 결과들을 한데 모으는 데 자신의 모든 재능을 쏟아부었다. 그는 분명 결정적인 돌파구를 마련할 수 있었지만, 그 또한 이전의 수학적 거인들의 어깨 위에 서 있었던 것이다. 와일스의 증명에 기대어 그 자신도 성취를 이룬 수학자 켄 리벳은 와일스가 이처럼 은밀한 방식으로 작업한 것이 얼마나 기이한 일인지 말했다.

> 자신이 무엇을 하고 있는지, 어떤 진전이 있었는지에 대해서 말하지 않고 그렇게 오랫동안 일한 사례는 내가 알기로는 와일스가 유일할 것이다. 우리 커뮤니티의 구성원들은 항상 아이디어를 공유해왔다. 수학자들은 컨퍼런스에 모이고, 서로를 방문하여 세미나를 열고, 서로에게 이메일을 보내고, 인사이트를 구하고, 피드백을 요청한다. 다른 사람들과 이야기를 나누면 사람들은 내 등을 두드리며 내가 한 연구가 얼마나 중요한지 말한다. 이것은 일종의 자양분이다. 이러한 자양분을 거부한다는 것은 심리학적으로 매우 특이한 행동이다.[36]

현대 수학도 거대 과학과 마찬가지로 무척 복잡하므로 와일스의 사례는 문제 해결사들 사이에서도 매우 예외적인 사례로 남을 것이다. 20세기 수학계를 진정으로 대표하는 정서는 바로 에르되시의 협업 정신이다. 수학의 가장 난해한 문제를 해결하기 위해서 서로 다른 분야의 수학자들이 각자의 전문성을 합치는 것이다.

20세기의 가장 위대한 수학적 성과 중 하나도 긴밀한 협업에서 나왔다. 바로 추상적 대수 구조의 구성 요소인 **유한 단순군**(finite simple group, 부분군이 자명군과 자기 자신밖에 없는 단순군 중에서 원소가 유한한 개인군/옮긴이)에 관한 것이다. 수학자들은 이러한 모든 군을 분류할 수 있는 정리를 찾고자 했다. 분류는 이 분야에서 성배로 여겨졌다. 화학자가 원자를 통해서 분자를 연구하고 정수론자가 소수 특유의 성질을 조사하여 정수를 연구하듯이, 대수학자는 유한 단순군을 연구의 가장 기본적인 대상으로 삼는다.

이 협업은 1972년 시카고에서 열린 일련의 세미나에서 시작되었다. 이 세미나에서는 유한 단순군이 발생할 수 있는 모든 방법을 포괄하는 여러 수학 분과를 결합하기 위한 비전을 제시했다. 이 증명이 그토록 특별한 이유는 그 규모와 형식 때문이다. 500개의 저널을 통해서 전 세계 100여 명의 저자가 참여했으며 발표된 논문만 총 1만 쪽이 넘는다. 통제하기가 이토록 까다로운 수학적 증명도 없었을 것이다. 회의론자들은 이 증명에 오류가 없을 리는 없다고 생각했으며, 엄밀한 조사 끝에 실제로 몇 가지 실수가 발견되었다. 이 오류는 이후 몇 년 동안 적절한 절차에 따라 수정되었다. 주요 기여자 중 한 명은 2004년에 다음과 같이 썼다. "[이 논문의] 주요 정리에 따라 원래 증명에 마지막까지 남아 있던 빈 자리가 채워졌다. 따라서 (현재로서는) 분류 정리는 정리로 간주할 수 있다."[37] 오늘날 수학자들은 이 증명을 단순화하기 위한 작업을 수행 중이다.

이 증명의 한 가지 특징은 어떤 한 사람이 전체 증명을 완전히 이해하지 못한다는 것이다. 한 명의 전지적 권위자가 존재하지 않는다는 것은 창발적인 행동의 또다른 전제조건을 보여준다. 바로 **탈중앙**

화decentralisation이다. 개미 군집의 지휘 체계는 여왕개미 한 마리가 부하 개미들에게 명령을 내리는 방식이 아니다. 대신에 군집 전체에 지휘 체계가 분산되어 있어서 각각의 개미는 말 그대로 킁킁거리고 돌아다니며 국지적인 행동을 취한다. 거대 과학과 수학에서도 협업을 통해 각 구성원들의 지식 풀을 활용하여 결과를 한 차원 더 개선할 수 있다. 이러한 협업 모델은 오늘날의 작업 환경도 변화시키고 있다. AI의 선구자인 노버트 위너는 조직을 "살과 피를 가진 기계"로 보며, 각 구성원이 고정된 역할에 갇힐 경우 인간의 지적 잠재력이 소모된다고 말했다.

> ……인간이 같은 일만 반복해서 수행해야 하는 처지가 되면 그러한 인간은 훌륭한 인간은커녕 훌륭한 개미조차 될 수 없을 것이다. 인간을 영속적인 개별 기능과 영속적인 개별 제한에 따라 조직하려는 시도는 인류의 진전 속도를 절반으로 격하시키는 것이다.[38]

위너의 조언은 요즘의 기업들에도 여전히 유효하다. 이제 기업들은 경직된 위계를 허물고 부서 간 중복되는 활동과 전문 분야 간 사고를 촉진하는 보다 유연한 구조로 나아가고 있다.[39] 오늘날 혁신 기업들은 소규모 단위로 팀을 운영하며 자체적으로 목표와 업무 방식을 결정할 수 있는 자율성을 부여한다는 공통적인 특징을 가진다. 각 팀은 고유한 하위 문화를 형성함으로써 조직 전체에 걸쳐 맹목적 순응에 따른 위험과 그로 인한 사각지대를 줄이고자 한다. 팀은 필요에 따라 서로 협력하여 각 팀의 기술과 관점을 결합하고 여러 분야에 걸쳐 있는 프로젝트를 처리할 수 있다. 고위 중역들조차도 창발의 미덕을 추구하고 있다.

크라우드소싱 슈퍼 수학자를 위한 길

20세기 말엽, 수학에서는 협업의 선례가 잘 확립되어 있었다. 연구가 점차 복잡해짐에 따라 이제 수학자들은 협업을 저해하는 고질적인 장벽을 허물고 집단 지성을 발달시켜야 했다. 마침 이 무렵 알맞게도 인터넷이 등장하여 디지털 시대가 열렸다. 이 신기술은 전에 없던 방식으로 사람들을 연결해줄 것을 약속했다. 이제 이 탈중앙화된 체계 내에서 어떻게 하면 다양한 의견들을 효과적으로 활용할 수 있는지에 대한 문제가 제기되었다.

웹 기술은 정보의 폭발적인 증가를 촉발하는 한편 사람들을 정보 그 자체, 그리고 그 정보를 생성하는 사람들 모두와 연결할 수 있는 도구를 제공했다. 무엇보다도 구글 등 신기에 가까워 보이는 검색 엔진들이 우리 인간이 생산한 지식을 서로 연결하고 있다(비록 디지털 콘텐츠는 점점 더 자동화되고 있지만, 가장 흥미로운 질문과 그 답은 여전히 인간들의 것으로 남아 있다). 전 세계 수십억 명의 사람들이 소셜 미디어에서 상상할 수 있는 모든 주제에 대해서 실시간으로 대화를 나누고 있다. 경제학자 앤드루 맥아피와 에릭 브리뇰프슨은 "군중crowd의 출현"이라는 용어를 사용해 "전 세계에 분산되어 있으며 이제 온라인을 통해서 접근 가능하고 온라인상에서 한 데 모을 수 있는 놀랄 만큼의 많은 양의 인적 지식, 전문 지식 그리고 열정"을 설명한다.[40]

저자들은 인터넷 초기에 온라인 콘텐츠를 엄격하게 규제하려고 했던 시도가 실패로 돌아갔던 일을 되돌아본다. 당시 야후와 같은 사이트는 얼마 지나지 않아 인간이 생성한, 기하급수적으로 증가하는 콘텐츠의 양에 압도되었다. 저자들은 오늘날의 웹을 "군중이 만들어낸, 끊임없이 성장하고 변화하며 팽창하는 거대한 도서관"에 비유한다.

그러나 이 혼란스러운 인터넷은 인류 역사상 가장 효과적인 협력 프로젝트의 기반이 되기도 했다. 오픈소스 이니셔티브의 핵심은 대규모 협업이다. 소스 코드와 제품 청사진이 대중에게 공개되고, 대중은 원본의 설계를 자유롭게 수정한 자체 버전을 생성해 다시 커뮤니티에 공개한다. 이러한 방식으로 개발된 유명 프로젝트를 일부 예로 들어보면, 리눅스Linux 및 안드로이드Android 등의 운영체제, 크롬Chrome 및 파이어폭스Firefox 등의 브라우저, MySQL 및 MongoDB 등의 데이터베이스 관리 시스템이 있다.

오픈소스 프로젝트는 인류의 집단적 지식을 체계적으로 정리하는 데에도 일정 부분 기여했다. 웹으로 인해서 출현할 수 있었던 대표적인 사례로 레딧Reddit, 쿼라Quora, 스택 익스체인지Stack Exchange 등의 포럼과 "인터넷의 마지막 보루"라고도 불리는 위키피디아Wikipedia 등의 지식 저장소가 있다.[41] 여기에서는 단순한 행위자(일반 참여자)가 간단한 규칙(거버넌스 프로토콜)에 따라 집단 작업에 참여하여 본인의 역량을 넘어서는 성과를 이루게 된다. 이들 서비스는 모두 자원봉사에 의존하고 있다. 신뢰할 수 있는 고품질 콘텐츠를 대량 증식시키고자 하는 내적 동기에 따른 이타성으로 인해서 이러한 사이트들이 유지되는 것이다.

이러한 사례는 탈중앙화 체계 내에서 공인된 전문 표준을 만들고 유지하기 위해서 어떻게 군중을 신뢰할 수 있는지를 보여준다. 실제로 군중은 더 많은 것을 이룰 수 있다. 모든 사람은 설명 깊이의 착각에 빠질 수 있으므로 전문가 집단의 구성원 수가 적으면 필연적으로 사각지대가 생겨난다. 참여자의 수가 제한적이면 그들이 아는 것과 모르는 것에 대한 집단적 감각도 제한된다. 참여 군중은 선택된 소수의 사람들과는 비교할 수 없는 규모의 다양한 관점을 제공한다.

일각에서는 수학 연구의 지평을 확장시키기 위해서 동일한 모델을 활용하고 있다. 여기에서 참여자는 그렇게 '단순하지' 않다. 미해결 수학 문제에 기여할 수 있으려면 충분한 학력을 갖춰야 한다. 그럼에도 불구하고 수학자 티머시 가워스는 2009년 자신의 블로그 "수학에서 대규모 협업이 가능한가"에서 온라인 협업 도구를 활용한 대규모 문제 해결이 표준이 될 수 있는지 질문을 던졌다.[42] 인터넷은 사실상 실시간으로 정보를 확산시키므로, 최소한 상대방의 연구를 인식하는 수학자들도 계속 늘어나고 있다고 말할 수 있다. 그렇다면, 특정 문제를 두고 더 많은 사람의 의견을 모을 수 있는 장을 만든다면, 즉 일종의 포럼이 있다면 어떨까? 가워스는 유한 단순군의 분류에서 영감을 얻어 이 접근법을 개선하는 데에 현재의 디지털 도구를 어떻게 활용할 수 있을지 알아보고자 했다. 그가 제안했듯이, "이 문제에 대해서 뭔가 말하고 싶은 것이 있는 사람이라면 누구나 한마디씩 거들 수 있다." 위키피디아와 마찬가지로, 이 활동은 자원봉사자를 비롯하여 새로운 지평을 열기 위해서 기꺼이 지식을 공유하려는 내재적 동기에 의존한다. 더 많은 분야에서 더 많은 사람들이 참여할 수 있게 되면 전통적인 학계의 틀 안에서는 얻기 힘든 다양한 기술과 관점을 활용할 수 있을 것이다.

> 연구자들은 저마다 다른 특성을 가지고 있다. 어떤 사람이 생각을 말하면, 어떤 사람은 이 생각을 비판하고, 어떤 사람은 세부 문제를 해결하고, 어떤 사람은 다른 말로 다시 설명하고, 어떤 사람은 조금 다른 측면에서 관련된 문제를 제기하고, 어떤 사람은 온갖 생각들이 뒤섞인 진흙탕에서 한 걸음 물러나서 좀더 일관성 있는 큰 그림을 그린다. 대규모 협업 프로젝트에서는 전문화를 실현할 수 있을 것이다.……요컨대 수많은 수학자들의 두뇌를 효율적으로 연결할 수 있다면 아마도 매우 효율적으로 문제를 해결할 수 있을 것이다.

가워스는 또한 수학의 '두 문화', 즉 문제 해결자와 이론 수립자에 대해서도 썼다. 앞에서 프리먼 다이슨이 수학자를 선견지명이 있는 새(개념을 하나로 묶으려는)와 개구리(한 번에 한 가지 문제에만 집중하는)로 나눈 것을 기억할 것이다. 각자는 서로 다른 고지에 서서, 서로 다른 관점으로 세상을 보며, 서로 다른 도구를 사용한다. 가워스는 수학에서 하위 문화의 조화를 추구했고, 인터넷에서 이를 위한 도구를 찾을 수 있다고 생각했다.

가령 블로그, 위키, 포럼과 같은 디지털 미디어가 가워스가 염두에 둔 후보군이었다. 이러한 미디어는 협업을 통한 문제 해결의 장을 마련할 뿐만 아니라 촉진할 수도 있는 것으로 보였다. 가워스는 온라인에서의 협업을 극대화하도록 정교한 규칙을 마련했다. 댓글은 간결하고 이해하기 쉬워야 한다. 또한 상대방에 대한 예의를 지켜야 한다. 터무니없는 아이디어라도 모든 아이디어를 환영한다(그리고 다른 사람의 연구를 언급할 때는 절대 "멍청하다"라는 단어를 사용해서는 안 된다). 공동 작업의 결과로 출판된 모든 논문은 공동 필명을 사용하여 저자를 표시하고 모든 코멘트에 대한 링크를 게재했다. 특히 "규칙 6"은 창발의 원칙에 대한 찬사라는 점에서 눈에 띈다. "한 개인이 그다지 고심하지 않고도 문제를 해결할 수 있다면 이상적일 것이다. 고심하는 일은 그 두뇌가 상호 연결된 수많은 사람들의 두뇌에 분산되어 있는 일종의 슈퍼 수학자의 몫이 될 것이다." 가워스의 블로그 게시물에는 200개가 넘는 댓글이 달렸고, 테런스 타오와 같은 세계적인 수학자들의 지지를 얻는 등 수학 커뮤니티에 큰 반향을 일으켰다. "폴리매스 프로젝트Polymath Project"는 이렇게 탄생했다. 가워스는 후속 포스트에서 특정 문제를 목표로 정했다.*

그래서 성공했을까? 간단한 도구, 심지어 간단한 규칙을 바탕으로 온라인상에서 이루어진 협업으로 슈퍼 수학자가 탄생할 수 있었을까? 이 프로젝트가 성공했다고 평가할 만한 이유가 있다. 가워스는 첫 번째 문제를 올리고 7주일 만에 "아마도 해결된 것으로 보인다"고 선언했고,[43] 3개월 만에 모든 의구심이 해소되었다. 정도의 차이는 있지만 40명이 넘는 사람들이 이 해법에 기여했다. 폴리매스 프로젝트는 또다른 미해결 문제 두 가지에 대해서 중요한 진전을 보여주는 논문도 발표했다. 한 번에 하나씩 소소한 증거를 제시하는 슈퍼 수학

* 이 문제는 '헤일스-주에트 정리'로 알려져 있으며 이미 해법이 나온 문제이다. 가워스는 조합 접근법을 사용한 다른 증명을 찾고 있었다.

자가 출현한 것이다. 이후 수학자들은 함께 문제를 풀 때 가장 강력하다는 극히 단순한 발상을 계속 이어나가며, 고등학생과 대학생을 대상으로 한 유사한 이니셔티브도 시작했다.[44]

지향점의 공유

문제 해결의 장에는 우리 모두를 위한 자리가 있다. 향후 비정례적인 문제들을 해결하기 위해서는 여러 지능적 개체에 분산된 지식과 기술이 필요할 것이다. MIT의 이토 조이치는 끊임없이 진화하고 확장되는 네트워크의 관점에서 지능을 조망한 '확장된 지능'이라는 개념을 제안했다.[45] 새로운 문제를 해결하기 위해서 방대한 범위의 모델이 개발되고 조합되면서 AI도 그 자체로 여러 측면에서 기여하고 있다. 그러나 인간 또한, 특히 인간은, 각자의 경험을 바탕으로 네트워크를 형성하고 각자 세상을 보는 수많은 방식을 통해서 이를 더욱 풍요롭게 할 수 있다. 여러분과 나, 그리고 지구상의 다른 모든 사람들이 이 네트워크를 구성하는 것이다.

우리 중 가장 뛰어난 문제 해결자는 바로 가장 협력적인 사람일 것이다. 이들은 메타 인지를 갖추고 있어서 자신이 무엇을 알고 있는지, 무엇보다도 자신이 무엇을 모르는지 알고 있다. 스스로의 생각을 보완하는 또다른 발상을 찾으려고 함으로써 문제 해결은 점차 사회적 활동이 되어가고 있다. 우리는 컴퓨터와 협력하기 위해서 이전 장에서 설명한 모든 방식을 동원할 것이다. 또한 당대의 디지털 연결 기술을 활용하여 우리의 친족, 즉 다른 사람들과 더 긴밀한 지적 유대를 형성할 것이다. 모든 인간의 마음은 언어, 환경, 경험의 고유한 틀에 따라 조형된다. 때로는 무명의 평범한 인도인이 아직 우리 손에 닿지 않은 정신 능력을 일깨워줄 수도 있다. 얼마나 많은 라마누잔이 숨죽이고 기다리다가 어느 순간 중요한 문제를 해결해 스스로를 드러낼지 궁금할 뿐이다.

기계 시대에 사람들 사이의 관계를 유지하는 책임을 한 개인이 혼자서 감당할 수는 없다. 인간의 강점, 심지어 인간의 가치도 집단으로 발현된다. 동물계에서 인간만의 독특한 특징 중 하나인 지향점 공유 shared intentionality는 과학적 탐구를 더욱 빛나게 할 것이다. 실험에 따르면, 18–24개월이 된 영아와 침팬지는 다양한 과제에서 유사한 성공률을 보이지만, 실험자와 협력이 필요하도록 과제를 약간 변형하면 아이의 성공률은 급상승하는 반면, 침팬지의 성공률은 감소한다.[46]

인간은 자신이 속한 공동체에서의 중요도에 따라 문제에 가치를 부여한다. 페르마의 마지막 정리가 그토록 오랫동안 수학자들을 혼란스럽게 하며 악명을 떨치지 않았다면, 열 살 소년 앤드루 와일스가 페르마의 마지막 정리에 매료될 수 있었을까? 오늘날, 이전에 사람의 손을 거치지 않았거나 인정을 받지 못한 문제를 풀려고 시도하려는 과학자가 있을까? 문제를 해결하려는 동기는 그 자체로 경험의 공유에서 창발된 현상이다. 우리에게 중요한 것은 주로 다른 사람에게 무엇이 중요한지에 달려 있다.

기술은 협력자이자 연결자의 역할을 수행한다. 우리는 기계의 도움을 받아 문제를 해결하는 한편 인터넷 기술을 통해서 인간들 사이의 협업을 증폭시킬 수 있다. 이러한 기술은 결국 우리 인간이 어떻게 힘을 합치는지에 따라 그 형태가 결정될 것이다. 알고리즘에 내재된 편향은 단순히 개발팀의 다양성 결여를 반영하는 경우가 많다. 이러한 기술의 개발자가 인류 그 자체의 다양성을 반영할 때에만 우리는 자동화된 판단에 대한 믿음을 계속 이어갈 수 있을 것이다.

기술은 우리 인간과 지향점을 공유하지 못한다. 기계는 자율주행이든 무엇이든 우리 공동체에서 대중교통 그 이상의 위치를 차지하지 못한다. 기계는 우리의 목표를 달성하는 데에 도움이 될 수 있지만, 그 목표를 진정으로 실현하는 것은 우리 인간이 다른 사람들과 함께할 때에만 가능하다. 세상 문제가 제아무리 복잡해져도 우리 중 누구도 혼자서는 그 문제를 해결할 수 없다는 생각에서 우리는 위안을 찾아야 한다.

후기

이제 방 안의 코끼리에 대해서 말해보자. AI가 그것을 창조한 인간의 기괴한 야심을 실현시키는 일에 사용된다면 어떻게 될까? 기계가 인간과 같은, 혹은 인간을 넘어서는 능력을 가지게 된다면? 수학 지능의 원리까지 습득한다면? 그러면 인간에게는 무엇이 남을까?

기계는 아무리 시간이 흘러도 이러한 원리를 습득할 수 없다고 주장하려는 것은 아니다. 현재로서는 기계가 이를 입증하는 데에 실패했다는 것뿐이다. 이 책에서 기계학습과 같은 접근법을 특별히 겨냥한 이유는 이 기술이 오늘날 AI의 선봉에 서 있을뿐더러 단독으로도 놀라운 업적을 이룰 수 있지만 여전히 인간 지능의 유기성과는 비교할 수 없는, 무의식적 계산과 패턴 인식에 기반을 두고 있기 때문이다. 나는 아무리 어려운 수학 문제도 방대한 데이터와 패턴 인식 앞에 굴복하고 결국 수학이 "쓰라린 교훈"을 배울 것이라고 생각하지 않는다.[1] 수학의 질문과 답은 오늘날 가장 똑똑한 기계조차 방향을 찾기에는 그 범위가 너무 방대하고 탐구해야 할 내용은 너무 깊다.

그러나 AI에 기계학습만 있는 것은 아니다. AI 분야는 상식, 추론, 설명 가능성, 호기심 등을 기계에 부여하는 방법에 대한 질문 등, 지능에 관한 어려운 문제에 도전하기 위한 여러 하위 분야와 접근방식으로 가득 차 있다. 이 중에서 많은 방식이 실현되리라고 생각해도 무방하다.

우리의 가장 풍부한 수학적 사고 능력도 AI에 흡수된다면 우리는 이러한 역설로부터 위안을 받게 될지도 모른다. 애초에 컴퓨터는 수학적 객체, 즉 우리의 생각을 프로그래밍하고 논리적으로 조작하기 위한 도구 상자로 고안, 개발되었다. AI 자체는 단지 수학적 사고에 특화된 제품일 뿐이다. 이러한 디지털 창조물이 인간의 사고 능력을 뛰어넘는 시점에 도달하면 이제 우리 수학자들은 맡은 임무를 훌륭히 완수한 것으로 생각할 수 있다. 그러나 이 임무는 아마도 수학자들이 보수를 받고 한 마지막 작업일 것이다.

무보수 노동

AI가 그 목표에 조금이라도 가까워진다면 자동화를 향한 극적인 변화가 일어날 것이다. 인간은 기계의 상대가 될 만한 기술과 역량은 갖추지 못할 것이다. 기계가 우리의 명령을 따르기는커녕 우리에게 명령을 하게 될 것이라고 생각한다면 너무 지나친 것일까? 언어유희가 허용될지는 모르겠지만, 노동자로서 수학자의 시간도 얼마 남지 않은 것으로 보인다.

그러나 일자리를 얻는 것이 수학을 하는 명시적 이유였던 적은 한 번도 없었다. 물론 수학을 하려면 보수를 받아야 하지만 보수가 수학의 존재 이유는 아니다. 가장 창의적이며 정신을 고양시키는 방식으로 사고하는 대가로 보수를 받는다는 것은 수학의 '설명할 수 없는 효과'라는 측면에서 얻을 수 있는 부산물이므로 수학자가 이를 거부할 이유는 없다. 수학적 지능은 우리의 사고와 존재 방식에 깊숙이 자리 잡고 있으므로 이 세상에 인간을 위한 자리가 남아 있는 한 인간이 수학을 할 자리도 존재할 것이다.

언젠가 컴퓨터가 특정 작업에서 인간을 능가한다고 해서 인간이 이 일을 완전히 컴퓨터에 넘겨야 할 이유는 없다. 우리는 스스로의 한계를 인식하게 되면 그 한계를 뛰어넘고자 하는 동기를 얻게 된다. 많은 운동선수들이 마라톤에서 2시간의 벽을 다음의 주요 이정표로 간주한다.* 인간의 기준으로는 이러한 목표에 대한 설명이 필요하지 않다.[2] 그러나 기술의 기준으로 보면 딱한 일이다. 망가진 자전거를 탄 아마추어 선수조차 더 이른 시간 내에 42킬로미터를 완주할 수 있기 때문이다. 엘리트 장거리 달리기 선수들은 절대적인 기준에 따라 기술과 경쟁하는 것이 아니다. 인간의 상대적 기준을 1센티미터라도 개선하기 위해서 땀 흘리는 것이다. 물론 이러한 노력을 기술로부터 분리하기는 어렵다. 러닝화부터 데이터 기반 트레이닝 요법까지, 현대 과학은 이러한 인간적인 노력을 지원하는 역할을 하고 있다.

인간은 자신이 최대한 역량을 발휘하도록 영감을 주는 일에 가장 높은 가치를 부여한다. 고대 그리스인들은 이를 에우다이모니아eudaimonia(행복 또는 참살이)라고 불렀는데, "모든 선함으로 이루어진 선, 좋은 삶을 유지하기에 충분한 능력"이라는 뜻이다. 에우다이모니

* 2019년 케냐의 엘리우드 킵초게가 이 기록을 달성했지만, 고도로 조작된 환경(페이스메이커의 교체 포함)에서 실시되었으므로 IAAF 규정에 따라 공식 기록으로 인정받지는 못했다.

아는 인류의 번영을 전제로 한 삶의 철학이다. 우리 중 일부는 남들보다 약간이나마 뛰어난 재능을 활용해서 동료 인간에게 풍요와 즐거움을 제공함으로써 보상을 받을 수 있다. 그러나 우리는 세계 최상급 실력자만큼의 보수는 받지 못하더라도, 마치 매년 수백만 명의 아마추어 마라톤 선수들이 각자의 목표를 추구하며 거리로 나가는 것처럼, 이러한 활동에 스스로 본질적인 가치를 부여함으로써 동기를 얻게 된다.

노동력이 자동화됨에 따라 과거에는 수학의 유용성이 강조되었다면, 이제는 '고전'으로서 수학의 가치가 강조되는 방향으로 나아갈 것이다. 즉, 수학은 비록 직업적 전망은 불투명하지만 우리의 마음을 단련하고 생각하는 동물인 우리 인류의 풍부한 유산을 계승한다는 의미에서 여전히 추구할 만한 가치가 있는 학문으로 여겨질 것이다.

사람들은 직장 밖에서 비경제적 주체로서 자신의 정체성을 찾기 위해서 스스로에게 내재적 가치를 부여하는 활동에 이끌릴 것이다. 과거에도 그랬던 것처럼, 미래에는 기술의 발달에 따라 유희로서의 사고를 즐길 수 있는 시간과 공간이 있는 여가 계층이 다시 부상할 수 있다. 계산을 필두로 한 차갑고 무뚝뚝한 수학 대신, 지금까지 이 책에서 이야기한 형태의 수학은 우리 마음에 무한히 풍요로운 시간을 선사할 수 있다.

심지어 기술도 유희로서의 수학이 자리 잡는 데에 기여할 수 있다. 우리는 계속해서 기술을 활용해 새로운 퍼즐을 만들고 이를 세상에 전파할 것이다. 퍼즐을 푸는 사람이 없다면 퍼즐에 어떤 가치가 있겠는가? 인간이 공유하는 경험에는 항상 가치가 깃들어 있으며, 기술은 문제 해결자들이 서로 유대감을 형성하는 수단이다.

우리가 기계의 놀라운 지적 성취를 우러러보는 동안, 우리 중 더 뛰어난 사람들(한때 전문 수학자로서의 소명을 발견했을 수도 있다)은 기꺼이 기계의 핵심적인 통찰력을 파악하고자 도전할 것이다. 기계는 과거에는 볼 수 없던 유형의 수학, 즉 더 복잡하고 추상적이며 인간이 이해하기 어려운 수학을 창조할 수 있다. 리만 가설과 같은 거대한 문제가 기계의 마음속에서 입증되었으며 우리는 오직 세부 내용만 이해할 수 있다는 점을 고려할 때, 흥미로운 상황에 직면할 수도 있다. 즉 어떤 정리가 기계에 의해서 증명되었지만 인간에게 그러한 증명을 파악할 수 있는 언어가 없다면, 이 정리는 여전히 정리로 간주될 수 있을까? 수학철학자들은 이러한 논쟁에 결코 싫증을 내는 법이 없다.

주체성

수학자들은 당분간 안심해도 된다. AI가 인간 사고의 가장 미묘한 부분까지 모방할 수 있다는 중대한 징후는 아직 없다. 수학 지능을 완전히 실현하려면 주류 AI 응용에서 여전히 달성하지 못한 의식적 지향을 전제로 AI에 접근해야 한다.

AI를 둘러싼 내러티브에서 지능과 의식을 분리할 수 있는 여지가 생기기 시작했다.[3] 기계가 가장 복잡한 작업에서 가장 똑똑한 인간을 대체할 수 있다면, 기계가 주관적인 경험을 할 수 있는지 여부가 무슨 상관이 있겠는가?

수학의 전 분야는 우리의 의식적인 선택에 따라 그 방향이 정해지며, 수학이 어디로 향할지는 우리에게 매우 중요하다. 수학의 역사에서 얻을 수 있는 한 가지 교훈이 있다면 지적 탐구에는 정해진 궤적이 없다는 것이다. 수학적 지능이 우리에게 선사한 가장 큰 선물은 스스로 생각하고 능동적으로 다양한 발견의 단계를 탐색할 수 있는 자유, 즉 주체성이다.

어떤 지식도 기계적으로 한 번에 한 단계씩 발견되기만 기다리지는 않는다. 수학은 그 불완전성으로 인해서 놀랍도록 주관적이어서 한 번의 탐구로 모든 진리에 도달할 수는 없다. 우리의 수학적 탐구 여정은 어떤 공리에서 시작할지, 어떤 규칙을 따를지, 어떤 질문을 탐구할지 등 우리의 결정에 달려 있다. 우리 각자는 서로 다른 환경과 성장 배경, 언어와 교육을 토대로 수학에 대한 개인적인 전망을 형성한다. 탐구할 수 있는 범위는 인류의 다양성만큼이나 방대하다. 수학적 사고를 하는 사람들은 자신만의 규칙을 정하고, 완전히 새로운 세계를 상상하며 그 규칙을 스스로 넘어서는 등 인지적 충돌을 즐길 수 있다.

의식이 없다면 우리가 이룬 지적 성취를 미적 측면에서 숙고하지도 못할 것이다. 딥마인드의 바둑 기계는 자신이 어떤 결과를 얻었는지는 인지할 수 있지만, 자신이 놓은 수의 우아함에 감탄하지는 않을 것이다. 스스로의 성취에서 심오함을 느낄 수 없다면, 이러한 지적 활동의 목적은 과연 어디에서 나온다는 말인가?

기계학습의 지배적인 패러다임에서는 의식의 필요성을 우회하는 방법을 택한다. 기계학습이 그토록 널리 사용될 수 있었던 이유는 다양한 작업과 분야에서 효율을 높이고 노동력을 절감할 수 있을 만큼 다재다능하다는 것이 입증되었기 때문이다. 기계학습은 과도한 열광과 투자를 불러일으킬 만큼 충분한 시간 동안 충분히 효과를 거두었다. 또한 모두에게 공정하고 공평한 결과를 달성하는 방법을 의식적으로 반영하기보다는 성과를 집결시키는 방향으로의 외부 압력을 받는다.

AI는 온갖 종류의 도덕적, 법적, 윤리적 문제를 제기한다. 이는 빅테크의 근간이 된 대량 감시체계의 경제 논리와도 맞닿아 있다.[4] 데이터는 이 세계의 화폐로서, 기계학습의 패턴 매칭 도구에 의해서 주조된다. 사용자의 관심을 유도하고, 온라인에서 사용자의 움직임을 예측하고, 구매 습관이나 투표 선호도에 영향을 미치는 예측 모델을 수립하는 데에 불균형적으로 많은 에너지가 투입되고 있다. 각국 정부는 전 국민의 행동, 심지어 생각까지 통제하기 위해서 이 도구를 활용하고 있다. 군대에서는 전장에 자율 무기('살인 로봇'을 순화한 말이다)를 투입하여 대리 전쟁에 또다른 비정함을 더하고 있다. AI 개발이 상업적, 정치적 동기에 따라 진행되는 한, 우리는 기계(그리고 그 기계의 인간 제작자)가 사회를 대신하여 선택을 내리도록 만들 위험이 있다.

누군가는 어려운 질문을 던지고 자동화된 판단에 대해서 한 차원 높은 수준의 조사를 요구해야 한다. 그 일을 기계가 할 수 없다면 우리 사람이 해야 한다. 수학 지능은 계속해서 우리의 호기심을 자극한다. 우리가 기계의 블랙박스를 열어보고, 그러한 선택을 내린 이유가 합당한지 조사하고, 기계의 사고방식에 있는 빈틈을 드러내려면 수학 지능이 필요하다. 세상을 수학적으로 해석하는 데에는 한계가 있음을 알려주는 것 또한 수학 지능이라는 것은 환영할 만한 역설이다. 어떤 개념은 정확한 용어로 구체화하고 해소하기에는 다루기가 너무 어려울 뿐이다.

팬데믹은 과학에 공짜 점심은 없다는 쓰라린 교훈을 일깨워주었다. 같은 이론이라도 실질적으로 서로 다른 목적에 사용될 수 있는 것이다. 일부 국가는 처음부터 과학적 증거를 받아들여 이 문제를 잘 해결한 반면, 일부 국가에서는 자유에 대한 이데올로기적 관념에 부합하도록 수학적 모델을 고의로 오용하여 혼란에 빠지기도 했다.

인간과 기계의 협업은 아직 끝나지 않은 이야기이다. 이 이야기가 어떻게 끝날지는 역시 우리가 어떤 선택을 하고 어떤 질문을 하느냐에 따라 달라질 것이다. 우리는 AI로 인해서 가능한 무수히 많은 미래 중 어느 하나의 미래로 나아가게 될 것이다. 이 디지털 창조물이 끔찍한 미래를 초래할 수도 있음을 생각할 때, 첫 번째 시도에서 실수를 저지른다면 다시는 기회를 얻지 못할 수도 있다. 수학 지능은 우리의 인지적 동맹, 즉 기계가 인류의 번영을 위해서 우리와 협업하도록 이끌기 위한 안내자 역할을 할 것이다.

감사의 말

"감사의 말"로는 부족하다. 여기에서 언급하는 모든 분들에게 가슴에서 우러나는 감사를 보낸다. 이분들은 모호한 개념을 실체화하는 데 도움을 주었다. 이 책에 어떤 오류가 있다면 모두 저자인 나의 책임이다.

에이전트인 더그 영은 이 책이 어떤 책이 될지에 대한 나의 포부를 북돋아주었다. 영은 이 모든 과정에서 든든한 지지자이자 안내자가 되어주었다.

나는 헬렌 컨퍼드와 처음 대화를 나눈 순간을 결코 잊지 못할 것이다. 처음으로 촉망받는 작가로 인정받았다고 느낀 순간이기 때문이다. 프로파일 출판사에 나를 소개해주고 책을 낼 수 있는 기회를 마련해준 컨퍼드에게 늘 감사할 것이다. 에드 레이크와 폴 포티를 비롯한 편집부 전원은 마법을 부려 나의 보잘것없는 원고를 다듬고 세심히 교정했다.

초고를 검토한 친구들과 동료들, 키스 데블린, 샤메크 사예드, 스티브 버클리, 멋진 커플인 로사나 팜필과 라레스 팜필, 노엘-앤 브래드쇼, 앤드루 멜러, 루시 라이크로프트-스미스, 데이비드 세이퍼트, 에드 보더에게 감사를 전한다. 특히 모하마디 엘가비는 내 신경과학적 주장을 꼼꼼히 검토하며, 내가 내 전문 분야를 훌쩍 뛰어넘는 영역을 탐험할 때 발을 딛고 서 있어야 할 곳을 찾도록 도움을 주었다. 또한 그림 한두 점을 그려준 타이무르 압달에게도 감사를 전한다.

이 책의 상당 부분은 금요일 오후 어느 카페에서 쓴 것이다. 이 작업에 몰두할 수 있도록 "10퍼센트의 시간"을 허용해준 전 상사이자 친구인 리처드 마렛에게도 감사를 전한다.

나는 매주 일요일마다 옥스퍼드 수학 클럽에서 실제로 수학 지능이 작동하는 것을 목격하고는 했다. 내게 자녀의 수학 능력의 성장을 맡겨주신 모든 부모님, 그리고 열정을 품고 내 수업에 참여한 모든 학생들에게 헤아릴 수 없는 감사를 전한다.

이 책의 숨은 영웅인 나의 아내, 코서는 이 책이 휴지에 휘갈긴 낙서에 다름없었을 때에도 내 작업을 응원해주었다. 또한 아내는 우리 가족에게 문학적 재능이란 무엇인지 보여준, 가차없는 편집자이기도 했다. 이 책이 출간된 이후 우리 가족은 더욱 화목해졌다. 리나와 엘리아스는 내 인생에서 가장 큰 축복이다. 이 책을 리나에게 바친다(엘리아스, 다음 책은 너를 위한 것이란다).

주

한국어판 서문

1. Goldman Sachs, 'AI investment forecast to approach $200 billion globally by 2025', *Goldman Sachs* (1 August 2023). https://www.goldmansachs.com/intelligence/pages/ai-investment-forecast-to-approach-200-billion-globally-by-2025.html
2. S. Bubeck et al., 'Sparks of Artificial Intelligence: Early experiments with GPT-4', *arXiv.org* (12 March 2023).
3. D. Milmo, 'Two US lawyers fined for submitting fake court citations from ChatGPT', *The Guardian* (23 June 2023). https://www.theguardian.com/technology/2023/jun/23/two-us-lawyers-fined-submitting-fake-court-citations-chatgpt
4. E. Bender et al., 'On the Dangers of Stochastic Parrots: Can Language Models Be Too Big?', *Proceedings of the 2021 ACM Conference on Fairness, Accountability and Transparency* (2021), pp. 610–23.
5. I. Shumailov et al., 'The Curse of Recursion: Training on Generated Data Makes Models Forget', *arXiv.org* (27 May 2023).

서론

1. 다음 문헌에서 인용했다. K. Kelly, *Out of Control* (Basic Books, 1994), p. 34.
2. J. McCarthy et al., 'A proposal for the Dartmouth Summer Research Project in Artificial Intelligence' (31 August 1955). jmc.stanford.edu/articles/dartmouth/dartmouth.pdf
3. 한 널리 인용된 연구에서는 702개의 직업을 분석하여 미국의 일자리 중 47%가 사라질 위험에 처해 있음을 밝혔다. C. B. Frey and M.A. Osborne, 'The future of employment: how susceptible are jobs to computerisation?', *Oxford Martin Programme on Technology and Employment* (17 September 2013). www.oxfordmartin.ox.ac.uk/downloads/academic/future-ofemployment.pdf
4. B. Russell, 'The study of mathematics', in *Mysticism and Logic: And Other Essays*

(Longman, 1919), p. 60.

5. G. H. Hardy, *A Mathematician's Apology* (Cambridge University Press, 1992), p. 84.
6. B. Sperber and H. Mercier, *The Enigma of Reason* (Penguin, 2017), p. 360.
7. M. R. Sundström, 'Seduced by numbers', *New Scientist* (28 January 2015). www.newscientist.com/article/mg22530062-800-the-maths-drive-is-like-the-sex-drive/
8. 톨스토이는 『전쟁과 평화』에서 역사를 개별 사건의 집합일 뿐만 아니라 작은 원인과 결과의 사슬이 무한히 이어지는 연속적 과정으로 묘사하기 위해서 수학을 호출한다. 다음 문헌에서도 동일한 주장을 볼 수 있다. D. Tammett, *Thinking in Numbers* (Hodder & Stoughton, 2012), p. 163.
9. E. Wigner, 'The unreasonable effectiveness of mathematics in the natural sciences', *Communications in Pure and Applied Mathematics*, vol. 13 [1] (1960).
10. J. Mubeen, 'I no longer understand my PhD dissertation (and what this means for mathematics education)', *Medium* (14 February 2016). medium.com/@fjmubeen/ai-no-longer-understand-my-phd-dissertation-and-what-thismeans-for-mathematics-education-1d40708f61c
11. M. McCourt, 'A brief history of mathematics education in England', *Emaths blog* (29 December 2017). emaths.co.uk/index.php/blog/item/a-brief-history-of-mathematicseducation-in-england
12. 이것 또한 수학의 '비합리적 효과'를 설명하는 한 방법이 될 수 있다. 즉, 수학 그 자체로서 실용적인 쓰임새를 발견하게 되는 일이 그토록 빈번한 이유는 우리가 수학적 대상을 실제 세계에서 마주치는 무엇인가로 인식하게 되기 때문일 수도 있다. 다음을 참고할 것. D. Falk, 'What is math?', *Smithsonian Magazine* (23 September 2020).
13. 수학 교육자 프레드릭 펙은 다음과 같이 지적했다. "사람들은 상황에 따라 다양한 연산법을 사용한다. 즉, 연산을 위해서 상황의 특징을 반영한 전략을 사용하지 이러한 특징을 추상화하는 전략을 사용하지 않는다. ……수학자는 사람과 그 환경 사이의 관계를 계속 고려해야 한다." F. A. Peck, 'Rejecting Platonism: recovering humanity in mathematics education', *Education Sciences*, vol. 8 [43] (2018).
14. 기술학자이자 수학 교과과정에 컴퓨터를 도입해야 한다는 주장의 강력한 지지자인 콘래드 울프램은 전 세계 학교에서 손으로 계산하는 데 매일 약 2,401명의 평균 수명이 소비된다고 추산한다. C. Wolfram, *The Math(s) Fix* (Wolfram Media Inc., 2020).
15. D. Bell, 'Summit report and key messages', *Maths Anxiety Summit 2018* (13 June 2018). Retrieved 31 July 2021 from www.learnus.co.uk/Maths%20Anxiety%20Summit%202018%20Report%20Final%202018-08-29.pdf

   수학으로 인한 불안에 관한 포괄적인 조사 연구는 다음을 참고한다. A. Dowker et

al., 'Mathematics anxiety: what have we learned in 60 years?', *Frontiers in Psychology* (25 April 2016).

16. I. M. Lyons and S. L. Beilock, 'When math hurts: math anxiety predicts pain network activation in anticipation of doing math', *PLOS ONE*, vol. 7 [10] (2012).
17. A. Dowker, 'Children's attitudes toward maths deteriorate as they get older', *British Psychological Society* (13 September 2018). www.bps.org.uk/news-and-policy/children's-attitudestowards-maths-deteriorate-they-get-older
18. E. 프렌켈의 『사랑과 수학*Love and Math*』(Basic Books, 2013)의 서문에서 인용했다.
19. 수학의 역사에 관해서는 흥미로운 기록이 상당수 존재한다. 이 간단한 요약은 부분적으로 다음 문헌에서 알려진 것이다. 다음과 같은 온라인 문헌도 참고할 수 있다. D. Struik, *A Concise History of Mathematics* (Dover Publications, 2012); and B. Clegg, *Are Numbers Real?* (Robinson, 2017), as well as online references such as *The Story of Mathematics* (www.storyofmathematics.com).
20. 그 연구의 기원을 비롯해 작업기억에 대한 입문서는 다음을 참고하라. D. Nikoli, 'The Puzzle of Working Memory', *Sapien Labs* (17 September 2018). sapienlabs.org/working-memory/
21. 다음에서 인용. M. Napier, *Memoirs of John Napier of Merchiston* (Franklin Classic Trades Press, 2018), p. 381.
22. L. Daston, 'Calculation and the division of labor, 1750–1950', *31st Annual Lecture of the German Historical Institute* (9 November 2017). www.ghi-dc.org/fileadmin/user_upload/GHI_Washington/Publications/Bulletin62/9_Daston.pdf
23. 다음 문헌에 기록되어 있다. M. L. Shetterly, *Hidden Figures* (William Collins, 2016).
24. 'The story of the race to develop the pocket electronic calculator', *Vintage Calculators Web Museum*. www.vintagecalculators.com/html/the_pocket_calculator_race.html
25. A. Whitehead, *An Introduction to Mathematics* (Dover Books on Mathematics, 2017 reprint), p. 34.
26. K. Devlin, 'Calculation was the price we used to have to pay to do mathematics' (2 May 2018). devlinsangle.blogspot.com/2018/05/calculation-was-price-we-used-to-have.html
27. B. A. Toole, *Ada, The Enchantress of Numbers* (Strawberry Press, 1998), pp. 240–61.
28. A. Turing, 'Computing machinery and intelligence', *Mind*, vol. LIX [236] (October 1950), pp. 433–60.
29. J. Vincent, 'OpenAI's latest breakthrough is astonishingly powerful but still fighting its flaws', *Verge* (30 July 2020). www.theverge.com/21346343/gpt-3-explainer-openai-

exampleserrors-agi-potential
30. GPT-3., 'A robot wrote this entire article. Are you scared yet, human?', *Guardian* (8 September 2020). www.theguardian.com/commentisfree/2020/sep/08/robot-wrote-this-article-gpt-3
31. C. Chace, 'The impact of AI on journalism', *Forbes* (24 August 2020). www.forbes.com/sites/calumchace/2020/08/24/theimpact-of-ai-on-journalism/?sh=42fa62b22c46. 자동화의 전망에 대한 언론인들의 견해에 대한 분석은 다음을 참고한다. F. Mayhew, 'Most journalists see AI robots as a threat to their industry: this is why they are wrong', *Press Gazette* (26 June 2020). www.pressgazette.co.uk/ai-journalism/
32. D. Muoio, 'AI experts thought a computer couldn't beat a human at Go until the year 2100', *Business Insider* (21 May 2016). www.businessinsider.com/ai-experts-were-way-off-onwhen-a-computer-could-win-go-2016-3?r=US&IR=T
33. S. Strogatz, 'One giant step for a chess-playing machine', *New York Times* (26 December 2018). www.nytimes.com/2018/12/26/science/chess-artificial-intelligence.html
34. J. Schrittwieser et al., 'MuZero: mastering Go, chess, Shogi and Atari without rules', *DeepMind blog* (23 December 2020). deepmind.com/blog/article/muzero-mastering-go-chess-shogi-and-atari-without-rules
35. G. Lample and F. Charton, 'Deep learning for symbolic mathematics', *arXiv: 1912.01412* (2 December 2019).
36. K . Cobbe et al., 'Training verifiers to solve math word problems', *arXiv: 2110.14168v1* (27 October 2021).
37. A. Kharpal, 'Stephen Hawking says AI could be "worst event in the history of our civilisation"', *CNBC* (6 November 2017). www.cnbc.com/2017/11/06/stephen-hawking-ai-could-be-worstevent-in-civilization.html
38. "슈퍼인텔리전스"라는 용어가 주류가 된 데는 N. 보스트롬의 저서『슈퍼 인텔리전스 *Superintelligence*』(Oxford University Press, 2014)가 큰 기여를 했다. 보스트롬은 슈퍼 인텔리전스를 "과학적 창의성, 전반적인 지혜, 사회적 기술을 포함해 실질적으로 모든 분야에서 가장 뛰어난 인간의 뇌보다 훨씬 더 영리한 지능"(22쪽)으로 정의한다.
39. R. Thornton, 'The age of machinery', *Primitive Expounder* (1847), p. 281.
40. G. Marcus, 'Deep learning: a critical appraisal', *arXiv: 1801.00631* (2 January 2018). 이 문헌은 알고리즘의 '데이터 갈망(data-hungry)' 특성부터 인과 관계와 상관관계를 구분하지 못하는 점까지, 딥러닝에 대한 10가지 비판점을 소개한다.
41. M. Hutson, 'AI researchers allege that machine learning is alchemy', *Science* (3 May

2018). www.sciencemag.org/news/2018/05/ai-researchers-allege-machine-learning-alchemy
42. F. Chollet, 'The limitations of deep learning', *The Keras Blog* (17 July 2017). blog.keras.io/the-limitations-of-deep-learning.html
43. J. von Neumann, *The Computer and the Brain* (Yale University Press, 1958).
44. G. Zarkadakis, *In Our Own Image* (Pegasus Books, 2017). 이 문헌에서는 성령이 깃든 진흙으로서 인간, 유압식 기계, 용수철과 엔진으로 움직이는 자동인형, 복잡한 기계, 전기기계 장치(즉, 전신기), 컴퓨터까지 역사적으로 채택된 인간 뇌에 대한 비유를 연대기 순서로 기록한다.
45. 동물학자 매슈 콥은 뇌가 전기적 입력에 의해서 자극될 수 있다는 사실이 뇌를 연산 장치로 비유하는 것을 강화했다고 지적한다. 또한 콥은 이러한 비유는 반대로 적용되기도 한다고 지적한다. 19세기에는 모스 부호를 인간 신경계에 빗대어 설명하는 경우가 많았으며, 오늘날 컴퓨터의 기반이 되는 폰 노이만 구조는 인간 뇌의 생물학적 구조와 기능에 대한 존 폰 노이만의 이해를 바탕으로 형성되었다. 다음 문헌의 서론을 참고할 것. M. Cobb, *The Idea of the Brain* (Profile Books, 2020).
46. E. A. Maguire et al., 'Navigation-related structural change in the hippocampi of taxi drivers', *Proceedings of the National Academy of Sciences*, vol. 97 [8] (2000), pp. 4398–403.
47. 이러한 이론은 다음 문헌에서 자세히 다룬다. D. Eagleman, *Livewired* (Canongate Books, 2020).
48. A. Newell et al., 'Chess-playing programs and the problem of complexity', *IBM Journal of Research and Development* (4 October 1958). ieeexplore.ieee.org/document/5392645
49. B. Weber, 'Mean chess-playing computer tears at meaning of thought', *New York Times* (19 February 1996). besser.tsoa.nyu.edu/impact/w96/News/News7/0219weber.html
50. The AlphaFold Team, 'AlphaFold: a solution to a 50-year-old grand challenge in biology', *DeepMind Blog* (30 November 2020). deepmind.com/blog/article/alphafold-a-solution-to-a-50-year-old-grand-challenge-in-biology
2021년 7월, 딥마인드는 알파고에 대한 오픈 액세스를 제공했으며 수십만 개의 3D 단백질 구조의 데이터베이스를 공개했다. alphafold.ebi.ac.uk에서 이용 가능하다.
51. G. Kasparov, 'The chess master and the computer', *New York Review of Books* (11 February 2010). www.nybooks.com/articles/2010/02/11/the-chess-master-and-the-computer/
52. H. Moravec, *Mind Children* (Harvard University Press, 1988), p. 15.

53. R. Sennett, *The Craftsman* (Penguin, 2009), p. 105.

54. V. Kramnik, 'Vladimir Kramnik on man vs machine', *ChessBase* (18 December 2018). en.chessbase.com/post/vladimir-kramnik-on-man-vs-machine

55. G. Kasparov, *Deep Thinking* (John Murray, 2017), p. 246.

56. D. Susskind, *A World Without Work* (Allen Lane, 2020). '노동의 시대'를 기술의 대체력이 보완력에 의해서 상쇄되어 새로운 형태의 일자리를 창출하는 역사적 기간으로 정의한다. 서스킨드는 기계학습 기술의 대체력이 보완력을 압도하며 미래의 직업 전망을 위태롭게 하고 있으므로 노동의 시대는 끝났다고 주장한다.

57. 카스파로프의 주장은 다음을 참고한다. G. Kasparov, 'Chess, a Drosophila of reasoning', *Science* (7 December 2018). science.sciencemag.org/content/362/6419/1087.full

58. 이 증명에 대한 접근법의 개요와 그에 이르기 위한 수많은 반복적인 시도는 다음 문헌에 나타나 있다. R. Wilson, *Four Colors Suffice* (Princeton University Press, 2013).

59. A. Davies et al., 'Advancing mathematics by guiding human intuition with AI', *Nature*, 600 (2021), pp. 70–74. doi.org/10.1038/s41586-021-04086-x

이 논문에 참여한 수학자 중 한 명이 AI의 협력 가능성에 대한 자신의 생각을 공유한다. G. Williamson, 'Mathematical discoveries take intuition and creativity—and now a little help from AI', *The Conversation* (1 December 2021). theconversation.com/mathematical-discoveries-take-intuition-and-creativity-andnow-a-little-help-from-ai-172900?utm_source=pocket_mylist

60. A. Clark and D. J. Chalmers, 'The extended mind', *Analysis*, vol. 58 [1] (1998), pp. 7–19.

61. 딥 러닝의 선구자인 제프 힌턴은 이러한 알고리즘이 "어떻게 작동하는지 우리는 전혀 알 수 없다"고 기꺼이 인정했다. N. Thompson, 'An AI pioneer explains the evolution of neural networks', *Wired* (13 May 2019). www.wired.com/story/ai-pioneer-explains-evolution-neural-networks/

62. C. O'Neil, *Weapons of Math Destruction* (Penguin, 2016).

63. 그 예로 다음 문헌을 참고한다. K. Crawford, 'Artificial intelligence's white guy problem', *New York Times* (25 June 2016). www.nytimes.com/2016/06/26/opinion/sunday/artificial-intelligences-whiteguy-problem.html

64. J. Dastin, 'Amazon scraps secret AI recruiting tool that showed bias against women', *Reuters* (10 October 2018). www.reuters.com/article/us-amazon-com-jobs-automation-insightidUSKCN1MK08G

65. T. Simonite, 'Photo algorithms ID white men fine—black women, not so much',

Wired (2 June 2018). www.wired.com/story/photo-algorithms-id-white-men-fineblack-women-not-somuch/and T. Simonite, 'When it comes to gorillas, Google Photos remains blind', *Wired* (1 November 2018). www.wired.com/story/when-it-comes-to-gorillas-google-photos-remainsblind/

66. L. Howell, 'Digital wildfires in a hyperconnected world', *World Economic Forum Report*, vol. 3 (2013), pp. 15–94.

제1장 추정

1. L. Ostlere, 'VAR arrives in the Premier League to unearth sins we didn't know existed', *Independent* (14 August 2019). www.independent.co.uk/sport/football/premier-league/var-premier-league-offside-raheem-sterling-bundesliga-mlsclear-and-obvious-a9056906.html

   VAR의 정확성에 의심의 여지가 없는 것은 아니다. 축구 작가 조너선 윌슨이 트위터 스레드에서 설명한 것처럼, VAR이 카메라 프레임에 의존한다는 것은 판독에 오류의 여지가 있음을 의미한다. twitter.com/jonawils/status/ 1160241782506086401

2. 피라하족에 대한 에버렛의 설명은 다음 문헌에 정리되어 있다. D. Everett, Don't Sleep, *There Are Snakes* (Profile Books, 2010). 다음도 참조할 것. J. Colapinto, 'The Interpreter', *New Yorker* (9 April 2007). www.newyorker.com/magazine/2007/04/16/the-interpreter-2

3. N. Chomsky, 'Things no amount of learning can teach', *Noam Chomsky interviewed by John Gliedman* (November 1983). chomsky.info/198311_/

4. J. Gay, 'Mathematics among the Kpelle Tribe of Liberia: preliminary report', *African Education Program (Educational Services Incorporated)* (1964). Retrieved 31 July 2021 from lchcautobio.ucsd.edu/wp-content/uploads/2015/10/Gay-1964-Math-among-the-Kpelle-Ch-1.pdf

5. 이 절의 결과는 다음 문헌에 자세히 설명되어 있다. K. Devlin, *The Math Instinct* (Thunder's Mouth Express, 2005), Chapter 1; and S. Dehaene, *The Number Sense* (Oxford University Press, 2011). 캐런 윈의 기존 실험은 다음을 참고할 것. K. Wynn, 'Addition and subtraction by human infants', *Nature*, vol. 358 (1992), pp. 749–50.

6. S. Dehaene, *The Number Sense* (Oxford University Press, 2011).

7. J. Holt, 'Numbers guy', *New Yorker* (25 February 2008). www.newyorker.com/magazine/2008/03/03/numbers-guy

8. L. Feigenson et al., 'Core systems of number', *Trends in Cognitive Sciences*, vol. 8 [7] (2004), pp. 307–14.

9. 이들 예는 '모호성(vagueness)'의 철학적 범주에 포함되며, 다음 문헌에서 정의된다. *Stanford Encyclopedia of Philosophy Archive* (5 April 2018). plato.stanford.edu/archives/sum2018/entries/vagueness/
10. A. Starr et al., 'Number sense in infancy predicts mathematical abilities in childhood', *Proceedings of the National Academy of Sciences*, vol. 110 [45] (2013), pp. 18116–20. www.pnas.org/content/110/45/18116
11. R. S. Siegler and J. L. Booth, 'Development of numerical estimation: a review', in J. I. D. Campbell (ed.), *Handbook of Mathematical Cognition* (Psychology Press, 2005), pp. 197–212.
12. J . Boaler, *What's Math Got to Do With It?* (Viking Books, 2008), p. 25.
13. W. T. Kelvin, 'The six gateways of knowledge', *Presidential Address to the Birmingham and Midland Institute*, Birmingham, 1883—later published in *Popular Lectures and Addresses*, vol. 1, 280, 1891.
14. E. Fermi, 'Trinity Test, July 16, 1945, eyewitness accounts', *US National Archives*, 16 July 1945. www.dannen.com/decision/fermi.html
15. 페르미의 피아노 조율사 문제, NASA, www.grc.nasa.gov/www/k-12/Numbers/Math/Mathematical_Thinking/fermis_piano_tuner.htm
16. J. Cepelewicz, 'The hard lessons of modeling the coronavirus pandemic', *Quanta Magazine* (28 January 2021). www.quantamagazine.org/the-hard-lessons-of-modeling-thecoronavirus-pandemic-20210128/
17. 다음 문헌에서 발췌했다. K. Yates, *The Maths of Life and Death* (Quercus, 2019), Chapter 4. 이 시스템은 현재 연도와 출생 연도의 마지막 두 자리를 사용하여 각 환자의 나이를 계산했다. 따라서 1965년에 태어난 환자에게는 2000년 시점에 −35살이 할당되었다.
18. O. Solon, 'How a book about flies came to be priced $24 million on Amazon', *Wired* (27 April 2011). www.wired.com/2011/04/amazon-flies-24-million/
19. J. Earl, '6-year-old orders $160 dollhouse, 4 pounds of cookies with Amazon's Echo Dot', *CBS News* (5 January 2017). www.cbsnews.com/news/6-year-old-brooke-neitzel-orders-dollhousecookies-with-amazon-echo-dot-alexa/
20. K. Campbell-Dollaghan, 'This neural network is hilariously bad at describing outer space', *Gizmodo* (19 August 2015). gizmodo.com/this-neural-network-is-hilariously-bad-atdescribing-ou-1725195868
21. J. Vincent, 'Twitter taught Microsoft's AI chatbot to be a racist asshole in less than a day', *Verge* (24 March 2016). www.theverge.com/2016/3/24/11297050/tay-microsoft-

chatbot-racist

22. B. Finio, 'Measure Earth's circumference with a shadow', *Scientific American* (7 September 2017). www.scientificamerican.com/article/measure-earths-circumference-with-ashadow/

23. V. F. Rickey, 'How Columbus encountered America', *Mathematics Magazine*, vol. 65 [4] (1992), pp. 219–225.

24. C. G. Northcutt et al., 'Pervasive label errors in test sets destabilize machine learning benchmarks', *arXiv.org* (26 March 2021). arxiv.org/abs/2103.14749

25. G. Press, 'Andrew Ng launches a campaign for datacentric AI', *Forbes* (16 June 2021). www.forbes.com/sites/gilpress/2021/06/16/andrew-ng-launches-a-campaign-for-datacentric-ai/?sh=3b02f1674f57

26. 예를 들면: xkcd.com/2205/

27. F. I. M. Craik and J. F. Hay, 'Aging and judgments of duration: effects of task complexity and method of estimation', *Perceptions & Psychophysics*, vol. 61 [3] (1999), pp. 549–60. link.springer.com/article/10.3758/BF03211972

28. 다음에서 발췌했다. 'Why logarithms still make sense', *Chalkface Blog* (7 March 2016). thechalkfaceblog.wordpress.com/2016/03/07/why-logarithms-still-make-sense/

29. D. Robson, 'Exponential growth bias: the numerical error behind Covid-19', *BBC Future* (14 August 2020). www.bbc.com/future/article/20200812-exponential-growth-bias-thenumerical-error-behind-covid-19

30. G. S. Goda et al., 'The role of time preferences and exponential-growth bias in retirement savings', *National Bureau of Economic Research, Working Paper 21482*, August 2015.

31. R. Banerjee et al., 'Exponential-growth prediction bias and compliance with safety measures in the times of Covid-19', *IZA Institute of Labor Economics* (May 2020).

32. A. Romano et al., 'The public do not understand logarithmic graphs used to portray Covid-19', *LSE blog* (19 May 2020). blogs.lse.ac.uk/covid19/2020/05/19/the-public-doesntunderstand-logarithmic-graphs-often-used-to-portray-covid-19/

영국의 코로나19 사례에 대한 선형 척도와 로그 척도의 비교는 다음 문헌을 참고한다. 'Exponential growth: what it is, why it matters, and how to stop it', *Centre for Evidence-Based Medicine (University of Oxford)* (23 September 2020). www.cebm.net/covid-19/exponential-growth-what-it-is-why-itmatters-and-how-to-spot-it/

33. 다음에서 인용했다. S. Radcliffe, 'Roy Amara 1925–2007, American futurologist', in *Oxford Essential Quotations (4th ed.)* (Oxford University Press, 2016).

34. M. Schonger and D. Sele, 'How to better communicate exponential growth of infectious diseases', *PLOS ONE*, vol. 15 [12] (2020).
35. J. Searle, 'Minds, brains, and programs', *Behavioral and Brain Sciences*, vol. 3 [3] (1980), pp. 417–57.
36. K. Reusser, 'Problem solving beyond the logic of things: contextual effects on understanding and solving word problems', *Instructional Science*, vol. 17 [4] (1988), pp. 309–338.
37. 다음을 참고할 것. L. Chittka L. and K. Geiger, 'Can honey bees count landmarks?', *Animal Behaviour*, vol. 49 [1] (1995), pp. 159–64; K. McComb et al., 'Roaring and numerical assessment in contests between groups of female lions, *Panthera leo*', *Animal Behaviour*, vol. 47 [2] (1994), pp. 379–87; R. L. Rodríguez et al., '*Nephila clavipes* spiders (Araneae: Nephilidae) keep track of captured prey counts: testing for a sense of numerosity in an orb-weaver', *Animal Cognition*, vol. 18 (2015), pp. 307–14; M. E. Kirschhock et al., 'Behavioral and neuronal representation of numerosity zero in the crow', *Journal of Neuroscience*, vol. 41 [22] (2021), pp. 4889–96.
38. 여기에 해당되는 동물에는 쥐와 침팬지도 포함되어 있다. K. Devlin, *The Math Instinct* (Thunder's Mouth Express, 2005). 캐런 윈의 연구 결과를 붉은원숭이로 확장한 문헌을 다음을 참조할 것. S. Dehaene, *The Number Sense* (Oxford University Press, 2011), pp. 53–5. 개에 대해서는 다음을 참고할 것. R. West and R. Young, 'Do domestic dogs show any evidence of being able to count?', *Animal Cognition*, vol. 5 [3] (2002), pp. 183–6.

제2장 표상

1. 범용 문제 풀이기는 다음 문헌에 소개되어 있다. A. Newell et al., 'Report on a general problem-solving program', *Proceedings of the International Conference on Information Processing* (1959), pp. 256–64.GPS는 수단–목표 분석에 의존한다. 목표 상태가 지정된 후, 현재 상태와 목표 상태 사이의 간극을 좁히기 위한 조치가 취해진다. 예를 들어, 목표 상태가 빈 냉장고를 우유로 다시 채우는 것이라면, GPS는 슈퍼마켓에 다녀오는 옵션을 선택하여 최종 목표에 가까워지도록 한다. GPS는 가능한 작업의 검색에 의존한다. 그러나 수많은 열린 문제의 경우에는 검색 공간의 크기가 엄두도 못 낼 만큼 큰 것으로 나타났다.
2. 규칙–기반 시스템의 한계에 대한 초기 설명은 다음을 참고한다. H. Dreyfus, *What Machines Can't Do* (MIT Press, 1972). 드레퓌스는 AI에 대한 초기 접근법의 기본 가정 네 가지를 반박했다. 1) 생물학적 가정(뇌는 온/오프 스위치에 해당되는 일부 생물학

적 등가물을 통해 정보를 처리한다), 2) 심리학적 가정(마음은 특정 형식적 규칙에 따라 정보 조각[bit]에 대해 작동하는 장치이다), 3) 인식론적 가정(모든 지식은 형식화될 수 있다), 4) 존재론적 가정(세계는 각각 기호로 표상되는 사실들의 집합으로 설명될 수 있다).

3. M. Polanyi, *The Tacit Dimension* (University of Chicago Press, 1966), p. 4.
4. 신경망은 여러 층의 '뉴런'으로 구성되며, 하단 레이어로 입력값을 받고 상단 레이어로 출력값을 내보낸다. 각 뉴런은 수천 개의 인접 뉴런과 연결되며 그 연결 강도는 가중치에 따라 결정된다. 이른바 '딥 러닝'에서 '딥'이란 단순히 모델이 여러 층으로 구성되어 있음을 의미하며 이러한 층들은 지난 수십 년의 연구 끝에 비로소 가능해진 어느 정도의 연산 능력을 필요로 한다.
5. 알파고의 경우는 검색 공간을 보다 관리하기 쉬운 크기로 줄이기 위해서 가장 효과적인 수에 플래그를 표시하는 신경망을 채택했다. 그런 후 각각의 가능한 수에 대해 게임 나머지 부분에서 일어날 수 있는 경우를 여러 차례 시뮬레이션하고 그 결과를 이용하여 그중 가장 효과적인 수를 선택한다. 이 단계에서는 검색이 무수히 발생하므로 가장 유망한 선택을 남기고 나머지는 모두 배제하기 위해서 또다른 신경망이 가이드로 작동한다.

   알파고는 먼저 인간 바둑기사가 둔 수 약 3,000만 개로 이루어진 데이터베이스를 조사했으며, 게임에 어느 정도 숙달된 후에는 자체적으로 다른 대국 사례들을 반복해서 플레이했다. 알파고는 시뮬레이션한 모든 대국에서 (강화학습을 이용해) 자신에게 게임이 더 유리해지도록 만드는 모든 수에 가치를 부여하고 그렇지 않은 수는 가치 절하하는 방법을 학습했다. 그런 다음 딥러닝을 사용해서 바둑판에서 알의 배열을 평가한 후 어떤 게임 방식이 성과 개선과 상관관계가 있는지 결정한다.

   딥블루가 그랬던 것처럼, 알파고에게도 바둑을 잘 두는 방법을 명시적으로 알려주기보다는 게임의 기본 규칙을 제공하고 사람이 둔 게임을 조사하도록 하여 알파고 스스로 가장 효과적인 수를 알아내도록 한다. 이후 딥마인드는 계속해서 알파고의 후속 프로그램을 개발해 순전히 스스로 대국을 하며 생성한 데이터로만 학습하는 프로그램을 발전시켰다. 이 기능을 부트스트랩하는 데에 더 이상 인간의 대국 데이터는 필요하지 않은 것이다.

   다음 문헌을 참고할 것. D. Silver et al., 'Mastering the game of Go with deep neural networks and tree search', *Nature*, vol. 529 (2016), pp. 484–9. www.nature.com/articles/nature16961

   알파고의 바로 다음 후계자인 알파고 제로AlphaGo Zero는 사람의 대국 데이터를 입력받지 않고 스스로 대국을 통해서 전략을 학습한 후 알파고를 상대로 100 대 0의 압도적인 승리를 거두어 그 실력이 이미 초인간 수준임을 확인시켜주었다.

6. 이는 제프 호킨스의 '천 개의 뇌' 이론의 핵심이다. 이 이론에서 신피질은 수천 개의 피질 기둥에 저장된, 지도와 같은 참조 틀을 사용하여 세계의 모델을 학습한다고 가정한다. J. Hawkins, *A Thousand Brains: A New Theory of Intelligence* (Basic Books, 2021).
7. H. Fry, *Hello World* (Transworld Digital, 2018), Chapter 4 (Medicine).
8. M. T. Ribiero et al., '"Why should I trust you?": explaining the predictions of any classifier', in *Proceedings of the 22nd ACM SIGKDD International Conference on Knowledge Discovery and Data Mining* (August 2016), pp. 1135–44.
9. J. K. Winkler et al., 'Association between surgical skin markings in dermoscopic images and diagnostic performance of a deep learning convolutional neural network for melanoma recognition', *JAMA Dermatology*, vol. 155 [10] (2019), pp. 1135–41.
10. W. Samek et al., 'Explaining deep neural networks and beyond: a review of methods and applications', *Proceedings of the IEEE*, vol. 109 [3] (2021), pp. 247–78.
11. T. B. Brown et al., 'Adversarial patch', *arXiv.org* (17 May 2018). arxiv.org/pdf/1712.09665.pdf
12. G. Marcus and D. Ernest, 'GPT-3, Bloviator: OpenAI's language generator has no idea what it's talking about', *MIT Technology Review* (22 August 2020). www.technologyreview.com/2020/08/22/1007539/gpt3-openai-language-generatorartificial-intelligence-ai-opinion/
13. 가령 G. Marcus, 'The next decade in AI: four steps towards robust artificial intelligence', *arXiv.org* (17 February 2020).
14. S. Dehaene, *How We Learn* (Allen Lane, 2020), p. 15. 다음도 참고한다. A. M. Zador, 'A critique of pure learning and what artificial neural networks can learn from animal brains', *Nature Communications*, vol. 10 (August 2019). 여기서는 유전체가 명백히 구체화하기에 우리 뇌의 배선은 너무 복잡하다고 주장한다. 자도르는 '진화에 의해서 포착되는 모든 선천적 과정을 유전체에 압축한다'는 의미로 유전적 병목 현상(genomic bottleneck)이라는 개념을 도입했다.
15. S. Dehaene, *How We Learn* (Allen Lane, 2020), p. 17.
16. 'Is there a better way to count …? 12s anyone?', *Angel Sharp Media* (28 September 2018). www.bbc.com/ideas/videos/is-there-a-better-way-to-count-12s-anyone/p06mdfkn
17. 예를 들면, 스티븐 울프람은 지적 존재에게 숫자가 반드시 있어야 하는 구성물은 아니라고 말한다. 그는 숫자는 인간이 우주를 관찰하고 연산을 수행하기 위해서 만든 인공물일 것이라고 제안한다. S. Wolfram, 'How inevitable is the concept of

numbers?', *Stephen Wolfram Writings Blog* (25 May 2021). writings.stephenwolfram.com/2021/05/how-inevitable-is-the-concept-of-numbers/

18. T. Landauer, 'How much do people remember? Some estimates of the quantity of learned information in long-term memory', *Cognitive Science*, vol. 10 [4] (1986), pp. 477–93. www.cs.colorado.edu/~mozer/Teaching/syllabi/7782/readings/Landauer1986.pdf
19. 이 수치는 각 시냅스의 해부학적인 용량을 약 4.7비트의 정보로 추정하여 도출한 것이다. 다음을 참고할 것. T. M. Bartol et al., 'Nanoconnectomic upper bound on the variability of synaptic plasticity', *eLife*, vol. 4 [e10778] (2015).
20. 예를 들면, 허터 상은 1GB의 영문 텍스트 파일을 기존 기록보다 1퍼센트 이상 더 압축하는 프로그램을 설계하는 사람에게 5,000유로를 수여한다. 주최 측은 이 상이 텍스트 압축에 대등한 것으로 간주되는 일반 인공지능(AGI)으로의 발전을 촉진하기를 기대하고 있다. 다음을 참고할 것. prize.hutter1.net
21. 인지학자인 도널드 호프만은 한 걸음 더 나아가 세상에 대한 우리의 인식은 적합도에 대한 보상을 알리기 위해 자연선택을 통해 얻은 인터페이스일 뿐이라고 주장했다. 이 관점에서 실재의 본질은 우리가 세상을 처리하기 위해서 채택한 임의의 형식 뒤에 감추어져 있다. 이 주장을 비롯해 이 단락에서 인용된 수치는 다음 문헌을 참고한다. D. Hoffman, *The Case Against Reality* (Penguin, 2019).
22. A. Ericsson, *Peak* (Vintage, 2017), pp. 60–61.
23. A. D. de Groot, 'Het denken van de schaker', PhD dissertation (1946). Translated into *Thought and Choice in Chess* (Mouton Publishers, 1965).
24. W. G. Chase and H. A. Simon, 'Perception in chess', *Cognitive Psychology*, vol. 4 [1] (1973), pp. 55–81.
25. E. Cooke, 'Let a grandmaster of memory teach you something you'll never forget', *Guardian* (7 November 2015). www.theguardian.com/education/2015/nov/07/grandmaster-memoryteach-something-never-forget
26. 다음에서 인용. M. F. Dahlstrom, 'Using narratives and storytelling to communicate science with nonexpert audiences', *Proceedings of the National Academy of Sciences*, vol. 111 [4] (2014), pp. 13614–20.
27. W. P. Thurston, 'Mathematical education', *Notices of the American Mathematical Society* (1990), pp. 844–50.
28. 큰 수 계산에서의 근사적 이점과 암기에 드는 노력을 상호 절충하여 곱셈표를 10 × 10에 제한할 것을 선호하는 수학적 논증은 다음 문헌을 참고한다. J. Mcloone, 'Is there any point to the 12 times table?', *Wolfram Blog* (26 June 2013). blog.wolfram.

com/2013/06/26/is-there-any-point-to-the-12-times-table/

29. H. Poincaré, 'Hypotheses in physics' (Chapter 9) in *Science and Hypothesis* (Walter Scott Publishing, 1905), pp. 140–59.

30. 다음에서 인용. 'The true scale multiplication grid', *Chalkface Blog* (29 April 2017). thechalkfaceblog.wordpress.com/2017/04/29/the-true-scale-multiplication-grid/

31. 이미지 출처. M. Watkins, *Secrets of Creation, Volume 1: The Mystery of Prime Numbers* (Liberalis, 2015), p. 66, the inspiration of which is an approach laid out in A. Doxiadis, *Uncle Petros and Goldbach's Conjecture* (Faber & Faber, 2001).

32. 기호의 뜨개질을 기반으로 한 완전한 산술 처리에 관해서는 다음 문헌을 참고한다. P. Lockhart, *Arithmetic* (Harvard University Press, 2019).

33. S. Zeki et al., 'The experience of mathematical beauty and its neural correlates', *Frontiers in Human Neuroscience* (13 February 2014). www.frontiersin.org/articles/10.3389/fnhum.2014.00068/full

34. 유명 수학 비디오 채널「3Blue1Brown」의 제작자인 그랜트 샌더슨은 $e^{\pi i}$라는 표기법은 실제로 복소수에 적용되는 지수 함수의 특정 정의를 고려할 때, 거듭제곱 및 반복 곱셈과 관련된다는 것을 시사할 수 있으므로 이러한 표기는 다소 오해의 소지가 있다고 지적한다. 그는 이러한 근거를 바탕으로 오일러 공식의 아름다움은 과대평가되었다고 말한다. 다음을 참고할 것. G. Sanderson, 'What is Euler's formula actually saying?', *3Blue1Brown YouTube Channel* (28 April 2020). www.youtube.com/watch?v=ZxYOEwM6Wbk.

공식의 심층적인 수학적 의미를 이해하고 나면 이러한 아름다움은 새로운 방식으로 보존 및 평가된다고 주장하는 사람도 있다. 다음 문헌을 참고한다. L. Devlin, 'Is Euler's Identity beautiful? And if so, how?', *Devlin's Angle* (Mathematical Association of America) (June 2021). www.mathvalues.org/masterblog/is-eulers-identity-beautiful-and-ifso-how

35. 수학 표기법의 역사는 다음 문헌을 참고할 것. J. Mazur, *Enlightening Symbols* (Princeton University Press, 2014).

36. K. Devlin, 'Algebraic roots—Part 1', *Devlin's Angle* (4 April 2016). devlinsangle.blogspot.com/2016/04/algebraic-rootspart-1.html

37. 일부 시도에도 불구하고(예를 들어 S. B. Sells and R. S. Fixott, 'Evaluation of research on effects of visual training on visual functions', *American Journal of Ophthalmology*, vol. 44 [2] (1957), pp. 230–36), 감각들 사이에는 중첩되는 부분이 많고 뇌 영역은 다중 양상을 보이는 경향이 있으므로 뇌에서 얼마나 많은 영역이 시각 능력만을 위한 것인지 정량화하기는 어렵다.

38. V. Menon, 'Arithmetic in child and adult brain', in K. R. Cohen and A. Dowker, *Handbook of Mathematical Cognition* (Oxford University Press, 2014). doi.org/doi:10.1093/oxfordhb/9780199642342.013.041
39. J. Boaler et al., 'Seeing as understanding: the importance of visual mathematics for our brain and learning', *youcubed* (March 2017). www.youcubed.org/wp-content/uploads/2017/03/Visual-Math-Paper-vF.pdf
40. 음악 애니메이션 기계는 다음을 참고한다. musanim.com
41. H. Jacobson, 'The world has lost a great artist in mathematician Maryam Mirzakhani', *Guardian* (29 July 2017). www.theguardian.com/science/2017/jul/29/maryam-mirzakhanigreat-artist-mathematician-fields-medal-howard-jacobson
42. E. Klarreich, 'Meet the first woman to win math's most prestigious prize', *Wired* (13 August 2014). www.wired.com/2014/08/maryam-mirzakhani-fields-medal/
43. S. Russell, *Human Compatible* (Allen Lane, 2019), p. 81.
44. 방사선 문제는 1945년 카를 덩커의 연구로 거슬러올라간다. K. Duncker, 'On problem solving', *Psychological Monographs*, vol. 58 [270] (1945). 유사한 이야기에 노출된 후 성공률이 증가하는 조건은 다음과 같다. M. L. Gick and K. J. Holyoak, 'Analogical problem solving', *Cognitive Psychology*, vol. 12 (1980), pp. 306–55, and M. L. Gick and K. J. Holyoak, 'Schema introduction and analogical transfer, *Cognitive Psychology*, vol. 15 (1983), pp. 1–38.
45. J. Pavlus, 'The computer scientist training AI to think with analogies', *Quanta Magazine* (14 July 2021). www.quantamagazine.org/melanie-mitchell-trains-ai-to-think-withanalogies-20210714/
46. M. Atiyah, 'Identifying progress in mathematics', *The Identification of Progress in Learning* (Cambridge University Press, 1985), pp. 24–41.
47. A. Sierpinska, 'Some remarks on understanding in mathematics', *Canadian Mathematics Education Study Group* (1990). flm-journal.org/Articles/43489F40454C8B2E06F334CC13CCA8.pdf
48. 이러한 차이에 대한 자세한 설명은 다음을 참고한다. A. Cuoco et al., 'Habits of mind: an organizing principle of mathematics curricula', *Journal of Mathematical Behaviour* (December 1996), pp. 375–402.
49. 다음에서 인용. E. Frenkel, *Love and Math* (Basic Books, 2013), Preface.
50. T. N. Carraher et al., 'Mathematics in the street and in school', *British Journal of Developmental Psychology*, vol. 3, [1] (1985), pp. 21–29 and G. Saxe, 'The mathematics of child street vendors', *Child Development*, vol. 59 [5] (1988), pp. 1415–25.

51. H. Fry, 'What data can't do', *New Yorker* (29 March 2021). www.newyorker.com/magazine/2021/03/29/what-data-cant-do
52. P. Vamplew, 'Lego Mindstorms robots as a platform for teaching reinforcement learning', *Proceedings of AISAT2004: International Conference on Artificial Intelligence in Science and Technology* (2004) and P. Vamplew et al., 'Human-aligned artificial intelligence is a multiobjective problem', *Ethics and Information Technology*, vol. 20, [1] (2018), pp. 27–40.
53. 인간과 기계 사이의 정렬 오류 가능성을 처음으로 추측한 사람들 중 한 명인 노버트 위너는 1960년 "기계에 주입하는 목적이 실제로 우리가 바라는 목적과 동일한지 분명히 확인해야 한다"라고 언급했다. N. Wiener, 'Some moral and technical consequences of automation', *Science*, vol. 131 [3410] (1960), pp. 1355–8. 당시 가치 정렬 문제에 대한 처리와 이를 해결하기 위한 전략은 다음 문헌을 참고한다. S. Russell, *Human Compatible* (Penguin, 2019).
54. A. Pasick, 'Here are some of the terrifying possibilities that have Elon Musk worried about artificial intelligence', *Quartz* (4 August 2014). qz.com/244334/here-are-some-of-the-terrifyingpossibilities-that-have-elon-musk-worried-about-artificialintelligence/
55. 수학자 필립 데이비스와 뢰벤 허쉬에 따르면 감정, 태도, 의도와 같은 것들을 포함하는 '인간의 내면세계'는 '결코 수학화될 수 없다.' 다음을 참고할 것. P. J. Davis and R. Hersh, *Descartes' Dream: The World According to Mathematics* (Penguin, 1988), p. 23.

제3장 추론

1. 버트런드 러셀은 1912년 저서 『철학의 문제들*The Problems of Philosophy*』에서 이 불운한 추수감사절 닭의 예시를 처음 제시했다. 칼 포퍼는 이 이야기를 크리스마스 칠면조로 각색했다. 다음 문헌을 참고할 것. Karl Popper in A. Chalmers, *What is This Thing Called Science?* (University of Queensland Press, 1982).
2. 작동 해법은 다음을 참고할 것. 'Circle division solution' on 3Blue1Brown's YouTube channel: www.youtube.com/watch?v=K8P8uFahAgc&t=188s
3. 순전히 데이터에만 기반한 예측 모델에서는 항상 결론이 너무 길어질 위험이 있다. '공짜 점심 정리No-Free Lunch Theorem'라고 부르는 수학적 결과에 따르면, 기계학습 알고리즘과 절반의 데이터세트가 주어지면 나머지 절반의 데이터—미출현 데이터—를 손보는 일은 언제든 가능하다. 즉, 알고리즘은 훈련 데이터에 대해서는 올바른 예측을 내리지만 나머지 절반의 데이터에 대해서는 실수할 수 있다. 어떤 경우든 단일 알고리즘만으로 결과를 정확하게 예측할 수 없다는 사식은 그리 달갑지 않은 함의를 가진다. 알고리즘이 보장할 수 있는 것은 오직 과거의 암기뿐이라는 점이다.

4. 이는 우리가 그토록 착시에 빠지기 쉽고 또한 매혹되는 이유를 설명한다. 다음을 참고할 것. B. Resnick, '"Reality" is constructed by your brain. Here's what that means and why it matters', *Vox* (22 June 2020). www.vox.com/science-and-health/20978285/optical-illusion-science-humility-reality-polarization
5. D. Eagleman, 'The moral of the story', *New York Times* (3 August 2012). www.nytimes.com/2012/08/05/books/review/the-storytelling-animal-by-jonathan-gottschall.html
6. '해석기'라는 용어는 다음 문헌에서 정의되었다. M. Gazzaniga, *Who's in Charge?* (Robinson, 2012), p. 75.

가자니가는 치료의 일환으로 분할뇌(split-brain) 환자를 대상으로 유명한 실험을 수행했다. 뇌전증을 앓고 있는 이 환자는 두 반구 사이의 배선이 절단되어 있다. 따라서 가자니가는 각 반구에 서로 다른 그림을 보여준 후 뇌가 이 그림을 어떻게 해석하는지 확인할 수 있었다. 먼저 환자의 좌반구에 해당하는 오른쪽 시야에 병아리 발톱 그림을 보여주고 왼쪽 시야(우반구)에는 눈(雪) 그림을 보여주었다. 그런 후 양 반구가 모두 볼 수 있도록 환자의 전체 시야에 일련의 사진을 펼쳐 놓았다. 환자는 오른손으로 병아리를 가리켰는데, 환자의 오른쪽 시야에 병아리 발톱 그림이 있었다는 것을 고려하면 그리 놀라운 일은 아니다. 또한 환자는 왼손으로 삽을 가리켰는데, 왼쪽 시야에 눈 그림이 있었던 것을 고려할 때 이 또한 예측할 수 있는 반응이다.

다음으로 환자에게 왜 그렇게 선택했는지 물어보았는데 바로 이 부분이 상당히 흥미롭다. 환자는 좌반구 중추를 통해서 발화를 불러오므로 병아리 발톱은 병아리와 관련된다고 답변했다. 다음으로—여기가 재미난 부분인데—환자는 삽을 보더니 "닭장을 청소하려면 삽이 필요합니다"라고 설명했다. 좌반구는 눈에 대해서는 전혀 몰랐다. 환자는 겸손하게 "모른다"고 인정하기보다는 좌반구의 작동에 따라 그럴듯한 이야기를 지어내(어쨌든 병아리들은 닭장을 엉망으로 만들 테지만) 자신의 기억 속 간극을 메웠다. 그럴듯하지만 결국 지어낸 이야기일 뿐이다.

다음도 참고하라. M. Gazzaniga, 'The storyteller in your head', *Discover Magazine* (1 March 2012). www.discovermagazine.com/mind/the-storyteller-in-your-head

7. D. Kahneman, *Thinking, Fast and Slow* (Penguin, 2012).
8. 다음 문헌의 서문에서 인용했다. J. Haidt, *The Righteous Mind* (Penguin, 2013).
9. D. Sperber and H. Mercier, *The Enigma of Reason* (Penguin, 2017).
10. D. Hume, *A Treatise of Human Nature* (1739). 다음을 참조할 것. www.pitt.edu/~mthompso/readings/hume.influencing.pdf
11. A. Damasio, *Descartes' Error* (Vintage, 2006).
12. F. Heider and M. Simmel, 'An experimental study of apparent behavior', *American Journal of Psychology*, vol. 57 (1944), pp. 243–59. 이 애니메이션은 다음에서 확

인할 수 있다. YouTube: 'Heider and Simmel movie'. www.youtube.com/watch?v=76p64j3H1Ng
13. K. Zunda, 'The case for motivated reasoning', *Psychological Bulletin*, vol. 108 [3] (1990), pp. 480–98.
14. S. 마르티네스 콘데 등은 마술사 텔러의 가짜 동전 던지기를 이용한 마술의 잘 알려진 트릭을 예로 제시한다. 여기서 우리는 동전의 쨍그랑거리는 소리를 텔러가 우리에게 현재 일어나고 있지 않다고 믿게 만들기 위한 행동(새로운 동전을 꺼내 떨어뜨림)과 잘못 연결한다. 저자들이 말했듯이, 'When A precedes B, we conclude that A caused B.' S. Martinez-Conde et al., *Sleights of Mind* (Profile Books, 2012), p. 192.
15. R. Epstein and R. E. Robertson, 'The search engine manipulation effect (SEME) and its possible impact on the outcomes of elections', *Proceedings of the National Academy of Sciences*, vol. 112 [33], E4512–21 (2015). www.pnas.org/content/112/33/E4512
16. 이 사례는 다음 문헌에 훌륭하게 요약되어 있다. D. Kolkman, 'F*ck the algorithm? What the world can learn from the UK's A-Level grading fiasco', *LSE blog* (26 August 2020). blogs.lse.ac.uk/impactofsocialsciences/2020/08/26/fk-the-algorithmwhat-the-world-can-learn-from-the-uks-a-level-grading-fiasco/
17. T. Harford, 'Don't rely on algorithms to make life-changing decisions', *Financial Times* (21 August 2020). www.ft.com/content/f32b3124-6b77-4b33-9de1-7dbc6599724b
18. H. Stewart, 'Boris Johnson blames "mutant algorithm" for exams fiasco', *Guardian* (26 August 2020). www.theguardian.com/politics/2020/aug/26/boris-johnson-blames-mutant-algorithm-for-exams-fiasco
19. In J. Pearl, *The Book of Why* (Penguin, 2019) p.28, 펄은 추상화의 세 가지 수준을 설명하는데, 가장 낮은 레벨 1은 연관('관찰', '보기'), 레벨 2는 개입('실행'), 레벨 3은 반사실('상상', '회고', '이해')이다.
20. 2019년 조사에 따르면 전 세계 기업의 40%가 채용 지원자를 선별하기 위해서 특정 방식으로 AI를 사용한다. 다음을 참고할 것. D. W. Brin, 'Employers embrace artificial intelligence for HR', *SHRM*, vol. 22 (March 2019).
21. J. Dastin, 'Amazon scraps secret AI recruiting tool that showed bias against women', *Reuters* (11 October 2018). www.reuters.com/article/us-amazon-com-jobs-automation-insightidUSKCN1MK08G
22. 타일러 비젠은 다음 문헌에서 흥미로운 여러 거짓된 상관관계를 소개한다. www.tylervigen.com/spurious-correlations
23. K. Crawford et al., 'AI Now 2019 Report', *AI Institute* (December 2019). ainowinstitute.org/AI_Now_2019_Report.pdf

24. 'Processes of special categories of personal data', *Article 9 of EU GDPR* (25 May 2018). www.privacy-regulation.eu/en/article-9-processing-of-special-categories-of-personal-data-GDPR.htm
25. 허위 정보가 만연해진 이유는, 분열 요소를 내포하고 있는 콘텐츠가 중립적인 콘텐츠보다 더 빨리 확산되고, 출처를 추적하기가 항상 쉬운 것은 아니며(따라서 엄밀한 조사를 피하게 되며), 사람들은 자신의 신념을 강화하는 내용('확증 편향')은 퍼트리고지 하기 때문이다. 다음을 참고할 것. H. Rahman, 'Why are social media platforms still so bad at combating misinformation?', *KelloggInsight* (3 August 2020). insight.kellogg.northwestern.edu/article/social-media-platforms-combating-misinformation
26. H. Arendt, 'Truth and politics', *New Yorker* (25 February 1967).
27. I. Sample, 'Study blames YouTube for rise in number of flat earthers', *Guardian* (17 February 2019). www.theguardian.com/science/2019/feb/17/study-blames-youtube-for-rise-in-numberof-flat-earthers
28. W. J. Brady et al., 'Emotion shapes the diffusion of moralized content in social networks', *Proceedings of the National Academy of Sciences*, vol. 114 [28] (2017), pp. 7313–18.
29. E. Newman et al., 'Truthiness and falsiness of trivial claims depend on judgmental contexts', *Journal of Experimental Psychology Learning, Memory and Cognition*, vol. 41 [5] (2015), pp. 1337–48.
30. Coined in N. Schick, *Deep Fakes and the Infocalypse* (Monoray, 2020).
31. P. Hoffman, *The Man Who Loved Only Numbers* (Fourth Estate, 1999), p. 29.
32. 수학적 증명에서 중요한 개념인 '영속성'은 다음 문헌에 자세히 설명되어 있다. G. H. Hardy, *A Mathematician's Apology* (Cambridge University Press, 1992).
33. E. Cheng, *The Art of Logic* (Profile Books, 2018), p. 12.
34. 링컨이 유클리드로부터 받은 영향에 대한 멋진 설명은 다음 문헌에서 찾을 수 있다. J. Ellenberg, *Shape* (Penguin, 2021), Chapter 1.
35. 피타고라스 정리의 4,000년 역사(피타고라스 이전의 기원 포함)에 대한 요약은 다음 문헌을 참고하라. B. Ratner, 'Pythagoras: everyone knows his famous theorem, but not who discovered it 1000 years before him', *Journal of Targeting, Measurement and Analysis for Marketing*, vol. 17 [3] (2009), pp. 229–42.
36. 철학자 러커토시 임레는 증명이 반증과 긴밀히 관련된다고 주장하며 이를 휴리스틱 학습 방식이라고 명명했다. 우리는 먼저 우리가 잘못 알고 있는 진리를 직시함으로써 정의와 정리에 도달할 수 있다. I. Lakatos, *Proof and Refutations* (Cambridge University Press, 1976).

37. E. S. Loomis, *The Pythagorean Proposition* (Tarquin Publications, 1968).

38. 예를 들어 D. Mackenzie, *Mechanizing Proof* (MIT Press, 2004)에서는 1960년대부터 소프트웨어 개발자들이 증명을 위해서 기울인 노력을 추적한다.

39. 반례가 정말 큰 수였던 추측의 모듬은 다음 문헌에서 확인할 수 있다. math.stackexchange.com/questions/514/conjectures-that-have-been-disproved-withextremely-large-counterexamples.

40. J. Horgan, 'The death of proof', *Scientific American*, vol. 269 [4] (1993). www.math.uh.edu/~tomforde/Articles/DeathOfProof.pdf

41. 이제 컴퓨터는 SAT(satisfiability[충족 가능성])와 같은 최신 컴퓨팅 방법을 통해서 스스로 무한 옵션의 일부 문제를 불연속적이고 유한한 형식으로 압축할 수 있다. 다음을 참고할 것. K. Harnett, 'Computer scientists attempt to corner the Collatz conjecture', *Quanta Magazine* (26 August 2020). www.quantamagazine.org/can-computers-solve-the-collatz-conjecture-20200826/

42. 실제로 오일러의 추측은 더 일반화되어 있다. 즉, k가 3 이상일 때 다음과 같은 형태의 방정식은 0이 아닌 해를 가지지 않는다.

$$x_k^k = x_1^k + x_2^k + \cdots + x_{k-1}^k$$

다음에 명시되어 있다. W. Dunham, 'The genius of Euler: reflections on his life and work', *Mathematical Association of America*, 2007, p. 220.

43. 예를 들어, 앤드루 부커는 슈퍼컴퓨터를 사용하여 숫자 33을 세 개의 세제곱수의 합으로 나타낼 수 있음을 증명했다. 다음을 참고할 것. J. Pavlus, 'How search algorithms are changing the course of mathematics', *Nautilus* (28 March 2019). nautil.us/issue/70/variables/how-search-algorithms-are-changing-the-course-ofmathematics

44. K. Hartnerr, 'Building the mathematical library of the future', *Quanta Magazine* (1 October 2020). www.quantamagazine.org/building-the-mathematical-library-of-the-future-20201001/

45. J. Urban and J. Jakubuv, 'First neural conjecturing datasets and experimenting', *Intelligent Computer Mathematics* (17 July 2020), pp. 315–23.

46. 케플러 가설의 기존 '전수 증명'은 다음을 참고한다. T. Hales, 'A proof of the Kepler conjecture', *Annals of Mathematics*, vol. 162 [3] (2005), pp. 1065–185.

컴퓨터 보조 증명은 다음 문헌에서 설명한다. T. Hales et al., 'A formal proof of the Kepler conjecture', *Forum of Mathematics*, Pi (29 May 2017).

47. 이에 대한 사례는 다음을 참고할 것. D. Castelvecchi, 'Mathematicians welcome computer-assisted proof in "grand unification" theory', *Nature* (18 June 2021). www.nature.com/articles/d41586-021-01627-2

48. 유명한 예로는 ABC 추측이 있는데, 이는 a + b = c 방정식의 해에 관한 것이다. 수학자 신이치 모치즈키는 이 문제를 활발히 연구 중인 소수의 수학자 중 한 명으로, 이 방정식의 추상적인 특성을 설명하기 위해서 방대한 표기법을 고안하는 등 그의 논문은 매우 난해한 것으로 악명이 높다. 재미있게도 모치즈키의 동료가 이 논문의 '접근성'을 높이기 위해서 요약본을 작성했는데, 그조차도 300페이지에 달한다. 다음을 참고할 것. T. Revell, 'Baffling ABC maths proof now has impenetrable 300-page "summary"', *New Scientist* (7 September 2017). www.newscientist.com/article/2146647-baffling-abc-maths-proof-now-hasimpenetrable-300-page-summary/
49. M. du Sautoy, *The Creativity Code* (Fourth Estate, 2019), p. 281.
50. 윌리엄 서스턴은 수학적 진보를 수학에 대한 '인간의 이해'의 발전으로 정의한다. W. P. Thurston, 'On proof and progress in mathematics', *Bulletin of the American Mathematical Society*, vol. 30 [2] (1994), pp. 161–77.
51. H. Poincaré, 'The future of mathematics', *MacTutor History of Mathematics* (1908/2007). mathshistory.st-andrews.ac.uk/Extras/Poincare_Future/
52. V. Goel et al., 'Dissociation of mechanisms underlying syllogistic reasoning', *Neuroimage*, vol. 12 [5] (2000), pp. 504–14.
53. 에르되시의 개념은 사후에 M. 아이너와 군터의 저서 『책으로부터의 증명*Proofs from THE BOOK*』(Springer-Verlag, 1998)의 출판을 통해서 현실화되었다. 이 책은 수론, 기하학, 그래프 이론 등 수학의 다양한 주제에 대한 증명을 담고 있다. 저자들은 기준에 대해 논하며, 증명은 "너무 길어서는 안 되고, 명확해야 하며, 특별한 아이디어가 있어야 한다. 일반적으로 아무런 연관성이 없다고 간주되었던 개념들을 연결할 수 있어야 한다"라고 언급했다. 다음을 참고할 것. E. Klarreich, 'In search of God's perfect proofs', *Quanta Magazine* (19 March 2018). www.quantamagazine.org/gunter-ziegler-and-martin-aignerseek-gods-perfect-math-proofs-20180319/
54. 수학적 아름다움의 기준은 다음 문헌에 잘 요약되어 있다. F. Su, *Mathematics for Human Flourishing* (Princeton University Press, 2020), p. 70. 수는 **일관성, 명료성, 우아함, 명확성, 중대성, 깊이, 단순성, 포괄성, 통찰력** 등 미학 연구로 유명한 해럴드 오스본의 기준도 포함시켰다. 계속해서 수는 특정 유형의 수학적 아름다움을 분류한다. 그는 '통찰적 아름다움'을 이해와 추론의 아름다움으로 정의하고, 이를 대상과 관련되는 '감각적 아름다움'과는 구분한다. 또한 여기에서 더 나아가 추론이 더 심오한 진리로 이어지고 개념들이 서로 연결될 때 발생하는 가장 깊은 종류의 아름다움으로서 '초월적 아름다움'을 정의한다.
55. S. G. B. Johnson and S. Steinerberger, 'Intuitions about mathematical beauty: a case study in the aesthetic experience of ideas', *Cognition*, vol. 189 (August 2019), pp. 242–

59.

56. 예를 들면, 구글 리서치의 크리스티안 세게디 연구팀은 컴퓨터가 자연어 구조로 생성한 증명을 연구하고 이를 그래픽 표현으로 나타내려고 시도했다. C. Szegedy et al., 'Graph representations for higher-order logic and theorem proving', *AAAI 2020*, research.google/pubs/pub48827/

    한편 컴퓨터 과학자 스콧 비테리는 기계와 인간이 생성한 일부 증명의 구조에서 공통점을 발견했다. S. Viteri and S. DeDeo, 'Explosive proofs of mathematical truths', *arXiv.org* (31 March 2020). arxiv.org/abs/2004.00055v1

57. O. Roeder, 'An A.I. finally won an elite crossword tournament', *Slate* (27 April 2021). slate.com/technology/2021/04/americancrossword-puzzle-tournament-dr-fill-artificial-intelligence.html

제4장 상상

1. 예를 들어 다음을 참조할 것. E. Cheng, *The Art of Logic* (Profile Books, 2018), p. 18.
2. J . Haidt, *The Righteous Mind* (Penguin, 2013).
3. S. Loyd, *Sam Loyd's Cyclopedia of 5000 Puzzles, Tricks and Conundrums with Answers* (Ishi Press, 2007).
4. 점 퍼즐의 간략한 역사는 다음 문헌에서 확인할 수 있다. R. Eastaway, 'Thinking outside outside the box', *Chalkdust Magazine* (12 March 2018).이 문제의 정답률은 일관되게 10퍼센트 미만으로, 0에 근접할 때도 많다. 다음을 참고할 것. T. C. Kershaw and S. Olsson, 'Multiple causes of difficulty in insight: the case of the nine-dot problem', *Journal of Experimental Psychology: Learning, Memory, and Cognition*, vol. 30 (2004), pp. 3–13. 직선이 격자 내에 있어야 한다는 가정에서 벗어날 수 있도록 몇 가지 보조 도구를 사용하여 피험자를 도와주면(가령 문제를 푸는 데 핵심이 되는 점 두 개를 추가한다거나 9개의 점 격자를 둘러싸는 큰 사각형을 그리는 등) 성공률은 높아진다. J. N. MacGregor et al., 'Information processing and insight: a process model of performance on the nine-dot and related problems', *Journal of Experimental Psychology: Learning, Memory, and Cognition*, vol. 27 (2001), pp. 176–201.

    새로운 접근방식이 필요한 문제의 더 많은 예는 다음 문헌에서 연구된 퍼즐 모음을 참고한다. V. Goel et al., 'Differential modulation of performance in insight and divergent thinking tasks with tDCS', *Journal of Problem Solving*, vol. 8 (2015).
5. D. R. Hofstadter, *Metamagical Themas* (Basic Books, 1985), p. 47.
6. '시벗jootsing'이라는 용어는 다음 문헌에서 처음 만들어졌다. D. Hofstadter, *Gödel, Escher, Bach: An Eternal Golden Braid* (Basic Books, 1979), 이는 다음 문헌에서 말하

는 '직관 펌프' 중 하나이기도 하다. D. Dennett, *Intuition Pumps and Other Tools for Thinking* (Penguin, 2014), pp. 45–48.

7. 여러 인기 비디오 게임 속 세계관의 기반이 되는 수학은 다음 문헌에서 자세히 설명한다. M. Lane, *Power-Up* (Princeton University Press, 2019).
8. T. Kuhn, *The Structure of Scientific Revolutions* (University of Chicago Press, 1962).
9. 다음에서 인용했다. J. Ellenberg, *How Not to Be Wrong* (Penguin, 2014), p. 395.
10. C. Baraniuk, 'For AI to get creative, it must learn the rules—then how to break 'em', *Scientific American* (25 January 2018). www.scientificamerican.com/article/for-ai-to-get-creative-itmust-learn-the-rules-mdash-then-how-to-break-lsquo-em/
11. 다음 문헌에서는 피타고라스 학파와 수의 관계에 대해서 철저히 분석한다. S. Lawrence and M. McCartney, *Mathematicians and their Gods* (Oxford University Press, 2015), Chapter 2.
12. 영의 기원은 아직 확실하지 않다. 현재로서는 주기적으로 탄소 연대 측정법을 통해서 그 기원을 추정하는 것이 최선이다. 다음을 참고할 것. T. Revell, 'History of zero pushed back 500 years by ancient Indian text', *New Scientist* (14 September 2017). www.newscientist.com/article/2147450-history-of-zero-pushed-back-500-years-byancient-indian-text/
13. 영어로 번역한 것으로 다음 문헌에서 인용했다. J. Gray, *Plato's Ghost: The Modernist Transformation of Mathematics* (Princeton University Press, 2008), p. 153.
    그레이가 밝힌 독일어 원문의 출처는 다음과 같다. H. L. Weber, 'Kronecker', *Jahresbericht der Deutschen Mathematiker-Vereinigun*, 1891–2, p. 19.
14. W. V. Quine, 'The ways of paradox', in W. V. Quine (ed.) *The Ways of Paradox and Other Essays* (Random House, 1966), pp. 3–20. www.pathlms.com/siam/courses/8264/sections/11775/video_presentations/112769
15. T. Aquinas, *Commentary on Aristotle's Physics* (Aeterna Press, 2015).
16. 형식주의자들의 활동에 대한 특히 창의적인 역사적 설명은 다음 만화를 참고한다. A. Doxiadis and C. H. Papadimitriou, *Logicomix* (Bloomsbury, 2009).
17. 다음 문헌에서 인용했다. V. Kathotia, 'Paradise Lost, Paradise Regained', *Cambridge Mathematics Mathematics Salad* (12 May 2017). www.cambridgemaths.org/blogs/paradise-lost-paradoxregained/
18. 다음에서 인용했다. L. Surette, *The Modern Dilemma* (McGill-Queen's University Press, 2008), p. 340.
19. 다음에서 인용했다. H. W. Eves, *Mathematical Circles Adieu* (Prindle, Weber & Schmidt, 1977).

20. E. Nagel and J. Newman, *Gödel's Proof* (NYU Press, 2001), Chapter VIII.
21. 루카스의 논증에 대한 요약은 다음을 참고한다. J. R. Lucas, 'The implications of Gödel's Theorem', *Etica & Politica*, vol. 5 [1] (2003).
22. R. Penrose, *The Emperor's New Mind* (Oxford University Press, 2016), Chapter 4.
23. 가장 잘 알려진 이의 제기의 모음은 다음을 참고한다. 'The Lucas-Penrose argument about Gödel's Theorem', *Internet Encyclopedia of Philosophy*, iep.utm.edu/lp-argue/
24. P. Benacerraf, 'God, the Devil, and Gödel', *The Monist*, vol. 51 [1] (1967), pp. 9–32.
25. E. Nagel and J. Newman, *Gödel's Proof* (NYU Press, 2001), Foreword.
26. 수학자 윌 바이어스는 변칙을 받아들이기 꺼리는 성향을 좌뇌의 활동으로 규정한다. "연산은 좌뇌가 선호하는 모드로, 좌뇌는 변칙을 받아들이거나 심지어 그 존재를 인정하는 것조차 꺼려한다. 좌뇌는 일관성을 선호하므로 새로운 데이터를 이전 스키마의 렌즈를 통해서 보며, 이것이 불가능할 경우 일관성 없는 데이터의 존재는 완전히 부정하기도 한다. 따라서 상황에 대한 체계적 심상이 붕괴될 때만 창의성이 출현할 수 있으며, 이러한 붕괴는 고통스러운 것으로 경험된다." W. Byers, *Deep Thinking* (World Scientific, 2014), p. 123.
27. J. Latson, 'Did Deep Blue beat Kasparov because of a system glitch?', *Time* (17 February 2015). time.com/3705316/deep-blue-kasparov/
28. 역사학자 요한 하위징아는 규칙 파괴자들은 일반적으로 새로 구성한 규칙을 바탕으로 공동체를 형성하며, 이들의 반항은 게임에 뿌리를 두고 있다고 지적한다. 다음을 참고할 것. J. Huizinga, *Homo Ludens* (Angelico Press, 2016), p. 12.

제5장 질문

1. 이 인용의 출처는 '쿼트 인베스케이터(Quote Investigator)'에서 추적할 수 있다. quoteinvestigator.com/2011/11/05/computers-useless/
2. A. Turing, 'Computing machinery and intelligence', *Mind*, vol. LIX [236] (1950), pp. 433-60.
3. 다음에서 추정되었다. P. Harris, *Trusting What You're Told*, (Harvard University Press, 2015). 다음 문헌에서 보고되었다. L. Neyfakh, 'Are we asking the right questions?', *Boston Globe* (20 May 2012).
4. J. A. Litman et al., 'Epistemic curiosity, feeling-of-knowing, and exploratory behaviour', *Cognition and Emotion*, vol. 19 [4] (2005), pp. 559–82.
5. 호기심에 대한 정의와 내재적 및 외재적 욕구와의 관계에 대한 조사는 다음 문헌에서 확인할 수 있다. C. Kidd and B. Y. Hayden, 'The psychology and neuroscience of curiosity', *Neuron*, vol. 88 [3] (2015), pp. 449–60.

6. 이 연구에 대한 논의와 참고 문헌은 다음 문헌에서 확인할 수 있다. S. Baron-Cohen, *The Pattern Seekers* (Allen Lane, 2020), p. 112.
7. G. Loewenstein, 'The psychology of curiosity: a review and reinterpretation', *Psychological Bulletin*, vol. 116 [1] (1994), pp. 75–98.
8. 이 수수께끼는 다음 문헌에서 설명 및 논의된다. BBC Radio 4 Series *Two Thousand Years of Puzzling*. www.bbc.co.uk/programmes/b09pyrsz
9. 이 인용문은 마틴 가드너의 여러 저서에 대한 리뷰에서 찾을 수 있다. 예를 들면 다음과 같다. M. Gardner, *Did Adam and Eve have Navels?* (W. W. Norton & Company, 2001).
10. A. Bellos, *Puzzle Ninja* (Guardian Faber Publishing, 2017), p. xiv.
11. 일본의 수학 교사 테츠야 미야모토도 마찬가지의 정서를 품고 있었다. 미야모토는 니코리 퍼즐과 비슷한 스타일의 퍼즐인 '켄켄'을 만들어 전 세계적 규모의 대회를 열었다. 미야모토는 컴퓨터로 만든 퍼즐과 사람이 직접 손으로 만든 퍼즐을 구분할 수 있다고 단호하게 주장했다. 다음을 참고할 것. N. Jahromi, 'The Puzzle Inventor Who Makes Math Beautiful', *New Yorker* (30 December 2020). www.newyorker.com/culture/the-newyorker-documentary/the-puzzle-inventor-who-makes-mathbeautiful
12. A. Barcellos, 'A conversation with Martin Gardner', *The Two-Year College Mathematics Journal*, vol. 10 [4] (1979), pp. 233–44.
13. 쾨니히스베르크 문제의 배경이 되는 이야기와 수학에 대한 훌륭한 요약은 다음 문헌에서 확인할 수 있다. T. Paoletti, 'Leonhard Euler's solution to the Königsberg bridge problem', *Mathematical Association of America*. 이 책에 가져온 요약 줄거리는 다음을 참조할 것. www.maa.org/press/periodicals/convergence/leonard-eulers-solution-to-the-konigsberg-bridgeproblem
14. 페르마에 대해서는 다음 문헌에서 자세히 다룬다. K. Devlin, *The Unfinished Game* (Basic Books, 2010).
15. D. H. Fischer, *Historians' Fallacies* (Harper Perennial, 1970), p. 3.
16. W. T. Gowers, 'The two cultures of mathematics', *www.dpmms.cam.ac.uk/~wtg10/2cultures.pdf*
17. F. Dyson, 'Birds and frogs', *Notices of the American Mathematical Society*, vol. 56 [2] (2009), pp. 212–23.
18. I. Berlin, *The Hedgehog and the Fox* (Princeton University Press, 1953).
19. 망원경과 우주선의 은유는 다음 제임스 글릭의 저서 서문에서 인용한 것이다. T. Lin, *The Prime Number Conspiracy* (MIT Press, 2018).
20. 다음을 참고할 것. computerbasedmath.org and C. Wolfram, *The Math(s) Fix* (Wolfram

Media Inc, 2020).
21. T. Vander Ark, 'Stop Calculating and Start Teaching Computational Thinking', *Forbes* (29 June 2020). www.forbes.com/sites/tomvanderark/2020/06/29/stop-calculating-and-startteaching-computational-thinking/?sh=31c812333786
22. Z. Kleinman, 'Emma Haruka Iwao smashes pi world record with Google help', *BBC News* (14 March 2019). www.bbc.co.uk/news/technology-47524760
23. "π의 소수점 이하 숫자를 계산하는 한 가지 이유는 이러한 계산이 컴퓨터 하드웨어와 소프트웨어의 무결성을 테스트하는 훌륭한 방법이기 때문이다. 계산 중에 오류가 한 번이라도 발생하면 최종 결과에도 오류가 발생할 가능성이 높기 때문이다. 반면에 π의 자릿수에 대한 두 가지 독립적인 계산 결과가 일치한다면, 두 컴퓨터는 수십억 또는 수조 번의 연산을 오류 없이 수행할 가능성이 높다." D. H. Bailey et al., 'The Quest for Pi', *Mathematical Intelligencer*, vol. 19 [1] (1997), pp. 50–57. crd-legacy.lbl.gov/~dhbailey/dhbpapers/pi-quest.pdf
24. 'Swiss researchers calculate pi to new record of 62.8tn figures', *Guardian* (16 August 2021). www.theguardian.com/science/2021/aug/16/swiss-researchers-calculate-pi-to-new-record-of-628tn-figures
25. D. Castelvecchi, 'AI maths whiz creates tough new problems for humans to solve', *Nature* (3 February 2021). www.nature.com/articles/d41586-021-00304-8
26. 콘웨이 매듭에 대한 배경 정보와 예상치 못한 증명에 대해서는 다음 문헌을 참고한다. E. Klarreich, 'Graduate Student Solves Decades-Old Conway Knot Problem', *Quanta Magazine* (19 May 2020). www.quantamagazine.org/graduate-student-solves-decadesold-conway-knot-problem-20200519/
27. 다음에서 인용. A. Hodges, *Alan Turing: The Enigma* (Vintage, 2012/1983), p. 120.
28. 결정 불가능성의 작위적 특성으로 인해서 이러한 결정 불가능한 수학 문제의 예는 매우 고답적이며 관심을 가질 가치가 없다고 생각해도 무방하다고 볼 수도 있다. 그러나 수학자들은 증명이 존재할 것으로 예상하고 원했던 많은 유형의 문제에서 결정 불가능성을 입증한 바 있다. 다음을 참고할 것. M. Freiberger, 'Picking holes in mathematics', *Plus Magazine* (23 February 2011). plus.maths.org/content/picking-holes-mathematics
29. P 대 NP 문제에 대한 개요는 다음 문헌을 참고한다. L. Fortnow, *The Golden Ticket* (Princeton University Press, 2017).
30. 예를 들어, NP 클래스에 속하지 않지만 양자 컴퓨터를 사용하면 효율적으로 해결할 수 있는 문제가 있다는 것이 밝혀졌다. 이러한 문제는 그 자체로 완전히 새로운 복잡도를 가지는 클래스로 생각할 수 있다. K. Hartnett, 'Finally, a problem that only

quantum computers will ever be able to solve', *Quanta Magazine* (21 June 2018). www.quantamagazine.org/finally-a-problem-that-only-quantum-computerswill-ever-be-able-to-solve-20180621/
31. N. Wolchover, 'As math grows more complex, will computers reign?', *Wired* (4 March 2013). www.wired.com/2013/03/computers-and-math/
32. N. Postman, *Building a Bridge to the 18th Century* (Vintage Books, 2011), p. 133.
33. P. Freire, *Pedagogy of the Oppressed* (Penguin, 1993).
34. D. L. Zabelina and M. D. Robinson, 'Child's play: facilitating the originality of creative output by a priming manipulation', *Psychology of Aesthetics, Creativity, and the Arts*, vol. 4 [1] (2010), pp. 57–65.
35. T. Chamorro-Premuzic, 'Curiosity is as important as intelligence', *Harvard Business Review* (27 August 2014). hbr.org/2014/08/curiosity-is-as-important-as-intelligence. '호기심 지능'이라는 용어는 언론인 토머스 프리드먼이 만들었다.
36. 모델 설정 방식에 따라 동일한 데이터세트에서 어떻게 서로 다른 결론이 도출될 수 있는지 보여주는 예는 다음 문헌을 참고한다. M. Schweinsberg et al., 'Same data, different conclusions: radical dispersion in empirical results when independent analysts operationalize and test the same hypothesis', *Organizational Behavior and Human Decision Processes*, vol. 165 (2021), pp. 228–49.
37. N. Tomašev et al., 'Assessing game balance with AlphaZero: exploring alternate rule sets in chess', *arXiv.org* (15 September 2020).

제6장 조율

1. A. Benjamin, 'Faster than a calculator', *TEDx Oxford* (8 April 2013). www.youtube.com/watch?v=e4PTvXtz4GM
2. 'The most powerful computers on the planet', *IBM*. www.ibm.com/thought-leadership/summit-supercomputer/
3. J. Treanor, 'The 2010 "flash crash": How it unfolded', *Guardian* (22 April 2015). www.theguardian.com/business/2015/apr/22/2010-flash-crash-new-york-stock-exchange-unfolded
4. H. Moravec, *Robot: Mere Machine to Transcendent Mind* (Oxford University Press, 1999), p. 50.
5. 추정치는 다음 문헌을 참고했다. Mae-Wan Ho, 'The computer aspires to the human brain', *Science in Society Archive* (13 March 2013) and N. R. B. Martins et al., 'Non-destructive wholebrain monitoring using nanobots: neural electrical data rate

requirements', *International Journal of Machine Consciousness*, vol. 4 [1] (2012), pp. 109–40. 이 논문에서는 자체적으로 전기생리학적인 접근 방식을 통해 뇌의 전기 데이터 처리 속도를 $(5.52 \pm 1.13) \times 10^{16}$으로 추정했다.

6. 또는 뇌는 양자 컴퓨터로 비유할 수 있다. 다음을 참고할 것. G. James, 'Why physicists say your brain might be more powerful than every computer combined', *Inc.* (19 February 2019). www.inc.com/geoffrey-james/why-physicists-say-yourbrain-might-be-more-powerful-than-every-computer-combined.html
7. N. Patel, 'Life's too short for slow computers', *Verge* (3 May 2016). www.theverge.com/2016/5/3/11578082/lifes-too-short-for-slow-computers
8. 벤저민의 책『수학 천재처럼 생각하기*Think Like a Maths Genius*』의 요점은 그 부제, "머릿속으로 하는 계산의 기술The Art of Calculating in Your Head"에서도 잘 드러난다. 이 책은 암산의 최고봉이다. 책 속에는 모든 방식의 덧셈을 수행하기 위한 추상적 알고리즘의 방대한 전선을 볼 수 있다. A. Benjamin and M. Shermer, *Think Like a Maths Genius* (Souvenir Press, 2011).
9. Child Genius: www.channe14.com/programmes/child-genius
10. 팬들이 만든 카운트다운 위키피디아에는 나에 대한 격려가 걱정스러울 만큼 상세히 요약되어 있다. wiki.apterous.org/Junaid_Mubeen
11. 다음 문헌에서 인용했다. www.vedicmaths.org/introduction/what-is-vedicmathematics, retrieved 16 December 2020.
12. H. S. Bal, 'The fraud of Vedic maths', *Open Magazine* (12 August 2010). www.openthemagazine.com/article/art-culture/the-fraud-of-vedic-maths
13. G. G. Joseph, *The Crest of the Peacock* (Penguin, 1991), pp. 225–39.
14. 그 예로 다음을 참고한다. trachtenbergspeedmath.com/
15. 리산 베인브리지는 이 주제에 관한 중요한 논문에서 인간이 컴퓨터에 작업을 아웃소싱하여 우리가 그 일에서 해방되면 우리의 능력도 결핍된다는 역설에 대해서 설명한다. L. Bainbridge, 'Ironies of automation', *Automatica*, vol. 19 [6] (1983), pp. 775–79.
16. S. Frederick, 'Cognitive Reflection and Decision Making', *Journal of Economic Perspectives*, vol. 19 [4], pp. 25–42.
17. S. Singh, *Pi of Life* (Rowman & Littlefield, 2017), p. 100.
18. 다음에서 인용했다. *Infinity and Beyond* (New Scientist: The Collection, 2017), p. 63.
19. R. Webb, 'How to think about…Probability', *New Scientist* (10 December 2014). www.newscientist.com/article/mg22429991–100-how-to-think-about-probability/
20. E. Carey et al., 'Understanding mathematics anxiety: investigating the experiences of UK primary and secondary school students', *Centre for Neuroscience in*

Education (University of Cambridge) (March 2019). www.repository.cam.ac.uk/handle/1810/290514
21. S. Beilock, *Choke* (Constable, 2011).
22. T. Lin, *The Prime Number Conspiracy* (MIT Press, 2018), p. 150.
23. T. Gowers, *Mathematics: A Very Short Introduction* (Oxford University Press, 2002), p. 128.
24. H. Poincaré, *The Foundations of Science* (Cambridge University Press, 1913), p. 386.
25. 이 예시의 출처는 다음과 같다. M. Popova, 'How Einstein thought: why "combinatory play" is the secret of genius', *Brain Pickings* (14 August 2013). www.brainpickings.org/2013/08/14/how-einstein-thought-combinatorial-creativity/)
26. J. Hadamard, *The Mathematician's Mind* (Princeton University Press, 1996).
27. 다음 문헌에서 인용했다. M. Popova, 'French polymath Henri Poincaré on how the inventor's mind works, 1908', *Brain Pickings* (11 June 2012). www.brainpickings.org/2012/06/11/henri-poincare-oninvention/
28. J. Kounios and M. Beeman, 'The cognitive neuroscience of insight', *Annual Review of Psychology*, vol. 65 [1] (2014), pp. 71–93.
29. G. Polya, *How to Solve It* (Princeton University Press, 1971), p. 198.
30. H. E. Gruber, 'On the relation between aha experiences and the construction of ideas', *History of Science Cambridge*, vol. 19 [1] (1981), pp. 41–59. 이는 앤드루 와일즈도 옹호한다. L. Butterfield, 'An evening with Sir Andrew Wiles', *Oxford Science Blog* (30 November 2017). www.ox.ac.uk/news/science-blog/evening-sir-andrew-wiles
31. 수면의 인지적 이점에 대한 신경과학적 관점은 다음 문헌에 자세히 나타나 있다. S. Dehaane, *How We Learn* (Penguin, 2019), Chapter 10, and M. Walker, *Why We Sleep* (Penguin, 2018), Chapter 6. 수면 중에 뇌파 기능이 사건을 재생하는 방법에 대한 구체적인 설명은 다음 문헌을 참고한다. E. Renken, 'Dueling brain waves anchor or erase learning during sleep', *Quanta Magazine* (24 October 2019).
32. 한 연구에서 연구자들은 노스웨스턴 대학교의 학부생들에게 96개의 '합성어 거리 관련성(Compound Remote Associate)' 문제를 풀도록 했다. 이 테스트에서는 세 개의 단어(예: 불, 가루, 게)를 제시한 후 각 단어와 합성어를 형성하는 단어(예: 불꽃, 꽃가루, 꽃게)를 찾도록 한다. 여러분도 이와 비슷한 문제를 풀어본 적이 있을 것이다. 또한 피험자들에게 각 문제가 얼마나 어려운지 평가하고 풀지 못한 문제에 대해 정답이 혀끝에서 맴도는 것처럼(설단 현상) 느꼈는지 표시하도록 요청했다. 실험은 이틀에 걸쳐 진행되었다. 수면의 효과를 테스트하기 위해서 첫 번째 날이 종료되는 시점에 학생들이 문제를 풀려고 애쓴 후 학생들에게 내일은 새로운 문제 세트를 받을 것이므로

오늘 풀었던 문제는 더 이상 생각하지 말라고 요청했다. 둘째 날, 연구원들은 학생들에게 전날에 출제한 96개의 문제와 함께 48개의 새로운 문제를 제시했다. 그 결과, 지시받은 대로 전날에 푼 문제들을 더 이상 고민하지 않겠다고 말한 학생들은 설단 현상을 겪은 문제를 더 높은 비율로 푼 것으로 나타났다. 저자의 말에 따르면 "학생들은 하룻밤의 배양 기간을 거쳤을 때 (설단 현상을 경험하지 않았을 때의 문제와 비교하여) 이러한 문제를 해결할 가능성이 더 높았다."

다음을 참고할 것. A. K. Collier and M. Beeman, 'Intuitive tip of the tongue judgments predict subsequent problem solving one day later', *Journal of Problem Solving*, vol. 4 (2012). docs.lib.purdue.edu/jps/v014/iss2/9/

33. T. Lin, *The Prime Number Conspiracy* (MIT Press, 2018), p. 107.
34. 다음 인터뷰에서 인용했다. B. Orlin, 'The state of being stuck', *Math with Bad Drawings blog* (20 September 2017). mathwithbaddrawings.com/2017/09/20/the-state-of-being-stuck/
35. C. Villani, *Birth of a Theorem* (Vintage, 2016).
36. S. Roberts, 'In mathematics, "you cannot be lied to"', *Quanta Magazine* (21 February 2017). www.quantamagazine.org/sylvia-serfaty-on-mathematical-truth-and-frustration-20170221/
37. 마인드셋에 대한 드웩의 연구 및 응용은 다음에 요약되어 있다. www.mindsetworks.com/science. 자세한 내용은 다음 문헌을 참고할 것. C. Dweck, *Mindset* (Robinson, 2017).
38. A. Duckworth et al., 'Grit: perseverance and passion for longterm goals', *Journal of Personality and Social Psychology*, vol. 92 [6] (2007), pp. 1087–101. 다음도 참조할 것. A. Duckworth, *Grit* (Vermilion, 2017).
39. Plutarch, *The Parallel Lives*, in vol. V of the Loeb Classical Library edition (1917). Retrieved 31 July 2021 from penelope.uchicago.edu/Thayer/e/roman/texts/plutarch/lives/marcellus*.html
40. M. Knox, 'The game's up: jurors playing Sudoku abort trial', *Sydney Morning Herald* (11 June 2008). www.smh.com.au/news/national/jurors-get-1-million-trialaborted/2008/06/10/1212863636766.html
41. J. Bennett, 'Addicted to Sudoku', *Newsweek* (22 February 2006). www.newsweek.com/addicted-sudoku-113429
42. M. Csikszentmihalyi, *Flow* (Harper and Row, 1990), p. 4.
43. A. Ericsson and R. Pool, *Peak* (Houghton Mifflin Harcourt, 2016), p. 99.
44. 더 정확하게 기술하면, 블룸은 일대일 과외를 받은 학생들이 기존 방식으로 학습한

학생들보다 2표준편차만큼 더 높은 성적을 거뒀다는 사실을 발견했다(즉, 과외를 받은 학생의 평균 성적은 대조군 학생 98%의 평균 성적보다 높았다). B. Bloom, 'The 2 Sigma problem: the search for methods of group instruction as effective as one-to-one tutoring', *Educational Researcher*, vol. 12 [6] (1984), pp. 4–16.

45. E. Frenkel, *Love and Math* (Basic Books, 2014), p. 56.
46. N. Carr, 'Is Google Making Us Stupid?', *Atlantic* (July 2008). www.theatlantic.com/magazine/archive/2008/07/is-googlemaking-us-stupid/306868/
47. R. F. Baumeister et al., 'Ego depletion: Is the active self a limited resource?', *Journal of Personality and Social Psychology*, vol. 75 [6] (1998), pp. 1252–65.
48. www.qamacalculator.co.uk
49. N. Bostrom, *Superintelligence* (Oxford University Press, 2014), p. 107.
50. 자기 결정 이론에 대한 중요한 연구는 다음과 같다. R. M. Ryan and E. L. Deci, 'Self-determination theory and the facilitation of intrinsic motivation, social development, and well-being', *American Psychologist*, vol. 55 [1] (2000), pp. 68–78.

제7장 협동

1. 라마누잔의 전기와 라마누잔과 하디의 공동 작업에 대한 내용은 다음의 문헌을 바탕으로 했다. R. Kanigel, *The Man Who Knew Infinity* (Abacus, 1992); S. Wolfram, 'Who was Ramanujan?', *Stephen Wolfram Writings* (Blog) (27 April 2016); and E. Klarreich, 'Mathematicians chase moonshine's shadow', in T. Lin (ed.), *The Prime Number Conspiracy* (MIT Press, 2018).
2. 칼라일의 '위대한 인간' 이론은 a) 리더십은 주로 선천적인 특성이며, b) 위대한 리더는 그러한 사람을 가장 필요로 할 때 등장한다는 두 가지 가정을 기반으로 한다. 그 예로 다음 문헌을 참고한다. B. A. Spector, 'Carlyle, Freud and the Great Man theory more fully considered', *Leadership*, vol. 12 [2] (2016), pp. 250–60.
3. W. E. Wallace, 'Michelangelo, C.E.O.', *New York Times* (16 April 1994). www.nytimes.com/1994/04/16/opinion/michelangelo-ceo.html
4. '위대한 집단'에 대해서는 맨해튼 프로젝트, 디즈니 스튜디오, 빌 클린턴의 선거 운동 팀 등 일련의 사례 연구들을 통해서 비공식적으로 분석되었다. W. Bennis, *Organizing Genius* (Basic Books, 1998).
5. A. W. Woolley et al., 'Evidence for a collective intelligence factor in the performance of human groups', *Science*, vol. 330 [6004] (2010), pp. 684–8. 연구진은 먼저 여러 집단에게 일련의 과제를 부여한 후 한 집단의 특정 과제 수행 능력은 다른 과제에서의 수행 능력과 상관관계가 있음을 발견하여 집단 지능의 존재를 시사했다(개인의 일반 지

능을 g로 나타내는 것과 마찬가지로 집단 지능은 c로 표시한다). 다음으로, 연구진은 c가 새로운 과제에 대한 집단의 수행 성과를 예측하는 좋은 지표임을 보여줌으로써 문제 해결에서 집단 수준의 속성이 존재한다는 사실을 추가로 입증했다.
6. 개미 군집의 출현에 대한 중요한 연구는 다음 문헌에서 확인할 수 있다. D. Gordon, *Ants at Work* (Free Press, 1999).
7. J. Goldstein, 'Emergence as a construct: history and issues', *Emergence*, vol. 1 [1] (1999), pp. 49–72.
8. 창발 행동의 파급력은 다음 문헌에 의해서 대중화되었다. S. Johnson, *Emergence* (Penguin, 2002).
9. L. Rozenblit and F. Keil, 'The misunderstood limits of folk science: an illusion of explanatory depth', *Cognitive Science*, vol. 26 [5] (2002), pp. 521–62. 다음 문헌에서 논의된 바 있다. S. Sloman and P. Fernbach, *The Knowledge Illusion* (Pan, 2018), p. 21.
10. 골턴의 황소 무게 측정 실험에 대한 이 이야기는 다음 문헌의 서문에서 인용했다. J. Surowiecki, *The Wisdom of Crowds* (Abacus, 2005).
11. 학습이 유전체에 부호화되어 있으며 뇌 구조에 반영된다는 통찰은 인공 신경망의 설계에도 영향을 미치기 시작했다. 다음을 참고할 것. A. M. Zador, 'A critique of pure learning and what artificial neural networks can learn from animal brains', *Nature Communications*, vol. 10 [3770] (2019). www.nature.com/articles/s41467-019-11786-6
12. S. E. Asch, 'Effects of group pressure upon the modification and distortion of judgements', *Swathmore College* (1952), pp. 222–36. www.gwern.net/docs/psychology/1952-asch.pdf
13. 제니스는 쿠바 미사일 위기 당시의 의사결정 역학 관계를 조사했다. I. L. Janis, *Victims of Groupthink: A Psychological Study of Foreign-Policy Decisions and Fiascoes* (Houghton Mifflin, 1972), p. 27.
14. J . Surowiecki, *The Wisdom of Crowds* (Abacus, 2004), p. 10. 참고로 이 책의 표제는 인간 협동의 혼란스러운 결말에 관한 1841년 고전『기이한 대중적 착각과 군중의 광기*Extraordinary Popular Delusions and the Madness of Crowds*』를 재치 있게 변형한 것이다.
15. C. Pang, *Explaining Humans* (Viking, 2020), p. 52.
16. 다음 문헌에서는 인지적 다양성을 '관점, 통찰력, 경험 및 사고방식의 차이'로 정의한다. M. Syed, *Rebel Ideas* (John Murray, 2019), Chapter 1.
17. 1,356개 집단의 5,279명을 대상으로 한 22건의 연구에 대한 메타 분석에 따르면, 집단 지성은 개인의 기술이나 직관력보다 문제 해결 과제에 대한 집단의 성과를 더 잘 예측하는 것으로 나타났다. 같은 연구에 따르면 '집단 내 여성의 비율은 사회적 직관

력에 의해서 매개되는 집단 성과의 중요한 예측 인자'인 것으로 나타났다. C. Riedl et al., 'Quantifying collective intelligence in human groups', *Proceedings of the National Academy of Sciences*, vol. 118 [21] (2021). www.pnas.org/content/118/21/e2005737118.abstract?etoc

18. A. Saltelli et al., 'Five ways to ensure that models serve society: a manifest', *Nature*, vol. 582 [7813] (2020). www.researchgate.net/publication/342413582_Five_ways_to_ensure_that_models_serve_society_a_manifesto
19. A. Costello, 'The government's secret science group has a shocking lack of expertise', *Guardian* (27 April 2020). www.theguardian.com/commentisfree/2020/apr/27/gaps-sage-scientific-body-scientists-medical
20. 예를 들면, www.independentsage.org/
21. 코로나에 대한 앙상블 모델은 다음 문헌에서 논의된다. J. Cepelewicz, 'The hard lessons of modeling the coronavirus pandemic', *Quanta Magazine* (28 January 2021). www.quantamagazine.org/thehard-lessons-of-modeling-the-coronavirus-pandemic-20210128/
22. 니스벳의 연구에 대한 논의와 몇 가지 변형은 다음 문헌을 참고한다. L. Winerman, 'The culture-cognition connection', *American Psychological Association*, vol. 37 [2] (2006). www.apa.org/monitor/feb06/connection
23. 이 연구는 알렉산더 루리아가 중앙아시아에서 처음 수행했다. 다음 문헌에서 논의된다. D. Epstein, *Range* (Macmillan, 2019), pp. 42–4.
24. 지난 세기 동안 30개국 이상에서는 IQ가 크게 증가하는 현상이 관찰되었는데, 이 현상은 심리학자 제임스 플린의 이름을 따서 '플린 효과'라고 부른다. 이러한 결과는 최근 세대가 추상화 등 IQ 테스트에 사용되는 기술에 더 많이 노출되었기 때문인 것으로 분석된다. 다음을 참고할 것. J. R. Flynn, *Are We Getting Smarter?* (Cambridge University Press, 2012).
25. 82%라는 수치는 캐글(Kaggle)의 "2020년 기계학습 및 데이터 과학 현황(State of machine learning and data science 2020)'에서 인용한 것이다. 여기에서는 2만 명 이상의 응답자를 대상으로 조사가 실시되었다. Retrieved 1 July 2021 from www.kaggle.com/kaggle-survey-2020
26. S. M. West et al., 'Discriminating systems: gender, race and power in AI', *AI Now* (April 2019). Retrieved 1 July 2021 from ainowinstitute.org/discriminatingsystems.pdf
27. T. Simonite, 'What really happened when Google ousted Timnit Gebru', *Wired* (8 June 2021). www.wired.com/story/google-timnit-gebru-ai-what-really-happened/
28. P. Stephan, 'The economics of science', *Journal of Economic Literature*, vol. 34 (1996),

pp. 1220–21.
29. E. Wenger et al., *Cultivating Communities of Practice* (Harvard Business Press, 2002), p. 10.
30. J. Love, 'A virtuous mix allows innovation to thrive', *Kellogg Insight* (4 November 2013). insight.kellogg.northwestern.edu/article/a_virtuous_mix_allows_innovation_to_thrive
31. R. Aboukhalil, 'The rising trend in authorship', *Winnower* (11 December 2014). thewinnower.com/papers/the-rising-trend-in-authorship
32. T. Hornyak, 'Did Higgs yield the most authors in a single scientific study?', *CNET* (10 September 2012). www.cnet.com/news/did-higgs-yield-the-most-authors-in-a-science-study/
33. 다음을 참고할 것. C. King, 'Multiauthor papers: onward and upward', ScienceWatch (July 2012). archive.sciencewatch.com/newsletter/2012/201207/multiauthor_papers/ and S. Mallapaty, 'Paper authorship goes hyper', *Nature Index* (30 January 2018). www.natureindex.com/news-blog/paper-authorship-goes-hyper
34. J. W. Grossman, 'Patterns of research in mathematics', *Notices of the American Society*, vol. 52 [1] (2005).
35. Posted on MathOverflow: B. Thurston, 'What's a mathematician to do?', *MathOverflow* (30 October 2010). mathoverflow.net/questions/43690/whats-a-mathematician-todo/44213
36. S. Singh, 'The extraordinary story of Fermat's Last Theorem', *Telegraph* (3 May 1997). www.cs.uleth.ca/~kaminski/esferm03.html
37. 다음에서 인용. R. Elwes, 'An enormous theorem: the classification of finite simple groups', *Plus Magazine* (7 December 2006). plus.maths.org/content/enormous-theorem-classification-finitesimple-groups
38. N. Wiener, *The Human Use of Human Beings* (DaCapo Press, 1988), p. 51.
39. 예를 들어, S. McChrystal, *Team of Teams* (Penguin, 2015)를 참고할 것. 군사 전쟁의 원칙을 기업 상황에 적용하며 평등한 계층 구조가 더 빠르고 유연한 협업을 촉진하는 방식에 주목한다. '팀의 팀'은 여러 부서의 구성원들로 이루어진 협업 그룹을 의미한다.
40. A. McAfee and E. Brynjolfsson, *Machine, Platform, Crowd* (W. W. Norton & Company, 2017), p. 21.
41. M. Haddad, 'Wikipedia Is the last best place on the internet', *Wired* (17 February 2020). www.wired.com/story/wikipediaonline-encyclopedia-best-place-internet/

42. T. Gowers, 'Is massively collaborative mathematics possible?', *Gowers's Weblog* (27 January 2009). gowers.wordpress.com/2009/01/27/is-massively-collaborative-mathematicspossible/
43. M. Nielsen, 'The Polymath project: scope of participation', *Personal Blog* (20 March 2009). michaelnielsen.org/blog/the-polymath-project-scope-of-participation/
44. 그 예로 크라우드매스(CrowdMath) 프로젝트를 참고한다. artofproblemsolving.com/polymath
45. J. Ito, 'Extended intelligence', *MIT Media Lab* (11 February 2016). pubpub.ito.com/pub/extended-intelligence
46. F. Warneken et al., 'Cooperative activities in young children and chimpanzees', *Child Development*, vol. 77 [3] (2006), pp. 640–63.

후기

1. 여기에서 "쓰라린 교훈"이란, AI가 가장 어려운 문제 몇 가지(하드코딩된 지식 표상과 같이 보다 인간 중심적인 접근법이 필요한 것으로 여겨진 문제들)를 풀 수 있을 만큼 연산 능력이 충분히 높아진 것으로 입증되었다는 컴퓨터과학자 리치 서턴의 견해를 참조한 것이다. R. Sutton, 'The bitter lesson' (13 March 2019). www.incompleteideas.net/IncIdeas/BitterLesson.html
2. 인간의 지구력 한계를 추정하려고 시도한 연구에서는 칼로리 소모율을 측정 기준으로 삼아 신체 한계를 휴식 시 대사율의 2.5배로 설정했다. 대사율이 이보다 높으면 신체가 저장된 에너지를 소모하게 되므로 장기적으로 지속할 수 없다. C. Thurber et al., 'Extreme events reveal an alimentary limit on sustained maximal human energy expenditure', *Science Advances*, vol. 5 [6] (2019). advances.sciencemag.org/content/5/6/eaaw0341
3. 그 예로 다음과 같은 문헌이 있다. Y. Harari, *Homo Deus* (Harvill Secker, 2016), Chapter 10.
4. S. Zuboff, *The Age of Surveillance Capitalism* (Profile Books, 2019).

역자 후기

이 책을 번역하는 동안 미국의 인공지능 개발사인 OpenAI가 챗GPT를 공개했다. 번역가는 인공지능에 의해서 가장 먼저 대체될 직업군으로 꼽히고는 하므로 번역으로 생계를 잇는 나 같은 사람들은 인공지능의 발달 양상에 주의를 기울일 수밖에 없었다. 따라서 챗GPT가 과거 대화형 인공지능의 수준을 훨씬 뛰어넘는 비약적인 성능을 보였을 때, 2016년 알파고가 이세돌 9단에게 승리했을 때에 버금가는 충격을 받았다. 물론 챗GPT도 한계를 보이기는 했으나, 인공지능이 새로운 단계에 들어섰음은 분명해 보였다. 이 책의 원서는 챗GPT 출시 이전에 발행되었으나 기계와 인간의 근본적 차이를 파고든 이 책의 주장은 새로운 인공지능의 시대에도 여전히 유효하다.

이제 인간의 인지능력을 논하면서 기계를 이야기하지 않을 수 없는 시대가 되었다. 의도적으로 인간 지능을 모방하도록 설계되었든 그렇지 않든, 기계 지능은 인간 지능의 특성을 규명할 때 기준점 역할을 하며 인간의 사고 능력에는 단순한 '기계적' 연산 그 이상의 특별한 무엇인가가 있음을 입증한다. 그런 점에서 '수학 지능'은 왜 인간이 기계에 대체될 수 없는지 인간 지능에 어떤 특별함이 있는지를 보여줄 수 있는 독특한 지위를 차지한다. '연산기computer'라는 그 이름에서도 알 수 있듯이 기계의 사고 처리 과정은 연산, 즉 수학적 과정에 기반을 두고 있기 때문이다. 인간의 인지능력 중 연산 능력만 분리하여 이를 모방했을 때 어떤 특성을 보이는지 고찰함으로써 인간만의 고유한 능력을 부각시킬 수 있다. 보다 중요한 것은 수학 지능 그 자체도 단지 연산 능력에 국한되지 않는다는 것이다. 수학은 우리 인간이 일상에서 부딪힐 수 있는 문제를 해결하기 위해서 수천 년에 걸쳐 진화시킨 종합적인 사고 능력이다. 그럼에도 우리는 수학을 단순히 기계적 연산 능력으로 치부하는 경향이 있다. 수학하기라는 활동이 진정으로 무엇을 의미하는지, 수학적 능력이란 무엇인지 명확히 밝힘으로써 우리는 인간 지능은 어떤 점에서 기계와 다른지, 기계에 대체되지 않고 기계와 함께 살아가기 위해서는 어떤 능력을 개발시켜야 하는지 고찰할 수 있다.

그런 점에서 주나이드 무빈의 이 책은 주어진 목표를 멋지게 달성했다. 인간과 기계의 차이점이라는 자칫 추상적이고 모호할 수 있는 문제를 (수학이 늘 그렇듯) 명징한 개념으로 체계적으로 정리한다. 먼저 무빈은 우리가 수학에서 해답을 찾는 과정에서 작동하는 다섯 가지 사고 기능(추정, 표상, 추론, 상상, 질문)을 밝힌 후 좀더 메타적인 견지에서 이러한 사고 기능을 강화하기 위해서 우리 마음이 작동하는 두 가지 방식(조율, 협동)을 설명한다. 저자는 이 일곱 가지 기능을 중심으로 풍부한 사례들과 더불어 우리 인간의 근본적인 수학 능력, 전문 수학자들의 문제 해결 방법, 기계와 인간의 차이점 등을 설명한다. 수학은 단순히 미적분이나 계산, 틀에 갇힌 증명에 그치지 않고 실제로도 인간의 상상력과 창의성에 크게 의존한다. 기계가 마음을 산책하다가 마을을 잇는 7개의 다리를 한 번씩만 건너 모든 다리를 건널 방법이 있을지 궁금해하며 수학의 한 분야를 개척하는 일이 가능할까?

기계는 비약적인 발전을 거듭하여 엄청난 처리 능력과 다재다능함을 자랑하고 있다. 그럼에도 기계는 근본적인 한계를 지니며, 무엇보다도 우리와 같은 방식으로 입력값을 이해하지 않는다. 인간 지능은 컴퓨터에 비하면 오류투성이이고 비효율적이며 정확하게 작동하지 않는 것 같다. 그러나 이 모든 인간 지능의 한계는 창의성의 토대이자, 우리 인간의 강점이 된다. "마음은 우리의 약점이 될 수 있지만 동시에 가장 창의적인 돌파구를 위한 장을 마련하기도 한다. 우리는 사고에서 아름다움과 우아함을 추구한다. 배움을 통해서 희망을 품고 두려움을 극복한다.……수학 지능을 포함해 인간의 지식은 구체적이고 정서적이며 주관적이다. 이것들 중 어느 것도 컴퓨터가 할 만한 일로는 보이지 않는다."

그렇다고 기계가 수학에 아무 기여를 하지 않는 것은 아니다. 오히려 무빈은 우리 인간이 기계 지능을 활용함으로써 인간의 능력으로는 풀 수 없는 문제에 도전할 수 있다고 강조한다. 인간 지능의 특정 부분은 기계가 처리하지 못하는 것처럼 기계는 기계만의 강점이 있으며 우리는 이러한 새로운 능력을 적극적으로 활용해야 한다. 패턴을 찾는 일, 지루한 반복 작업, 무작위 대입법 등은 기계에게 맡기고 인간은 인간만이 할 수 있는 일을 함으로써 더 좋은 성과를 얻을 수 있다. 중요한 것은 판단 권한과 주체성을 기계에 넘기지 않는 것이다. 알고리즘에게 중대한 결정을 맡기기에 세상은 기계의 언어로 환원되지 않는 불확실성과 모호함으로 가득하다. 우리가 알고리즘의 작동 방식을 완전히 파악하지 못한 것도 문제이다. 이미 우리는 데이터를 입력하는 과정에서 의도치 않게 우리의 편향을 기계에 이식하고 기계의 알고리즘이 이를 강화한 예를 본 바 있다. 아직 우리는 인간은 커녕 기계의 지능조차 부분적으로만 파악할 뿐이므로 실제 세계에서 중대한 문제는 여전히 인간의 감독을 필요로 한다.

이처럼 기계 지능으로 인해 대두된 문제도 결국은 수학 지능을 통해 해결할 수 있다. 수학은 태초부터 우리의 가장 강력한 문제 풀이 능력이었다. 우리는 "사실을 신중하게 정의하고 조사하며, 논증을 검토하기 위한 최적의 추론 형식을 채택하기 위한 지속적인 훈련"을 통해 AI가 제기하는 실존적 위협에 맞서고 인간과 기계가 공존하는 방식을 모색할 수 있다. 주나이드 무빈은 수학자이자 교육자로서 수학이라는 도구를 우리 인간을 위해 사용하려면 계산만 강조하는 입시 중심의 수학 교육에서 탈피해야 한다고 강조한다. 여전히 많은 학교가 많은 문제를 빠르게 푸는 것에 중점을 두고 학생들을 가르치는데, 이러한 문제 풀이 방식에서는 분명 인간이 기계를 이길 수 없다. 학교 교육이 단순히 문제 풀이의 달인을 키우는 데만 초점을 맞추면 학생들은 수학의 본질은 깨닫지도 못한 채 창의성을 키우기는커녕 수학에 대한 두려움만 가지게 된다.

주나이드 무빈은 어쩌면 수학자의 일마저 모두 기계가 대신하게 되어 더 이상 수학을 하는 것으로는 금전적 보수를 받지 못하게 될지도 모른다고 말한다. 그러나 그런 미래에도 인간의 자리는 항상 있을 것이라고 한다. 전화가 자동 연결되기 전까지 무수한 전화교환수가 있었고, 전자계산기가 나오기 전까지 수많은 인간 계산원들이 있었듯이, 지금 인간이 하는 어떤 일들은 비록 기계에 의해서 대체되겠지만 결국 인간은 인간만이 할 수 있는 일을 찾고 자신의 가치를 증명할 것이다. 이 책이 인간이 기계와 함께 살아가는 시대를 보는 또다른 관점을 제공하는 계기가 되기를 바란다.

2023년 9월 12일

박선진

인명 색인